技工院校信息类专业工学一体化教材
技工院校计算机程序设计专业教材（中/高级技能层级）

Windows 网络操作系统

主　编　赵一篑

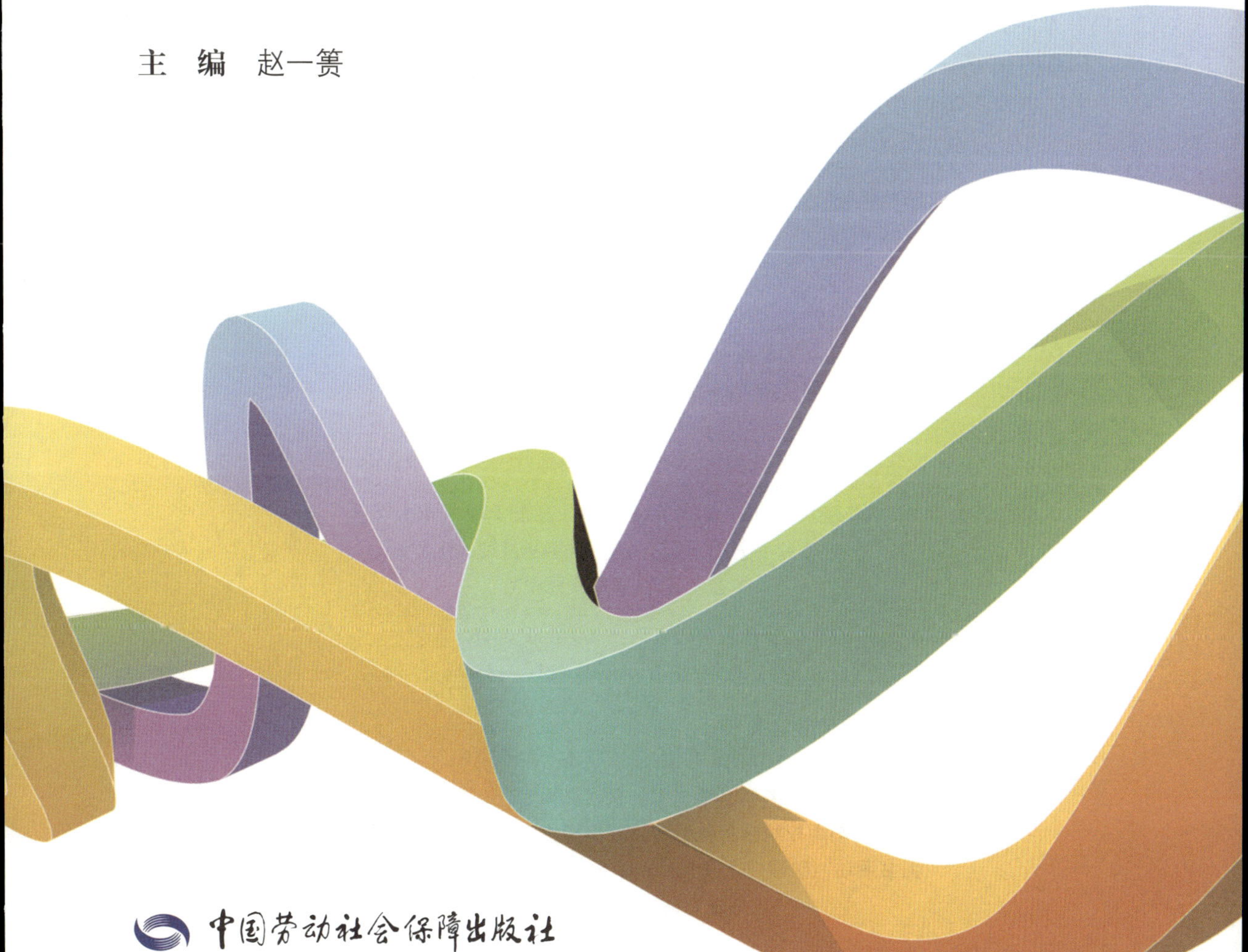

中国劳动社会保障出版社

简介

本书主要内容包括 Windows 网络操作系统的安装与配置、本地账户和本地组的创建与管理、磁盘系统的管理、文件系统的管理及资源共享、DNS 服务器的安装与配置、域控制器的安装与管理、DHCP 服务器的安装与配置、Web 服务器的安装与管理、FTP 服务器的安装与管理、证书服务器的安装与应用、NAT 服务器和 VPN 服务器的安装与配置、多服务器的安装与配置等。

本书由赵一篑担任主编，吴风乐参与编写。

图书在版编目（CIP）数据

Windows 网络操作系统 / 赵一篑主编 . -- 北京 : 中国劳动社会保障出版社，2025. -- ISBN 978-7-5167-7117-4

Ⅰ. TP316. 7

中国国家版本馆 CIP 数据核字第 2025Y3C115 号

Windows 网络操作系统
Windows WANGLUO CAOZUO XITONG

中国劳动社会保障出版社出版发行
（北京市惠新东街 1 号　邮政编码：100029）

*

三河市华骏印务包装有限公司印刷装订　　新华书店经销
787 毫米 ×1092 毫米　16 开本　21.25 印张　401 千字
2025 年 9 月第 1 版　　2025 年 9 月第 1 次印刷
定价：52.00 元

营销中心电话：400-606-6496
出版社网址：https://www.class.com.cn
https://jg.class.com.cn

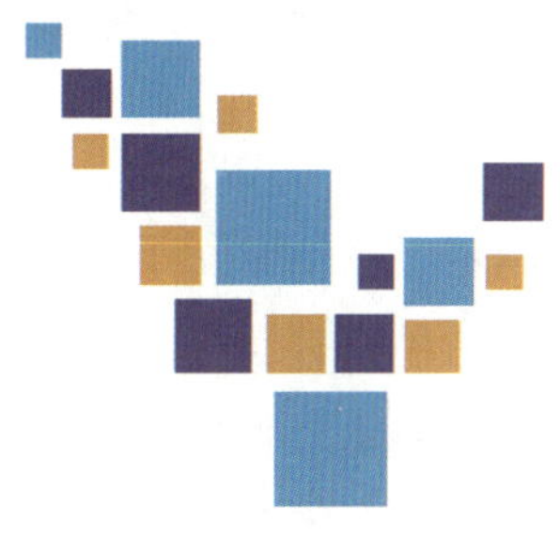

前言

近年来，在《“十四五”数字经济发展规划》等国家级战略的引领下，我国计算机产业蓬勃发展，不断壮大，为物联网、云计算、大数据、人工智能等前沿科技领域注入了强大的发展动力，实现了技术与产业的深度融合与相互赋能。这一趋势使市场急需大量从事计算机网站前端和后端开发、运维、测试、移动应用开发、售前售后技术支持等工作的人才，其需求量随着产业的快速发展而逐年攀升，为技工院校计算机程序设计专业提供了广阔的发展前景。为了满足市场对计算机程序设计相关人才的需求，各技工院校纷纷加强计算机程序设计专业建设，致力于培养适应市场要求的技能型人才。为了满足技工院校的教学要求，全面提升教学质量，我们组织了一批具有丰富教学经验和行业实践经验的教师与行业企业专家，深入调研市场需求、分析企业用人标准、总结教学改革经验，依据人力资源社会保障部颁布的《全国技工院校专业目录》及相关教学文件，开发了本套计算机程序设计专业教材。

教材体系

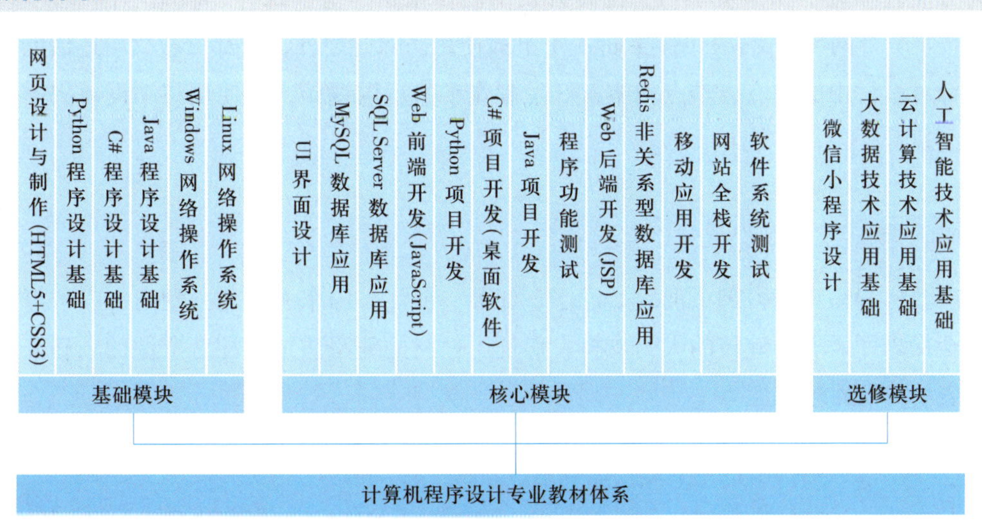

编写特色

1. 结合技工院校实际情况，制定专业教学标准

通过行业企业调研，分析技工院校地区差异情况，进行典型工作任务与工作岗位分析，

制定《技工院校计算机程序设计专业教学标准》，确定了中级、高级、技师（预备技师）技能人才的培养目标。基于工作岗位、职业能力和职业教育规律构建了“基础模块 + 核心模块 + 选修模块”的教材体系，确保学生既能掌握扎实的理论基础，又能具备较强的实践能力。

2. 创新编写形式，降低编写难度

在基础模块教材中，如 Python、C#、Java 等程序设计基础类教材，按照制定的教学标准构建教材内容，采用最新主流版本软件，从搭建基本开发环境入手学习基本语法，穿插若干实例引导学生进行程序设计，实例选取具有趣味性，充分考虑学生定位，避免介绍复杂的算法，编程思路采用流程图呈现，易读易懂，以激发学生学习编程语言的热情。

3. 充分吸收借鉴工学一体化教学改革的理念和成果

在核心模块教材中，如数据库类、项目开发类、测试类、前后端和移动应用开发类等教材，参照《计算机程序设计专业国家技能人才培养工学一体化课程标准》和《计算机程序设计专业国家技能人才培养工学一体化课程设置方案》，有一个或多个项目对接课标中的参考性学习任务，体现完整的企业工作流程，能满足学校开展工学一体化教学的需求。

教学服务

为方便教师教学和学生学习，配套开发了制作素材、电子课件、教案示例等教学资源，可通过技工教育网（https://jg.class.com.cn）下载使用。除此之外，在部分教材中还借助二维码技术，针对教材中的重点、难点内容，开发制作了演示微视频，可使用移动设备扫描书中二维码在线观看。

致谢

本次教材编写工作得到了河北、辽宁、江苏、浙江、山东、湖北、湖南、广东等省人力资源社会保障厅及有关院校的大力支持，保证了教材的编写质量和配套资源的顺利开发，在此我们表示诚挚的谢意。

编者

2025 年 2 月

目 录

项目一　Windows 网络操作系统的安装与配置

服务器是计算机的一种，它是在网络操作系统的控制下为网络环境提供服务的计算机，从企业的核心应用（如 Web、FTP 和文件打印等业务），到大家所熟悉的互联网业务、大数据服务、云计算等高性能计算都离不开大规模服务器的支持。

本项目通过为新购置服务器完成 Windows 网络操作系统的安装和基础设置两个任务，了解服务器的基本功能，理解网络操作系统的基本功能和常用分类，并通过一个任务完成 Windows 网络操作系统的备份和恢复，为后续配置网络操作系统的其他服务做好准备。

某公司新购买了服务器和网络操作系统 Windows Server 2022 Standard 版本，要架设一台服务器为公司未来各种类型的网络服务做好准备，需要网络管理员安装好 Windows Server 2022 网络操作系统，并进行如下基础配置。

（1）将计算机名称修改为 Server，工作组名称修改为 WORKGROUP。

（2）设置 IP 地址为 192.168.100.1、子网掩码为 255.255.255.0。

（3）将“病毒和威胁防护”更新到最新版本并启用服务。

（4）设置服务器每天 23 点自动进行完整备份，然后立刻进行一次完整备份，并对“Windows”文件夹进行恢复。

任务 1 Windows 网络操作系统的安装

学习目标

1. 了解服务器的定义、功能和组成。
2. 理解网络操作系统的基本功能。
3. 了解常用网络操作系统的分类。
4. 能熟练安装 Windows Server 2022 网络操作系统。

任务描述

从“项目描述”可知，本任务需要给一台新的服务器安装 Windows Server 2022 网络操作系统，并保证所有的硬件设备正常工作。

相关知识

一、服务器概述

服务器的英文名称为“Server”，是指在网络上提供各种服务的高性能计算机。它作为网络的节点，存储、处理网络上海量的数据、信息，因此也被称为网络的灵魂。

服务器硬件主要包括 CPU、内存、芯片组、I/O 设备（RAID 卡、网卡、HBA 卡等）、硬盘、机箱（电源、风扇等）等。服务器的基本构架和普通计算机类似，相对于普通计算机，服务器在稳定性、安全性、性能等方面的要求更高，因此 CPU、内存、芯片组、硬盘、网络

设备等硬件和普通计算机有所不同。

具体来说，服务器与普通计算机的主要区别如下。

（1）通信方式为一对多。使用普通计算机、平板电脑、手机等固定或移动的网络终端上网、获取资讯、与外界沟通、娱乐等，必然要经过服务器，服务器通过“一对多”来领导和组织这些设备。

（2）资源通过网络共享。服务器通过侦听网络上客户端（Client）提交的服务请求，在网络操作系统的控制下，将与其相连的硬盘、打印机、调制解调器及各种专用通信设备提供给网络上的客户端共享，也能为客户端提供集中计算、信息发布及数据管理等服务。

（3）硬件性能更加强大。服务器的高性能主要体现在高速的运算能力、长时间的可靠运行、强大的外部数据吞吐能力等方面。

二、网络操作系统概述

网络操作系统是使网络上各计算机能方便而有效地共享网络资源，为网络用户提供所需的各种服务的软件和有关规程的集合。网络操作系统与通常的操作系统不同，它除了具有通常的操作系统应具有的处理器管理、存储器管理、设备管理和文件管理外，还具有以下两大功能：

（1）提供高效、可靠的网络通信能力；

（2）提供多种网络服务功能，如远程作业录入并进行处理的服务功能、文件传输服务功能、电子邮件服务功能、远程打印服务功能等。

常用的网络操作系统主要有 UNIX 系列、Linux 系列和 Windows 系列。

1. UNIX 系列

UNIX 是一种分时计算机操作系统，于 1969 年在 AT&T（一家美国电信公司）的贝尔实验室诞生。它的早期版本可免费获取并加以修改，得到了人们广泛的接受。1973 年，汤普逊和里奇用 C 语言重写了 UNIX，用 C 语言编写的 UNIX 代码简洁紧凑、易移植、易读、易修改，为此后 UNIX 的发展奠定了坚实的基础。当前 UNIX 操作系统的常用版本有 IBM 公司的 AIX 操作系统、Oracle 公司的 Solaris 操作系统、惠普公司的 UX 操作系统等。

随着 Linux 和 Windows 的崛起，UNIX 逐渐失去了市场份额，尽管如此，UNIX 仍在一些特定领域保持着优势，例如大型银行和金融机构使用 UNIX 服务器来处理其核心业务数据，一些高端应用也需要使用 UNIX 服务器来提供稳定可靠的服务。

2. Linux 系列

Linux 是一种广泛应用于服务器、嵌入式设备、智能手机等多种设备的开源操作系统。Linux 有很多发行版本，包括 Ubuntu、Redhat、Debian、openSUSE 等。这些版本的功能和用途有所不同，其风格和窗口也不一样。

Linux 和 UNIX 的最大区别是，前者是开放源代码的自由软件，而后者是对源代码实行知识产权保护的传统商业软件。

3. Windows 系列

Windows Server 网络操作系统是很多企业级计算机系统的核心，是用于管理和运行服务器的软件。Windows Server 自第一代问世以来，通过不断改进和演进，为企业用户提供更强大、安全和可靠的解决方案。

Windows Server 2003 是第一代 Windows Server 网络操作系统。它引入了许多重要的功能，包括活动目录、远程桌面服务和网络访问保护。这使它成为企业级网络环境中广泛应用的操作系统之一。它适用于文件共享、打印服务器、Web 服务器和小型企业网络等场景。

Windows Server 2008 引入了许多新的功能，包括服务器管理、PowerShell 和 BitLocker 等。它还提供了更好的虚拟化技术支持，使在同一台物理服务器上运行多个虚拟机成为可能。Windows Server 2008 适用于中小型企业和大型企业，特别是那些需要更好的虚拟化和安全性的场景。

Windows Server 2012 引入了存储空间、动态访问控制和 Hyper-V3.0 等功能。它提供了更高的可伸缩性和灵活性，并支持云计算环境的部署。Windows Server 2012 适用于云服务提供商、虚拟化环境和企业级应用程序等场景。

Windows Server 2016 进一步加强了对云计算和虚拟化技术的支持。它引入了 Nano Server（一个精简的操作系统版本，专为云环境和容器化工作负载设计）。此外，Windows Server 2016 还提供了更高级的安全性功能，如 Shielded VM 和 Microsoft Defender 增强版。它适用于混合云环境、大规模虚拟化和软件定义存储等场景。

Windows Server 2019 继续加强了云计算和虚拟化功能。它引入了 Windows Admin Center（一个集中管理工具），简化了服务器管理任务。此外，它还提供了更强大的存储功能，如 Storage Migration Service 和 Storage Replica。Windows Server 2019 适用于边缘计算、混合云环境和关键业务应用程序等场景。

Windows Server 2022 是本系列的最新版本，于 2021 年发布。该版本专注于改进性能，提高安全性和可靠性。它提供了更高级的存储功能，如嵌入式 ReFS 和云边缘存储。此外，它还增强了安全性，引入了 Secured-core Server 技术，提供了更好的保护机制。Windows Server 2022 适用于各种企业环境，包括边缘计算、虚拟化环境和大规模数据中心。Windows Server 2022 网络操作系统目前针对不同的用户有 3 个版本，具体见表 1-1-1。

表 1-1-1　Windows Server 2022 网络操作系统的版本

版本	特点
Datacenter Edition（数据中心版）	（1）包含所有 Windows Server 功能的完整集合 （2）适用于高度虚拟化和混合云环境 （3）拥有无限虚拟化的权限 （4）拥有软件定义的存储和网络功能
Standard Edition（标准版）	（1）包含大多数核心功能 （2）适用于小型到中型企业 （3）限制了可在单台服务器上运行的虚拟机数量
Essentials Edition（基础版）	（1）面向小型企业，提供简化的管理和功能 （2）适用于最多 25 个用户和 50 台设备

三、驱动程序

驱动程序一般指的是设备驱动程序（device driver），是一种可以使计算机和设备进行相互通信的特殊程序。它相当于硬件的接口，操作系统只有通过这个接口，才能控制硬件设备的工作，假如某设备的驱动程序未能正确安装，该设备便不能正常工作。

一、安装 Windows Server 2022 网络操作系统前的准备工作

安装 Windows Server 2022 网络操作系统前，需准备好安装光盘或 U 盘启动盘、操作系统产品密钥，并规划好系统盘大小。

二、安装 Windows Server 2022 网络操作系统

1. 在主板 BIOS 中将光盘或 U 盘设置为第一启动盘，从光盘或 U 盘启动后按照屏幕提示按下任意按键即可进入 Windows Server 2022 的安装程序，如图 1-1-1 所示。

```
Press any key to boot from CD or DVD....
```

图 1-1-1　启动过程中的屏幕提示

2. 选择语言、时间和输入方法，单击“下一页”按钮，再单击“现在安装”按钮。Windows Server 2022 的每个版本都有两种安装模式，即核心安装模式和 Desktop Experience 模式（GUI 模式）。核心安装模式能提供最小化的环境，可以提高效能，降低硬盘使用空间，但只能使用命令提示符、Windows PowerShell 或远程计算机来管理服务器。Desktop Experience 模式服务器能提供友好的管理窗口，但系统负荷大，对硬盘使用空间要求高。安装完成后两种模式可相互切换。为了方便初学者使用，此处使用 Desktop Experience 模式安装 Standard（标准）版，单击“下一页”按钮，如图 1-1-2 所示。

3. 勾选软件许可条款，并单击“下一页”按钮，因是首次安装操作系统，故选择“自定义：仅安装 Microsoft Server 操作系统”，如图 1-1-3 所示。

4. 操作系统是安装在新硬盘上的，因此选择“新建”，如图 1-1-4 所示。

5. 在文本框中输入新建硬盘分区大小，单击“应用”按钮，如图 1-1-5 所示。

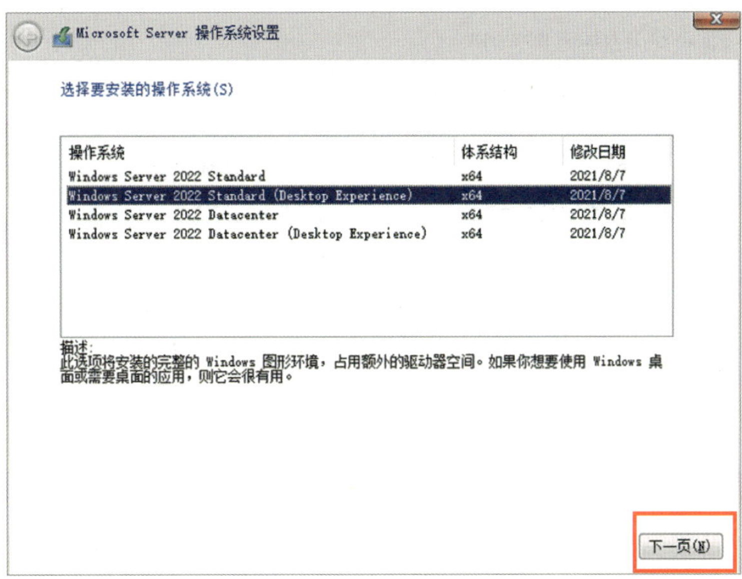

图 1-1-2　选择版本和模式

图 1-1-3　选择安装类型

图 1-1-4　选择“新建”

图 1-1-5　设置新建硬盘分区大小

6. 系统弹出需要创建额外分区的提示，单击“确定”按钮，如图 1-1-6 所示。

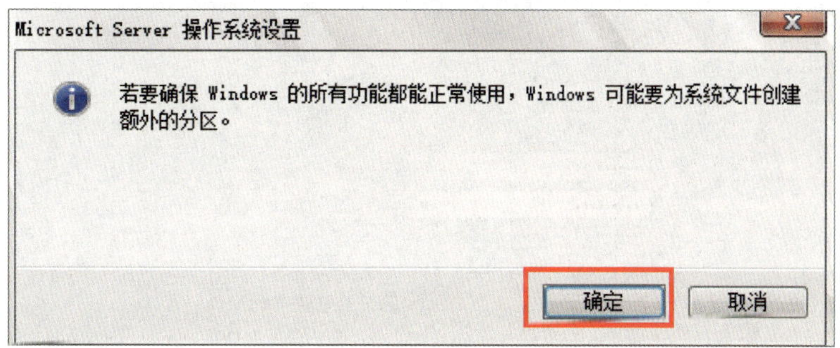

图 1-1-6　创建额外分区

7. 可以继续给剩下未分配的空间进行分区，也可以直接单击“下一页”按钮，完成硬盘分区，如图 1-1-7 所示。

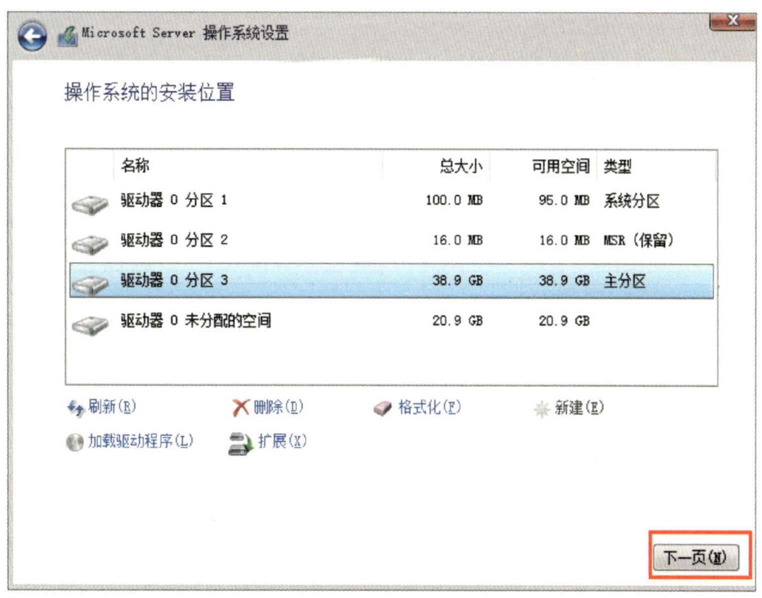

图 1-1-7　完成硬盘分区

8. 系统开始复制系统文件到所选分区的临时安装目录下，并进行安装，安装程序窗口上可以查看进度，整个过程会花费一定的时间，安装完成后，系统会自动重新启动，也可单击“立即重启”按钮直接重启。系统重新启动完成后，设置管理员（Administrator）密码，两次输入的密码必须完全一致，之后单击“完成”按钮，如图 1-1-8 所示。

图 1-1-8　设置管理员密码

需要注意的是，密码长度应不少于 8 个字符，密码必须包括英文大写字母、英文小写字母、数字和 @#$% 等特殊字符这 4 类字符中至少 3 类，并且不能完整包含账户名称，例如可设置为 Zbx54334535。

9. 进入系统登录界面，根据系统提示，按 Ctrl+Alt+Delete 组合键，输入管理员账户密码后按 Enter 键，进入系统桌面。第一次启动后系统会自动打开“服务器管理器 仪表板”窗口。至此，系统安装初步完成。

三、安装驱动程序

不同的服务器硬件需要相应的驱动程序匹配，Windows Server 网络操作系统自带了大量驱动程序给不同类型的服务器硬件提供支持，但计算机硬件设备种类繁多，常常有需要另外安装驱动程序的情况。

安装驱动程序的步骤如下。

1. 单击“开始”按钮→“服务器管理器”，打开“服务器管理器 仪表板”窗口，单击“工具”按钮→“计算机管理”，如图 1-1-9 所示。

2. 单击“设备管理器”，查看右侧窗口是否有设备故障符号出现，如果有，则可能需要安装驱动程序，如图 1-1-10 所示。常见设备管理器故障符号的具体含义可参考表 1-1-2。

图 1-1-9　打开“计算机管理”

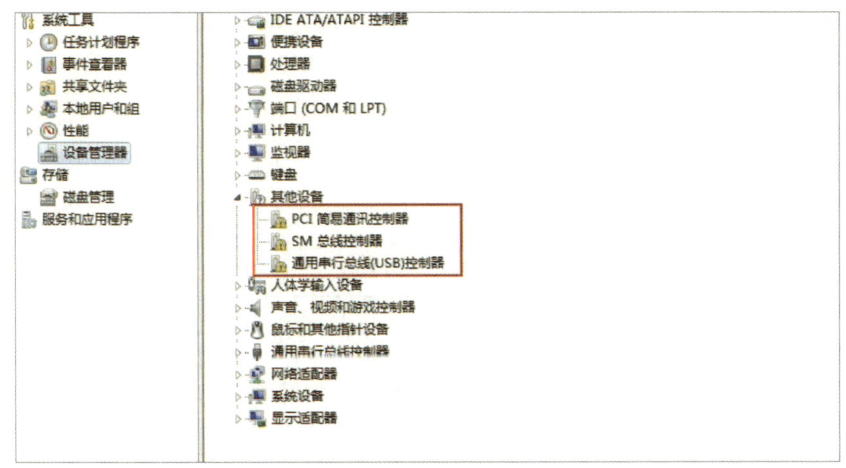

图 1-1-10　设备故障符号

表 1-1-2　常见设备管理器故障符号的具体含义

符号	含义
⚠	表示该设备未能正确安装到计算机，或者设备无法识别。通常是指设备或驱动程序没有正确安装，或者与操作系统不兼容，也有可能是硬件本身的问题
⬇	表示禁用设备。禁用设备是指系统中实际存在，占用一定的资源，但是没有安装加载保护模式的驱动程序的设备
ℹ	表示设备未选择使用自动设置，已选择手动设置。这并不表示设备处于有问题或被禁用的状态
?	表示未安装正确的驱动程序，可能是安装了兼容驱动程序

设备驱动程序一般都会在购买时随设备获得，也可到相关的设备厂商官网进行下载。驱动程序的安装一般较为简单，只需根据官方提示进行操作即可。

任务验收可参考表 1-1-3 进行。

表 1-1-3　任务验收表

验收内容	验收方法	验收标准	参考图
Windows Server 2022 网络操作系统的安装	使用管理员账户登录，查看设备管理器	使用管理员账户能成功登录，设备管理器所有硬件设备没有错误代码	图 1-1-11

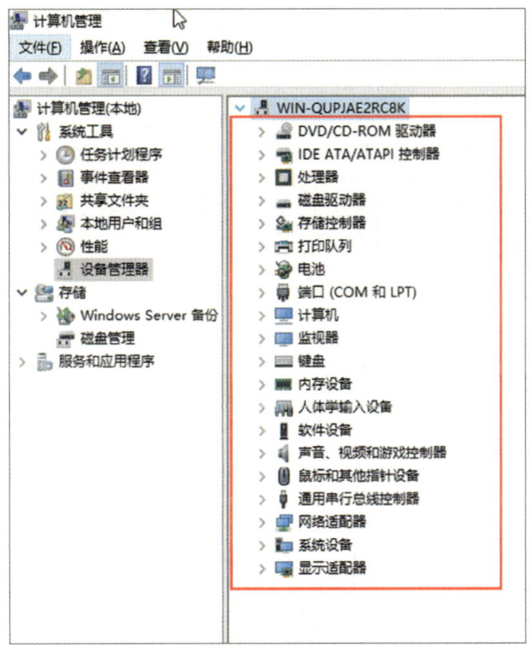

图 1-1-11　设备管理器处于正常状态参考图

任务 2　Windows 网络操作系统的基础设置

1. 理解计算机名和工作组的作用。
2. 理解 TCP/IP 协议的基本概念。
3. 能根据需求熟练完成计算机名和工作组名修改、网络参数设置和系统更新等常用操作。

从“项目描述”可知，本任务需要将服务器计算机名修改为 Server，将工作组名修改为 WORKGROUP，设置 IP 地址为 192.168.100.1、子网掩码为 255.255.255.0，将“病毒和威胁防护”更新到最新版本并启用服务。

一、计算机名和工作组

计算机名就是用于区别计算机的名称。工作组是局域网中的一个概念，它是最常见的资源管理模式，默认情况下计算机都是采用工作组的方式进行资源管理的，即将不同的计算机按功能分别列到不同的组中，以方便管理。默认情况下，所有计算机都处在名为“WORKGROUP”的工作组中，工作组资源管理模式适用于网络中计算机不多且对管理要求不严格的情况。

二、TCP/IP 协议

TCP/IP 协议是 Internet 的核心技术，它是指以 TCP/IP 为核心的一组协议，称为 TCP/IP 协议簇，简称 TCP/IP 协议。

1. TCP 协议

TCP 的全称为传输控制协议（transmission control protocol），是互联网核心协议之一。它规定了分割数据和重组数据所要遵循的规则和要进行的操作。每个 TCP 连接都有一个唯一的端口号和 IP 地址组合来标识发送和接收的端点。TCP 协议能保证数据发送的正确性，如果发现数据有损失，TCP 协议将重新发送数据。在网络通信中，TCP 协议是一种常用的协议，用于可靠地传输各种类型的数据，如网页、电子邮件、文件传输等。

TCP 协议提供了以下重要功能。

（1）可靠的数据传输。TCP 协议使用序号、确认和重传机制来确保数据的可靠传输。它保证数据按照正确的顺序到达目的地，并且在发生丢包或错误时能够进行重传，以确保数据的完整性和可靠性。

（2）流量控制。TCP 协议使用滑动窗口机制来控制发送方和接收方之间的数据传输速率。接收方可以通知发送方其可接收的数据量，以避免数据的溢出或过多的传输而导致网络拥塞。

（3）拥塞控制。TCP 协议通过监控网络的拥塞情况并采取相应的措施来避免网络拥塞。它使用拥塞避免算法和拥塞控制算法来动态调整数据的发送速率，以保持网络的稳定性和效率。

（4）全双工通信。TCP 协议支持全双工通信，允许同时进行双向的数据传输，发送方和接收方可以独立地发送和接收数据。

2. IP 协议

IP 是 internet protocol 的缩写，意为“互联网协议”，也就是为计算机网络相互连接、通信而设计的协议。在 Internet（因特网）中，各个厂家生产的网络系统和设备，如以太网、分组交换网等，它们之间通常不能直接互通，其主要原因是它们所传送数据的基本单元（技术上称为“帧”）的格式不同。IP 协议实际上是一套由软件程序组成的协议软件，它把各种不同的“帧”统一转换成“IP 数据报”格式，这种转换是 Internet 的一个最重要的特点，使各种计算机都能在 Internet 上实现互通，即具有“开放性”的特点。正是因为有了 IP 协议，Internet 才得以迅速发展，成为世界上最大的、开放的计算机通信网络。

IP 协议中还有一个非常重要的内容，就是给 Internet 上的每台计算机和其他设备都规定了一个唯一的地址，称为“IP 地址”。这种唯一的地址保证了用户在联网的计算机上操作时，能够高效且方便地从千千万万台计算机中选出自己所需的对象。

IP 地址就像家庭住址一样，要写信给一个人，就要知道他的地址，这样邮递员才能把信送到。计算机发送信息就像邮递员送信，它必须知道唯一的“家庭住址”才能避免把信送错。只不过家庭住址是用文字来表示的，而计算机的地址是用二进制数来表示的。

现有的互联网主要是在 IPv4（即第四个版本）协议的基础上运行的，正在推广中的下一版本是 IPv6。IPv4 协议的 IP 地址是一个 32 位的二进制数，通常被分割为 4 个“8 位二进制数”（也就是 4 个字节）。IP 地址又可分为两部分，即网络号和主机号。网络号表示其所属的网络段编号，主机号则表示该网络段中该主机的地址编号。通常用点分十进制方式表示 IP 地址，例如用 100.4.5.6 表示 32 位二进制数地址 01100100.00000100.00000101.00000110。

子网掩码是一个 32 位的二进制数，用于指示一个 IP 地址中哪些位用于网络标识，哪些位用于主机标识。它是 IP 地址的一部分，用于划分一个网络中的主机和子网。

子网掩码通常也用点分十进制表示法来呈现，例如 255.255.255.0。将其转换为二进制数后，其中的“1”代表网络位，“0”代表主机位。换句话说，子网掩码中连续的“1”指示了网络标识，而连续的“0”表示主机标识。

例如，在子网掩码为 255.255.255.0（也常写作“/24”，表示有 24 个连续的“1”）的情况下，前 3 组 8 位二进制数（即 24 个位）是网络号部分，而最后一组 8 位二进制数是主机号部分。这意味着此子网中可以有 256 个可能的地址，但其中两个地址（二进制中全为 0 和全为 1，即十进制的 0 和 255）通常用作网络地址和广播地址，因此可用于分配给主机的实际地址数量是 254 个。

一、修改计算机名和工作组名

1. 单击“开始”按钮→“服务器管理器”，打开“服务器管理器 仪表板”窗口，单击窗口左侧的“本地服务器”，单击右侧“本地服务器属性”窗口中“计算机名”后面的默认计算机名，如图 1-2-1 所示。

2. 打开“系统属性”对话框，单击“更改”按钮，如图 1-2-2 所示。

3. 修改计算机名和工作组名后，单击“确定”按钮，如图 1-2-3 所示。

4. 按照提示重新启动计算机，使更改生效。

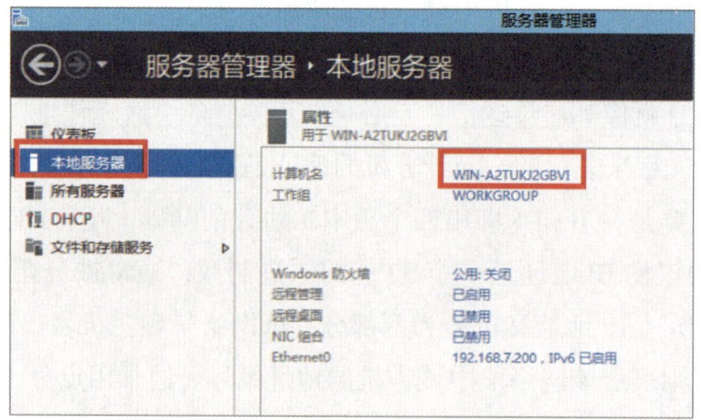

图 1-2-1　计算机名

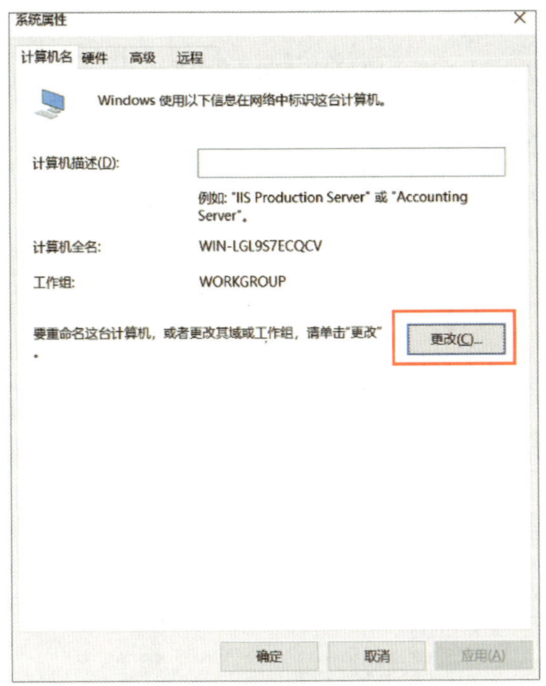

图 1-2-2　“系统属性”对话框

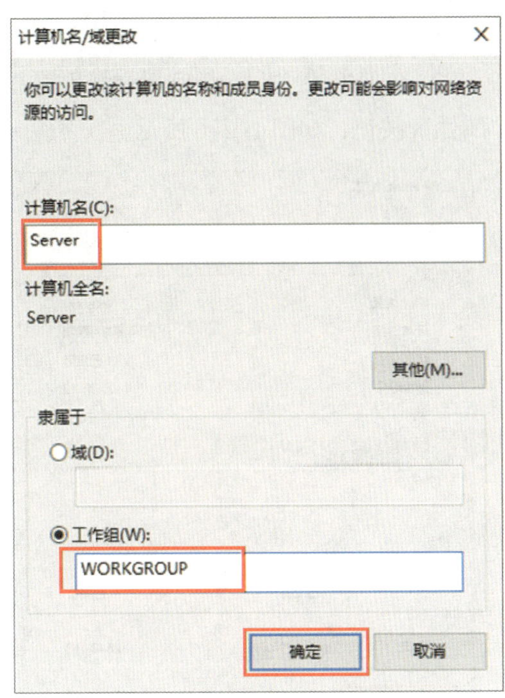

图 1-2-3　修改计算机名和工作组名

二、修改 TCP/IP 协议参数

1. 单击“开始”按钮→“控制面板”→“查看网络状态和任务”，单击网络连接的名称“Ethernet0”（以太网），如图 1-2-4 所示，打开“Ethernet0 状态”对话框。

图 1-2-4　网络连接的名称

2. 在“Ethernet0 状态”对话框中单击“属性”按钮，如图 1-2-5 所示。

3. 在弹出的“Ethernet0 属性”对话框中，选中“Internet 协议版本 4（TCP/IPv4）”，单击“属性”按钮，如图 1-2-6 所示。

图 1-2-5 “Ethernet0 状态”对话框

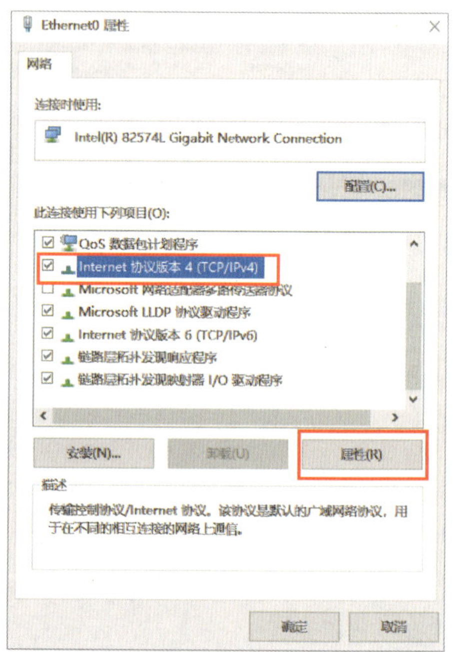

图 1-2-6 “Ethernet0 属性”对话框

4. 打开“Internet 协议版本 4（TCP/IPv4）属性”对话框，设置 IP 地址和子网掩码，如图 1-2-7 所示。如果服务器安装了多张网卡，则应当分别进行设置。

三、更新系统及设置 Windows 安全中心

更新系统的目的是不断地完善系统，使系统功能更加强大，并提高安全性。Windows 更新会在联网的情况下自动连接到官方服务器，修补系统漏洞，微软公司每月都会发布并推送系统更新，应及时安装，以免被黑客或恶意软件利用系统漏洞盗取信息或攻击系统。更新系统及设置 Windows 安全中心的步骤如下。

1. 右击“开始”按钮，单击“设置”命令，如图 1-2-8 所示。

2. 单击“更新和安全”按钮，如图 1-2-9 所示。

3. 在窗口左侧单击“Windows 更新”，查看当前更新的内容，可以单击“立即安装”按钮，也可以通过下方的条目，对系统更新做进一步的设置，如图 1-2-10 所示。

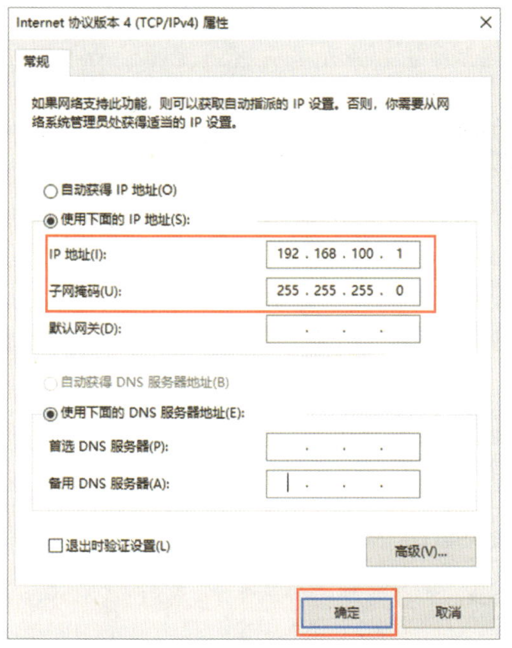

图 1-2-7　设置 IP 地址和子网掩码

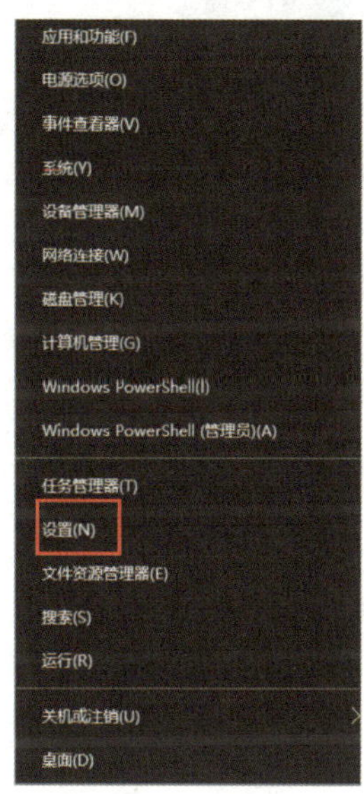

图 1-2-8　“设置”命令

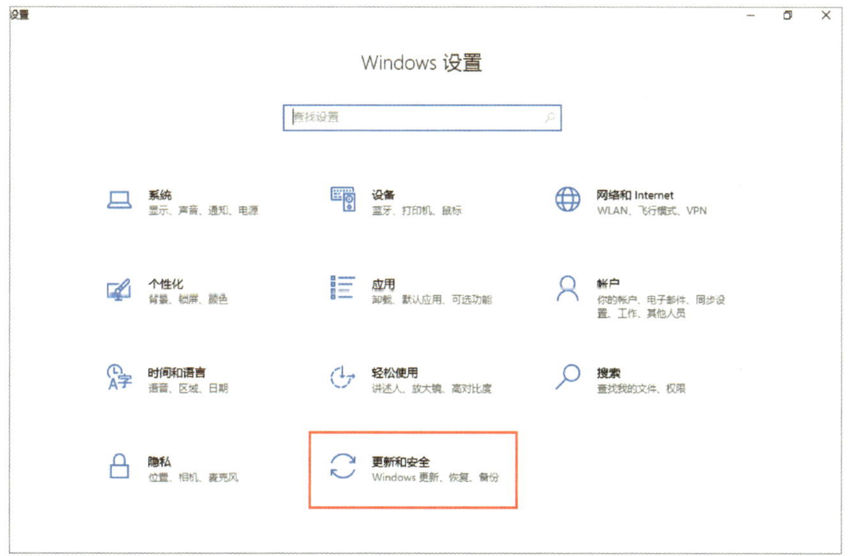

图 1-2-9　“更新和安全”按钮[①]

① 在 Windows Server 2022 网络操作系统中，使用了“帐户”“帐号”的写法（如图 1-2-9 中的“帐户”“你的帐户”），应为“账户”“账号”。

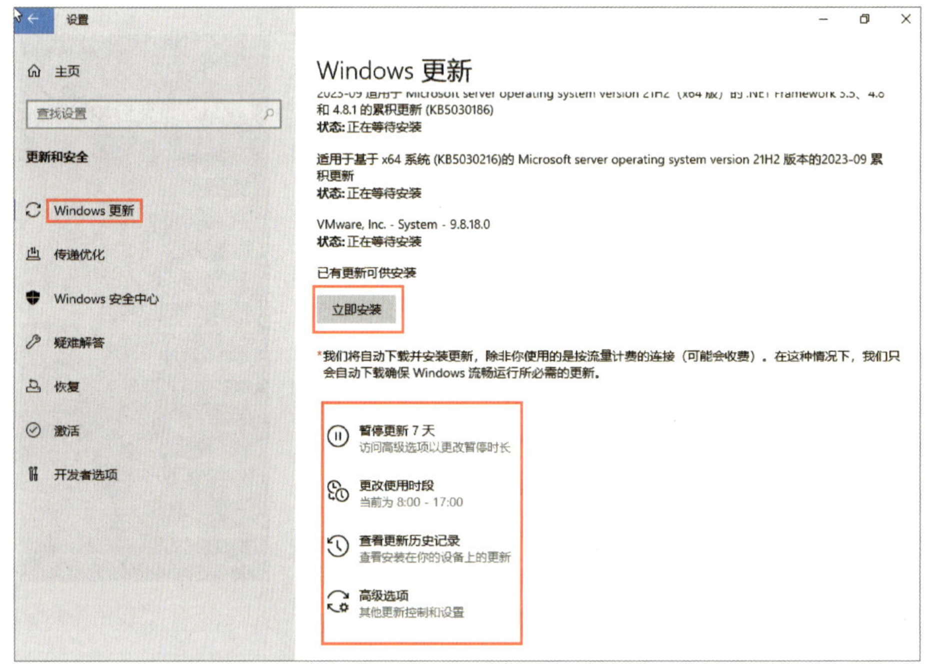

图 1-2-10　系统更新的设置

4. 单击“Windows 安全中心”进行安全设置，“Windows 安全中心”具有四个功能，如图 1-2-11 所示。这些功能可以保护用户的计算机，并可以指定保护设备的方式，其具体含义如下。

（1）病毒和威胁防护：监控设备威胁、运行扫描并获取更新来帮助检测最新的威胁。

（2）防火墙和网络保护：对防火墙进行设置，并监控网络和 Internet 连接的状况。

（3）应用和浏览器控制：更新 Microsoft Defender SmartScreen 设置来帮助设备抵御具有潜在危害的应用、文件、站点和下载内容并通过 Exploit Protection 功能为设备自定义保护设置。

（4）设备安全性：查看有助于保护设备免受恶意软件攻击的内置安全选项。

5. 单击“病毒和威胁防护”，单击“检查更新”按钮，进入“保护更新”窗口，可以查看当前安全智能版本，单击“检查更新”按钮，如图 1-2-12 所示，系统会查找更新，并显示更新版本。

6. 单击“返回”按钮，单击“启用”按钮，并单击“快速扫描”按钮，如图 1-2-13 所示，完成病毒和威胁防护系统检查。

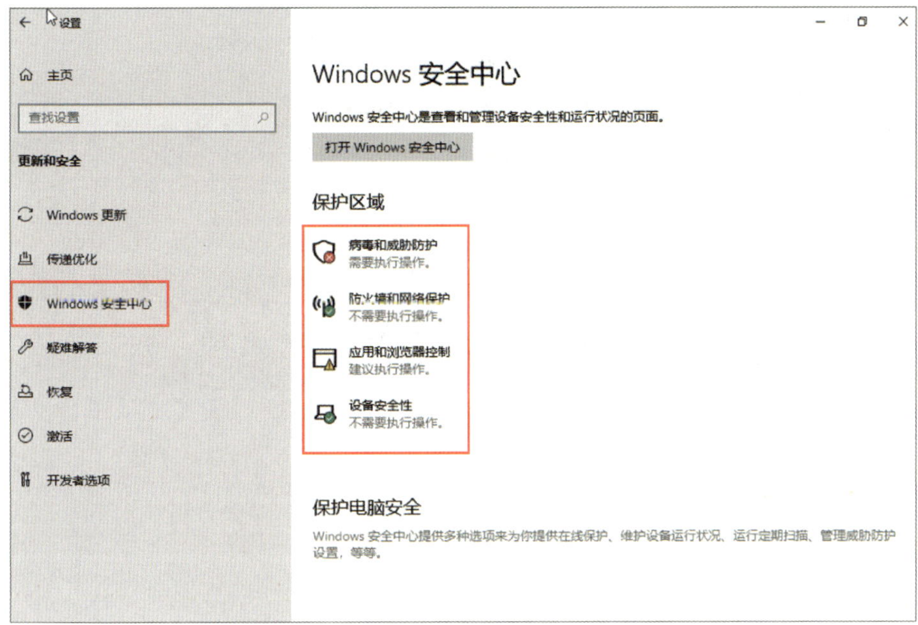

图 1-2-11　“Windows 安全中心”的四个功能

图 1-2-12　“检查更新”按钮

图 1-2-13 “启用”和“快速扫描”按钮

任务验收可参考表 1-2-1。

表 1-2-1 任务验收表

验收内容	验收方法	验收标准	参考图
IP 地址工作情况	右击“开始”按钮，单击“Windows PowerShell”命令，输入“ping 192.168.100.1”	能正常接收和发送数据包	图 1-2-14

```
管理员: Windows PowerShell
PS C:\Users\Administrator> ping 192.168.100.1

正在 Ping 192.168.100.1 具有 32 字节的数据:
来自 192.168.100.1 的回复: 字节=32 时间<1ms TTL=128
来自 192.168.100.1 的回复: 字节=32 时间<1ms TTL=128
来自 192.168.100.1 的回复: 字节=32 时间<1ms TTL=128
来自 192.168.100.1 的回复: 字节=32 时间<1ms TTL=128

192.168.100.1 的 Ping 统计信息:
    数据包: 已发送 = 4，已接收 = 4，丢失 = 0 (0% 丢失)，
往返行程的估计时间(以毫秒为单位):
    最短 = 0ms，最长 = 0ms，平均 = 0ms
```

图 1-2-14　IP 地址工作情况测试参考图

任务 3　Windows 网络操作系统的备份和恢复

1. 掌握 Windows Server 备份机制，理解完整备份和差异备份的功能。
2. 掌握 Windows Server 恢复机制。
3. 能根据需求熟练完成 Windows Server 2022 网络操作系统的备份和恢复。

从“项目描述”可知，本任务需要对 Windows Server 2022 网络操作系统进行备份操作，设置在每天 23 点系统自动进行完整备份，并立刻进行一次完整备份，完成备份后，使用该备份恢复“Windows”文件夹。

一、Windows Server 备份机制

Windows Server 备份机制是指 Windows Server 网络操作系统提供的一套用于保护和恢复数据的机制。备份是信息系统中非常重要的一环，可以帮助组织和个人防范数据丢失、硬件故障、人为错误等问题，保证数据的可靠性和完整性。Windows Server 备份机制提供了多种备份方式和工具，使用户能够根据实际需求选择最适合自己的备份策略。

1. Windows Server 备份机制的备份方式

Windows Server 备份机制提供了完整备份和增量备份两种主要备份方式。完整备份是指将整个系统或特定的数据集合进行备份，可以保证完全恢复数据的完整性，如图 1-3-1 所示。完全备份的缺点是，一旦备份的数据量很大，就会占用大量的存储空间，同时备份的时间也会变得很长。

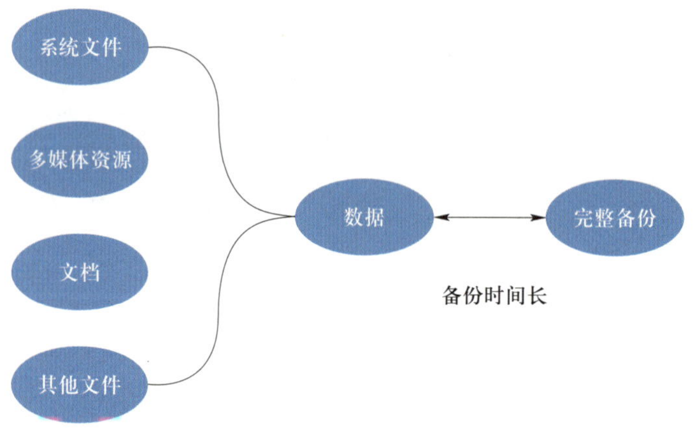

图 1-3-1　完整备份示意图

增量备份只备份自上次备份以来发生变化的数据，可以节省存储空间和备份时间，但部分数据不完整，如图 1-3-2 所示。

通过这两种备份方式的灵活组合，用户可以根据数据的重要性和变化程度来选择合适的备份策略。

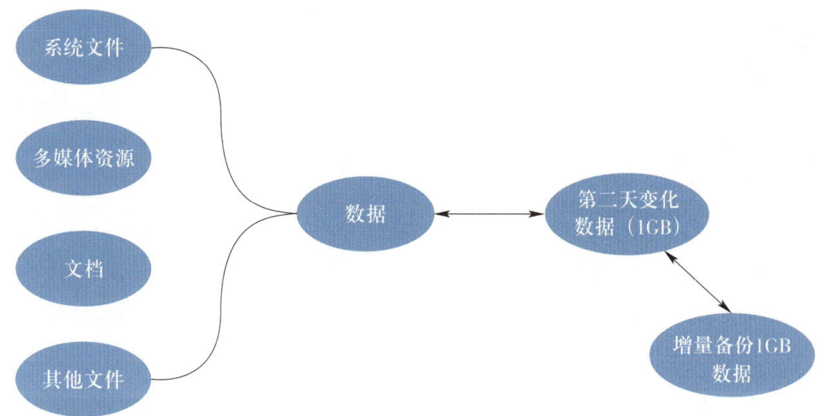

图 1-3-2　增量备份示意图

2. Windows Server 备份机制的备份工具

Windows Server 备份机制提供了多种备份工具，如 Windows Server Backup、System Center Data Protection Manager 等。其中，Windows Server Backup 是 Windows Server 网络操作系统自带的备份工具，可以对整个系统、特定卷或文件进行备份和恢复。System Center Data Protection Manager 则是一款功能更为强大的备份工具，可以进行连续数据保护、增量备份、虚拟机备份等操作，适用于大规模的数据中心环境。Windows Server 备份机制还支持备份到不同的媒体，如硬盘、网络共享等。用户可以根据自己的需求选择合适的备份介质，并设定定期的备份计划。同时，Windows Server 备份机制还提供了备份策略的自动化管理功能，可以根据用户设定的规则自动执行备份操作，提高备份效率和可靠性。

二、Windows Server 恢复机制

Windows Server 恢复机制主要通过其内置的备份和恢复组件“Windows Server 备份”来实现。“Windows Server 备份”是一个功能强大的工具，它为企业提供了一个可靠的数据保护解决方案，减少了购买专业数据备份硬件开支并确保了数据的安全性和可用性。这个组件允许用户备份服务器上的数据，并在需要时进行还原。

一、系统备份

1. 单击“开始”按钮→“服务器管理器”，打开“服务器管理器 仪表板”窗口，单击“管理”→“添加角色和功能”，启动“添加角色和功能向导”，在“开始之前”窗口中单击“下一步”按钮，进入“安装类型”窗口，选中“基于角色或基于功能的安装”，单击“下一步”按钮，在“服务器选择”窗口中选择当前服务器，单击“下一步”按钮，在“服务器角色”窗口中单击“下一步”按钮，在“功能”窗口中勾选“Windows Server 备份”，单击“下一步”按钮，完成“Windows Server 备份”功能的添加，如图 1-3-3 所示。

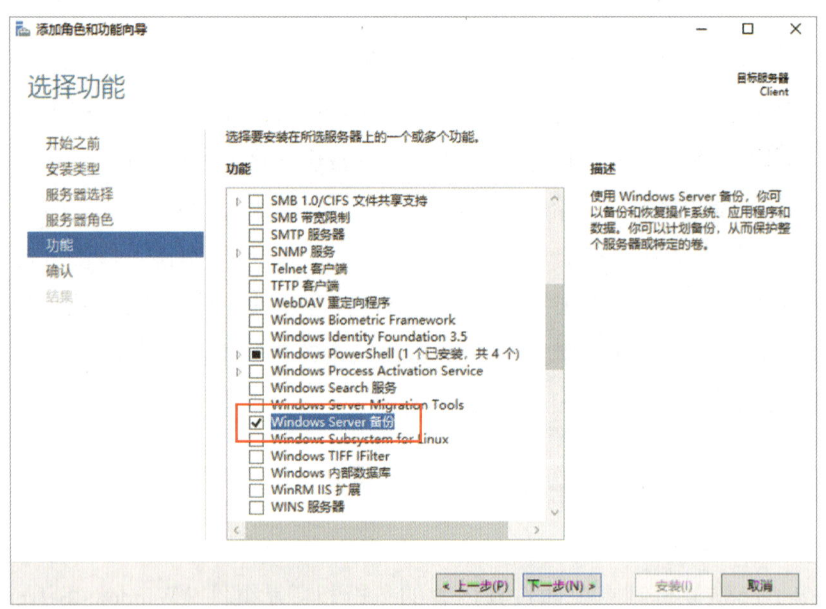

图 1-3-3　添加“Windows Server 备份”功能

2. 确认安装所选内容，单击“安装”按钮完成安装。在“服务器管理器”窗口中选择“工具”菜单下的“Windows Server 备份”启动该工具，如图 1-3-4 所示。

3. 根据任务需求新建备份计划，右击“本地备份”，选择“备份计划”，如图 1-3-5 所示。

图 1-3-4　启动“Windows Server 备份”

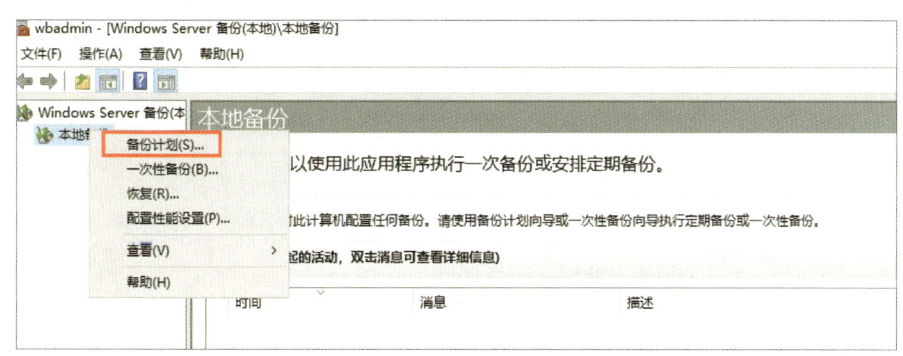

图 1-3-5　新建备份计划

4. 在“备份计划向导”对话框中单击“下一步”按钮，选择备份配置类型为“整个服务器”，如图 1-3-6 所示。

5. 设置备份频率为“每日一次”、备份时间为“23：00”，如图 1-3-7 所示。

6. 备份目标类型有 3 种，此处选择“备份到专用于备份的硬盘”，单击“下一步”按钮，如图 1-3-8 所示。

7. 备份到硬盘时整个硬盘都会用于存储备份，系统会对硬盘进行格式化，单击“是”按钮，确定备份计划信息，单击“完成”按钮后，系统会自动创建备份计划，如图 1-3-9 所示。

8. 根据任务需求完成一次备份，右击“本地备份”，选择“一次性备份”命令，如图 1-3-10 所示。备份选项可以选择“计划的备份选项”，即直接使用前面计划备份的选项，如图 1-3-11 所示。

图 1-3-6　选择备份配置类型

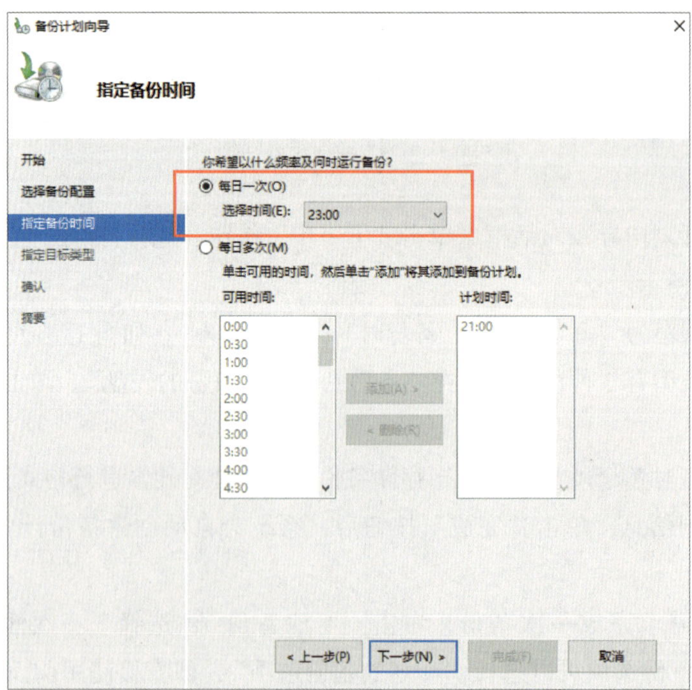

图 1-3-7　设置备份频率和备份时间

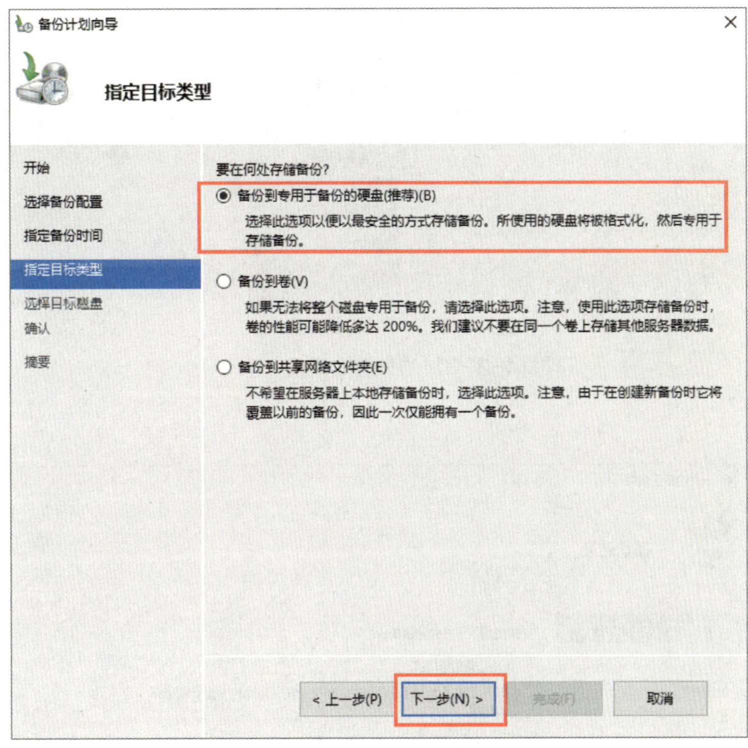

图 1-3-8　选择备份目标类型

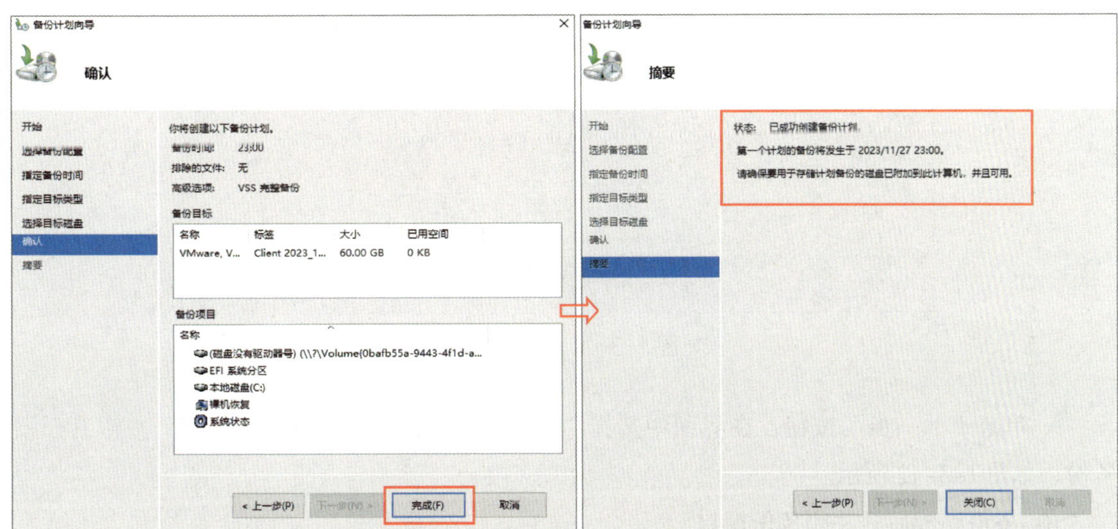

图 1-3-9　确认备份计划信息并完成创建

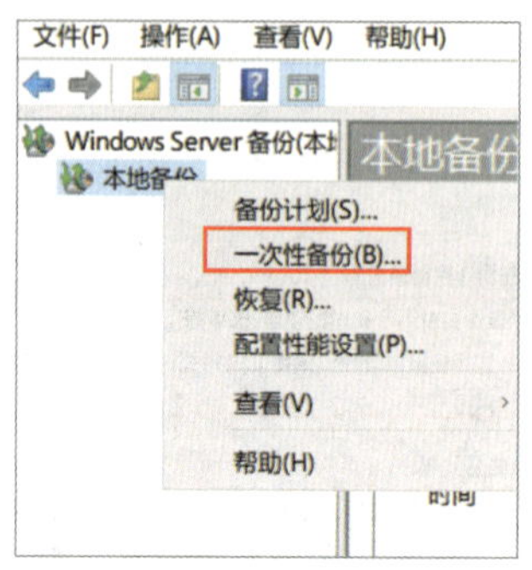

图 1-3-10 “一次性备份”命令

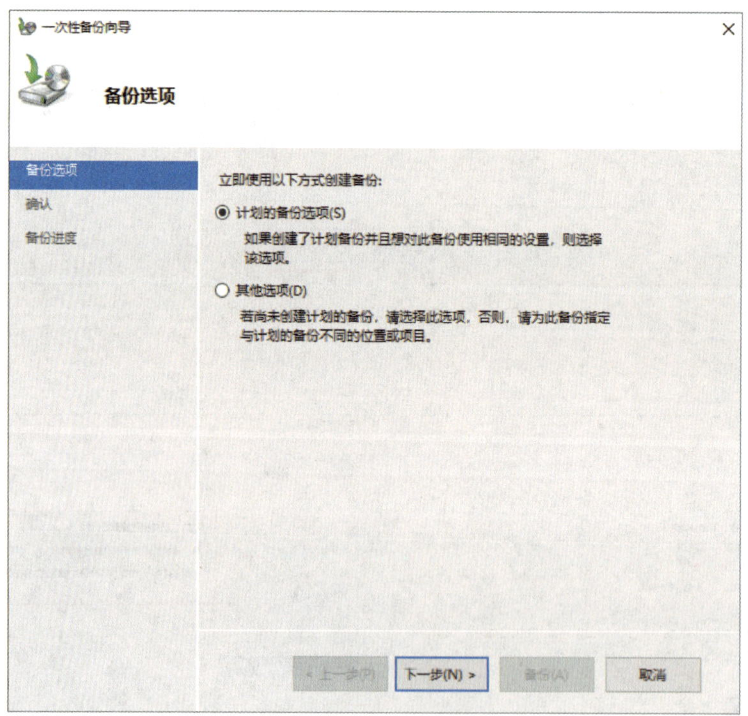

图 1-3-11 备份选项

9. 单击“下一步”按钮，在界面中选择“VSS 完整备份”，并单击“备份”按钮，开始备份，如图 1-3-12 所示。

10. 备份完成后，关闭备份窗口。

图 1-3-12　开始备份

二、系统恢复

1. 根据任务需求完成系统恢复，右击“本地备份”，选择“恢复”命令，如图 1-3-13 所示。

2. 选择服务器备份数据所在的位置，单击“下一步”按钮，如图 1-3-14 所示。

3. 选择备份日期，单击“下一步”按钮，如图 1-3-15 所示。

4. 在恢复过程中，选择“文件和文件夹”“卷”“应用程序”和“系统状态”等不同的恢复类型，本任务选择的恢复类型为“文件和文件夹”，单击“下一步”按钮，如图 1-3-16 所示。

5. 选择要恢复的项目“Windows”文件夹，单击“下一步”按钮，如图 1-3-17 所示。

6. 在“指定恢复选项”对话框中设置恢复目标为“原始位置”并选择“创建副本，使你同时保留两个版本”，单击“下一步”按钮，如图 1-3-18 所示。

7. 确认恢复信息，单击“恢复”按钮。系统恢复完成后，单击“关闭”按钮，如图 1-3-19 所示。

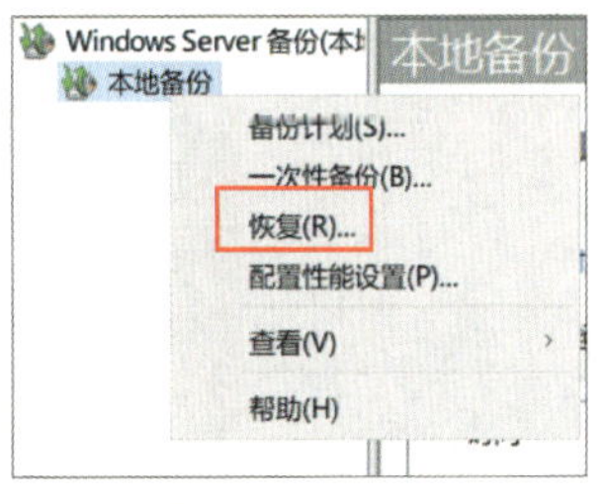

图 1-3-13　“恢复”命令

图 1-3-14　选择服务器备份数据的位置

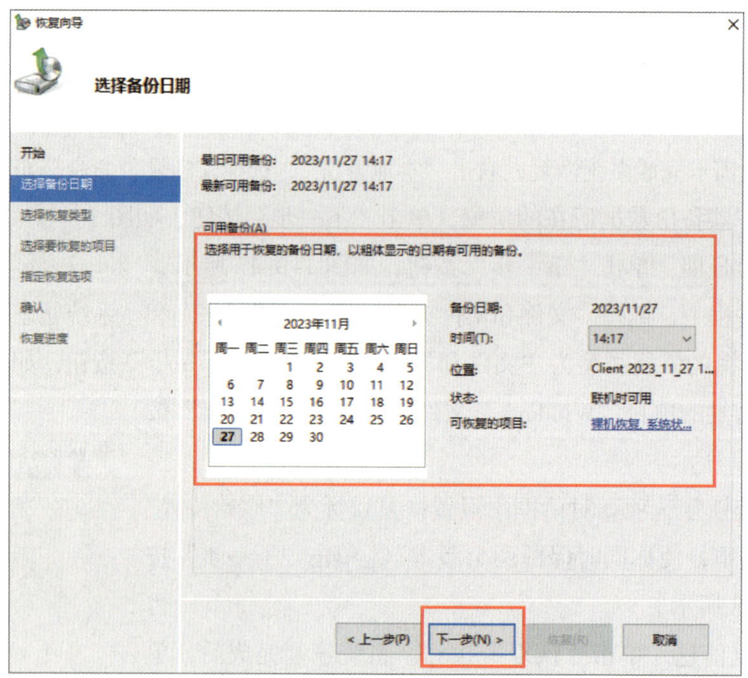

图 1-3-15　选择备份日期

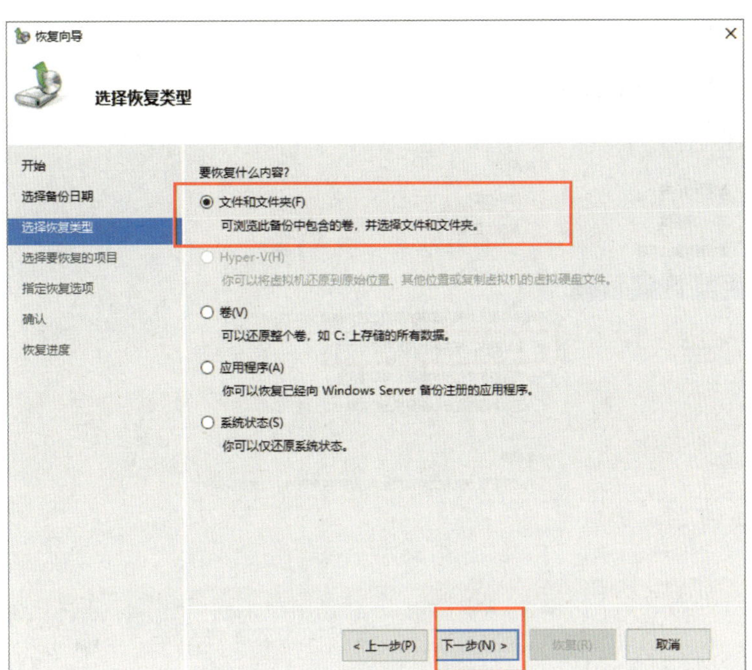

图 1-3-16　选择恢复类型

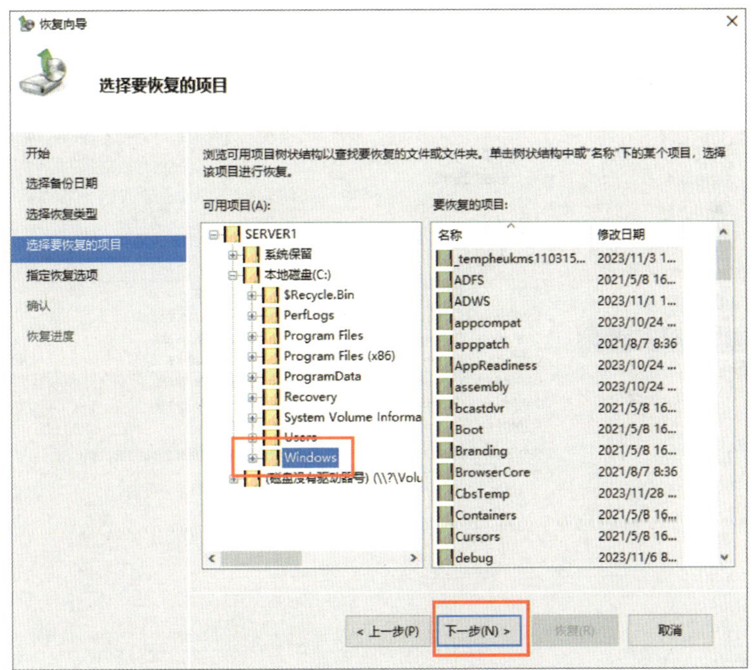

图 1-3-17　选择要恢复的项目

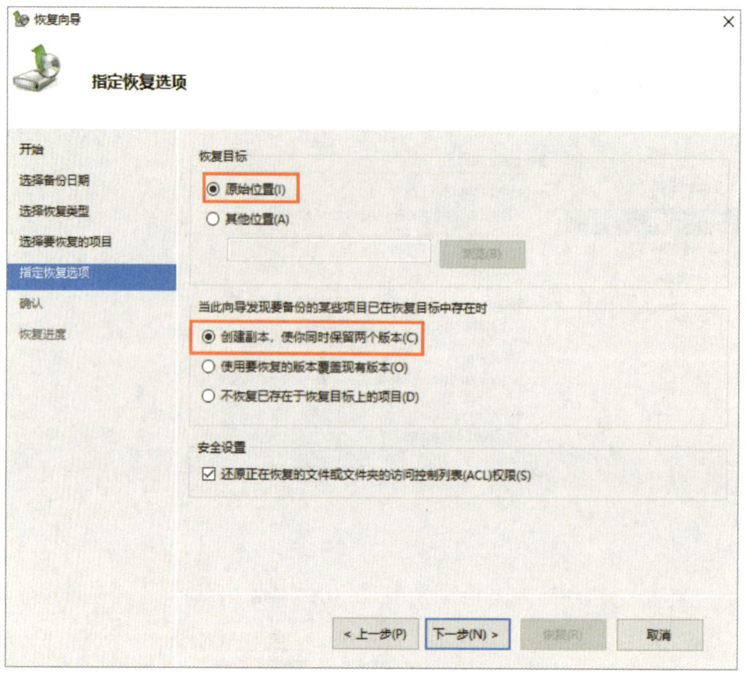

图 1-3-18　指定恢复选项

图 1-3-19　关闭恢复向导

任务验收可参考表 1–3–1。

表 1–3–1　任务验收表

验收内容	验收方法	验收标准	参考图
系统备份	打开“Windows Server 备份”，双击备份信息条目，查看系统备份的详细信息	备份信息显示备份成功，备份计划设置符合要求	图 1–3–20
系统恢复	打开“Windows Server 备份”，双击恢复信息条目，查看系统恢复的详细信息	恢复信息显示恢复成功，如果恢复过程存在问题，也可查看“错误”选项卡	图 1–3–21

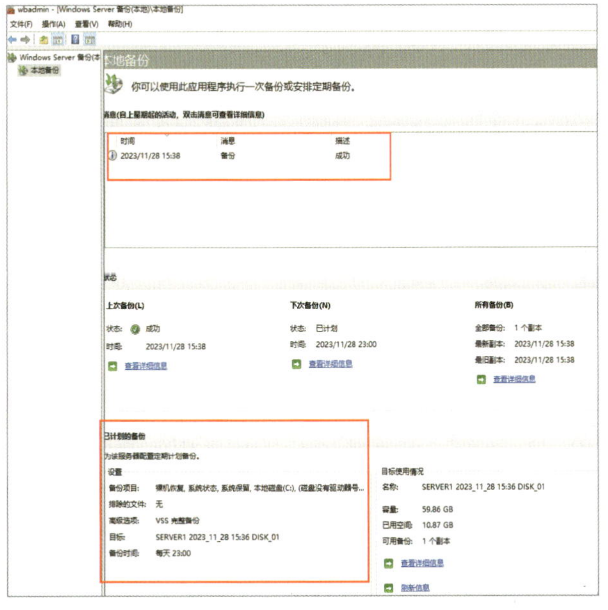

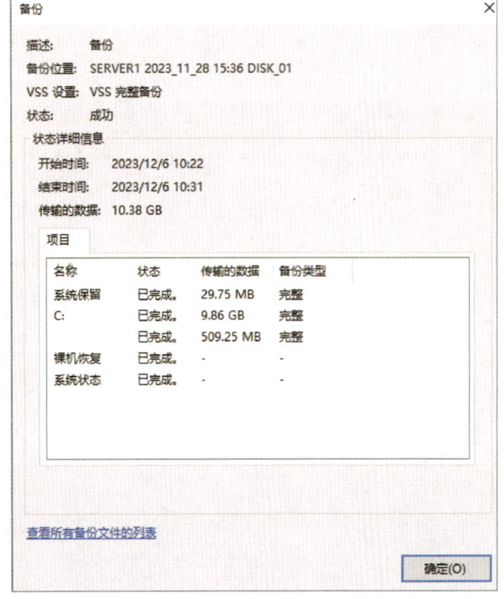

图 1–3–20　备份成功信息参考图

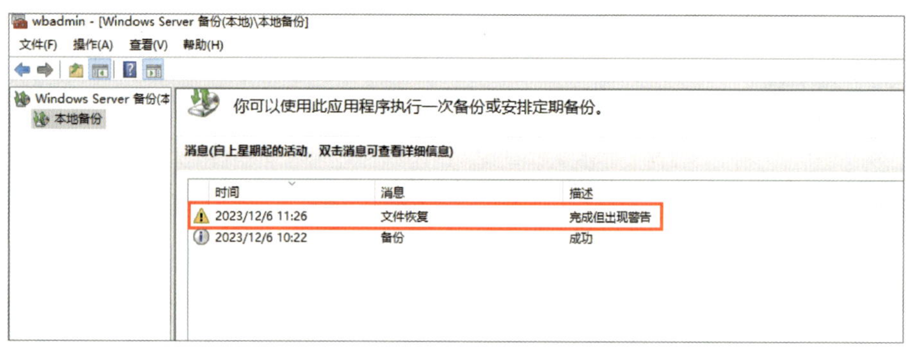

图 1-3-21　恢复成功信息参考图

项目二　本地账户和本地组的创建与管理

网络操作系统运行在服务器上，给用户提供各种类型的服务，对网络操作系统而言，首先需要辨别用户的身份，从而让具有一定使用权限的人登录计算机、访问本地计算机资源或从网络访问计算机的共享资源。维护计算机系统的身份识别与访问管理（identity and access management，IAM）机制是维护系统安全的基本且重要的技术手段，网络操作系统对用户和组的管理是实现网络安全的前提。

本项目通过完成“本地账户的创建与管理”“本地组的创建与管理”“本地账户和本地组的安全管理”3个任务，学会本地账户的创建与管理、本地组的创建与管理，并根据需求通过对本地账户和本地组的操作来实现网络操作系统基础安全配置，熟练掌握上述最基本的操作还可为后续配置网络操作系统的其他服务做好铺垫。

项目描述

某公司的服务器已经安装了 Windows Server 2022 网络操作系统，公司为了控制员工对服务器的访问权限，需对全体员工进行身份识别和管理，并根据不同的职位对各部门员工进行权限分配。

本项目将采用 Windows Server 2022 用户账户机制来完成，将同一个部门的员工划归同一个组内，所有的部门经理划归同一个组内，并进行安全性设置，以保证各账户的安全。公司人员架构如图 2-0-1 所示，公司人员结构见表 2-0-1。

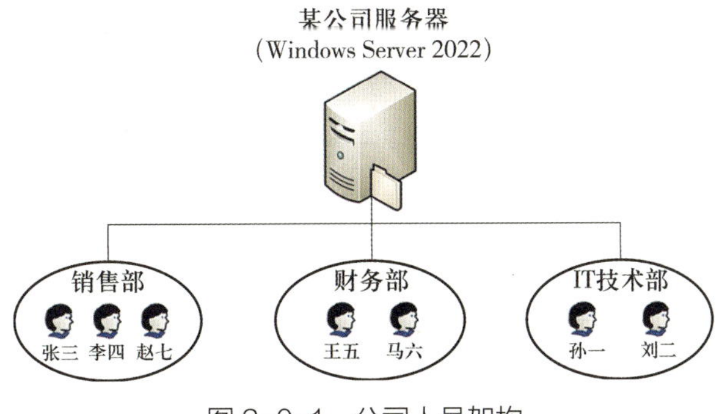

图 2-0-1　公司人员架构

表 2-0-1　公司人员结构

部门	部门员工姓名
销售部	张三（经理）、李四、赵七
财务部	王五（经理）、马六
IT 技术部	孙一（经理）、刘二

根据项目要求对每个员工进行用户账户创建并对用户账户、用户组进行设置。出于安全考虑，要求每个员工的账户密码要符合复杂性要求，密码长度不小于 8 个字符，3 次输错密码后锁定账户。为了防止管理员密码流失，为管理员账户制作密码重置盘。公司员工账户的具体规划见表 2-0-2。

表 2-0-2　公司员工账户的具体规划

部门	姓名	用户账户名	职位描述	初始密码	用户组
销售部	张三	Zs	销售部经理	Zhangsan123	Sales Department、Manager
销售部	李四	Ls	销售部员工	Lisi123	Sales Department
销售部	赵七	Zq	销售部员工	Zhaoqi123	Sales Department
财务部	王五	Ww	财务部经理	Wangwu123	Finance Department、Manager
财务部	马六	Ml	财务部员工	Maliu123	Finance Department
IT 技术部	孙一	Sy	IT 技术部经理	Sunyi123	IT Technology Department、Manager
IT 技术部	刘二	Le	IT 技术部员工	Liuer123	IT Technology Department

任务 1　本地账户的创建与管理

学习目标

1. 理解本地账户的基本作用。
2. 了解内置账户的基本功能。
3. 掌握本地账户的命名规则和密码设置原则。
4. 能熟练创建与管理本地账户。

任务描述

从“项目描述”可知，为满足公司的管理要求，公司网络管理员需为每个员工创建一个账户，并对账户进行职位描述、备注姓名全名，公司部门人员账户见表 2-1-1。

表 2-1-1　公司部门人员账户

部门	姓名	用户账户名	职位描述	初始密码
销售部	张三	Zs	销售部经理	Zhangsan123
销售部	李四	Ls	销售部员工	Lisi123
销售部	赵七	Zq	销售部员工	Zhaoqi123
财务部	王五	Ww	财务部经理	Wangwu123
财务部	马六	Ml	财务部员工	Maliu123
IT 技术部	孙一	Sy	IT 技术部经理	Sunyi123
IT 技术部	刘二	Le	IT 技术部员工	Liuer123

为员工创建和管理用户账户，可以通过以下操作来实现：

（1）使用图形管理界面创建和删除本地账户；

（2）使用命令行创建和删除本地账户。

从 20 世纪 90 年代的 Windows 3.2 开始，Windows 操作系统中就引入了用户账户用于登录计算机操作系统。用户必须提供正确的用户账户和密码，操作系统与本地安全数据库进行比对一致后，才允许其登录。

在 Windows Server 2022 网络操作系统中，针对不同的账户可以赋予其不同的资源访问权限，例如对各种文件资源进行读取、写入、修改、运行等。操作系统通过对用户账户权限的管理，增强了计算机系统的安全管理能力。

Windows Server 2022 网络操作系统中支持两种类型的用户账户：一种是本地账户；另一种是域账户。本项目只涉及本地账户。

一、本地账户的基本概念

本地账户数据存储在本地计算机上的本地安全加密数据库（security account manager，SAM）内，如图 2-1-1 所示，本地账户只能登录到本地计算机。

在 Windows Server 2022 网络操作系统中，系统会为每一个用户账户建立一个唯一的安全标识符（security identifiers，SID），用这个 SID 来代表该用户，有关的权限设置等都是根据 SID 来设置的，而不是根据用户的账户名称。账户的 SID 不会被重复使用，即使被某个账户删除后，再添加一个相同名称的账户，它也不会拥有原账户的权限，因为 SID 已经改变了。

本地安全机构（local security authority，LSA）是 Windows 操作系统中安全子系统的核心组件。LSA 负责管理系统的交互式登录。用户使用本地账户登录此计算机，LSA 将根据本地数据库来检验登录账户和密码是否正确，检查通过后将分配给用户一个访问令牌，该令牌决定了用户在本地计算机上的访问权限。例如，用户想访问本地计算机中的某一资源，LSA 负责鉴别该令牌是否有访问该资源的权限。

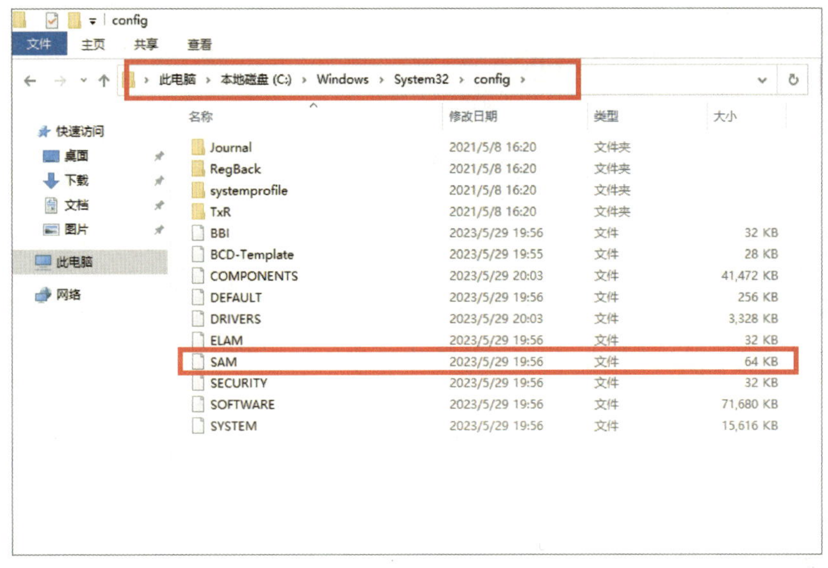

图 2-1-1　本地安全加密数据库（SAM）

二、系统内置账户

Windows Server 2022 网络操作系统安装完成后，会提供 4 个内置账户，分别是 Administrator、Guest、WDAGUtilityAccount 和 DefaultAccount，内置账户及其默认权限见表 2-1-2。内置账户可以被更名、禁用，但不能被删除。

表 2-1-2　内置账户及其默认权限

内置账户	描述
Administrator/ 默认本地管理员账户	系统管理员的用户账户。每台计算机都有一个默认本地管理员账户，它是 Windows 系统安装过程中创建的第一个账户，该账户可以完全控制本地计算机上的文件、目录、服务和其他资源，可以创建其他本地用户和分配用户权限
Guest/ 来宾账户	供来宾访问计算机资源的账户，出于安全考虑，默认处于禁用状态
WDAGUtilityAccount/Microsoft Defender 应用程序防护用户账户	用于 Microsoft Defender 应用程序防护方案管理和使用的用户账户
DefaultAccount/ 默认系统托管账户	Windows Server 2022 网络操作系统中引入的内置账户，是操作系统管理的用户账户，可用于运行多用户感知或用户不可知的进程

三、用户账户的命名规则

用户通过用户账户和密码来登录系统，创建用户账户时要遵循一定的命名规则。用户账户的命名规则如下。

（1）账户名必须唯一；

（2）本地账户必须在本地计算机上唯一，不区分大小写；

（3）账户名不能包含？+ * / \ [ ] = < > 等特殊字符；

（4）账户名最长不能超过 20 个字符，输入时可超过 20 个字符，但只识别前 20 个；

（5）账户名不能与用户组的组名相同。

四、密码设置原则

密码要符合复杂性要求，具体原则如下。

（1）不包含使用者账户名的全部或任何超过两个连续字符的部分；

（2）密码最多可由 128 个字符组成，推荐最小长度为 6 个字符；

（3）密码应包含下列 4 种字符中的 3 种，即英文大写字母（A ~ Z）、英文小写字母（a ~ z）、10 个基本数字（0 ~ 9）、非字母字符（如 !$#%）。

一、使用图形管理界面创建和删除本地账户

1. 对账户进行各种操作，必须使用有管理员权限的账户登录系统才能进行。打开“服务器管理器 仪表板”窗口，选择“工具”→“计算机管理”，依次展开“计算机管理（本地）”→“系统工具”→“本地用户和组”→“用户”。右击“用户”，选择“新用户”，打开“新用户”对话框，输入用户账户的相关信息，如图 2–1–2 所示。

创建用户账户密码相关选项的说明见表 2–1–3。

新用户　?　×

用户名(U):

全名(F):

描述(D):

密码(P):

确认密码(C):

☑用户下次登录时须更改密码(M)

☐用户不能更改密码(S)

☐密码永不过期(W)

☐帐户已禁用(B)

帮助(H)　创建(E)　关闭(O)

图 2-1-2 “新用户”对话框

表 2-1-3　创建用户账户密码相关选项的说明

选项	说明
用户下次登录时须更改密码	用户第一次登录系统时，会弹出修改密码的对话框，要求用户更改密码，与用户不能更改密码和密码永不过期互斥
用户不能更改密码	系统不允许用户修改密码，只有系统管理员才能修改用户密码
密码永不过期	默认情况下，系统的用户账户密码最长可以使用 42 天，勾选该项后可以突破该限制继续使用
账户已禁用	禁用用户账户，使用户账户不能再登录，除非系统管理员取消该项的勾选

2. 为了防止离职员工继续使用用户账户登录计算机系统，或者避免出现过多不再使用的垃圾账户，系统管理员可以采取删除的方式来回收这些用户账户。

打开“服务器管理器 仪表板”窗口，选择“工具”→“计算机管理”，依次展开“计算机管理（本地）”→“系统工具”→“本地用户和组”→“用户”。右击“用户”，选择“删除”，如图 2-1-3 所示。

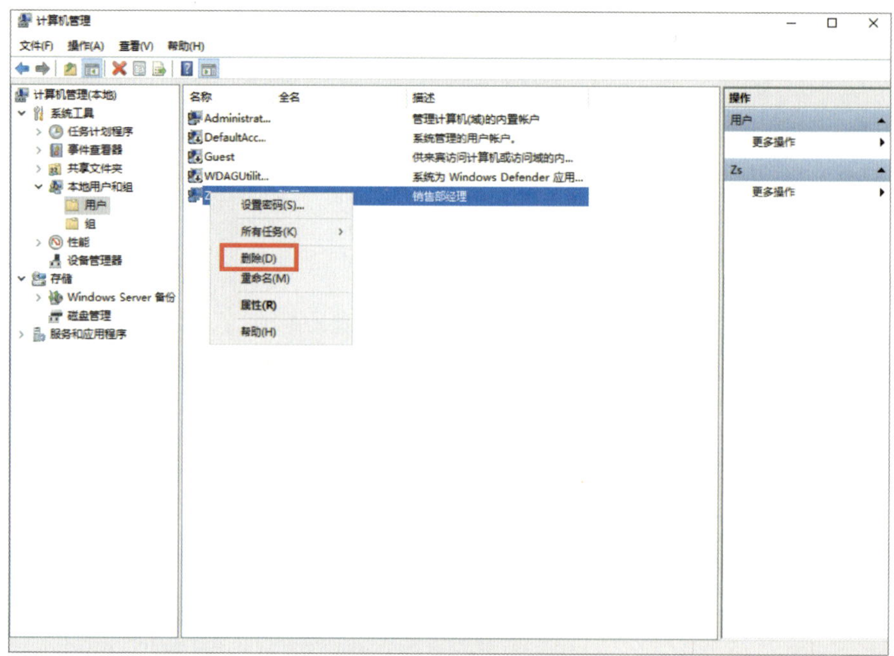

图 2-1-3　删除用户账户

二、使用命令行创建和删除本地账户

虽然使用“计算机管理”窗口创建用户账户的操作很简单，但如需批量创建用户账户，就会非常烦琐。在这种情况下，使用 net user 命令更为便捷。右击“开始”按钮，选择“Windows PowerShell（管理员）”，即可输入命令。net user 创建账户命令的语法规则如下：

```
net user username {password | *} /add [options]
```

命令中可以直接输入密码，也可以输入“*”产生一个密码提示，在密码提示行处输入密码时不显示密码。“/add”表示该命令用于创建账户。在 [options] 处还可以指定创建账户命令行的其他参数，可写在“/add”之后，也可写在“/add”之前。net user 命令行参数见表 2-1-4。

表 2-1-4　net user 命令行参数

命令行参数的语法	说明
/fullname:"text"	指定用户的全名（不是用户名）
/comment:"text"	提供关于用户账户的描述性说明，最多 48 个字符

续表

命令行参数的语法	说明
/active:{no/yes}	禁用或启用用户账户。默认设置是 yes
/passwordchg:{yes/no}	指定用户是否可以更改自己的密码。默认设置是 yes
/passwordreq:{yes/no}	指定用户账户是否必须有密码。默认设置是 yes

以创建用户账户 Zs 为例，其命令如下：

```
net user Zs Zhangsan123 /fullname:" 张三 " /comment:" 销售部经理 " /add
```

想要在多台服务器上大批量地创建用户账户，可使用“记事本”程序，在其中写入所有用户账户的创建命令，并将该记事本文件另存为扩展名为“bat”的批处理文件，再双击运行即可。批处理也称为批处理脚本，顾名思义，就是对某对象进行批量的处理。

删除账户的命令语法规则如下：

```
net user username [/delete] [/domain]
```

以删除用户账户 Zs 为例，其命令如下：

```
net user Zs /delete
```

执行结果如图 2-1-4 所示。

本任务可编写批处理文件，内容如图 2-1-5 所示。

图 2-1-4　删除用户账户执行结果

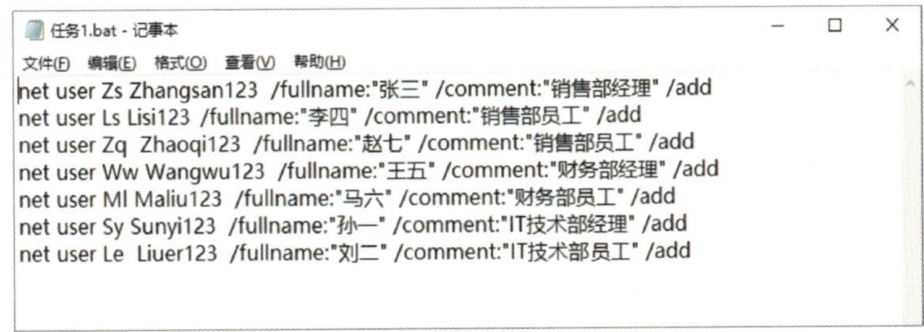

图 2-1-5　本任务批处理文件内容

任务验收可参考表 2–1–5。

表 2–1–5　任务验收表

验收内容	验收方法	验收标准	参考图
用户账户	打开命令提示符窗口查看账户，具体方法是，按 Win+R 组合键打开“运行”窗口，输入“cmd”并确认，使用 net user 命令查看本地账户，也可使用图形管理界面进行查看	经核对账户名与“项目描述”中的账户规划表一致； 使用用户账户登录成功	图 2–1–6 和图 2–1–7

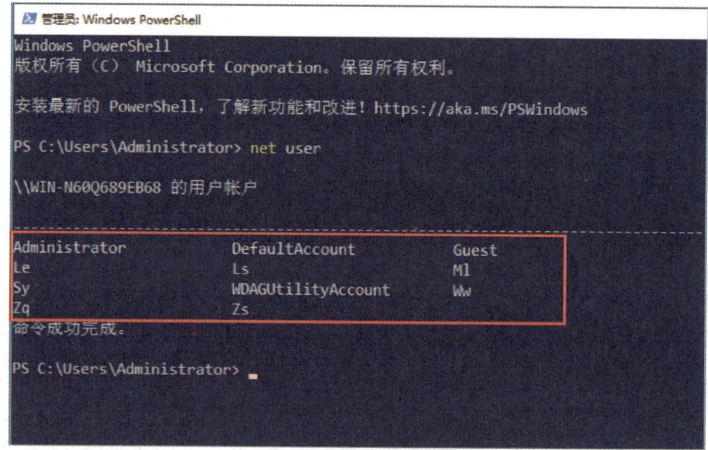

图 2–1–6　使用命令行查看用户账户参考图

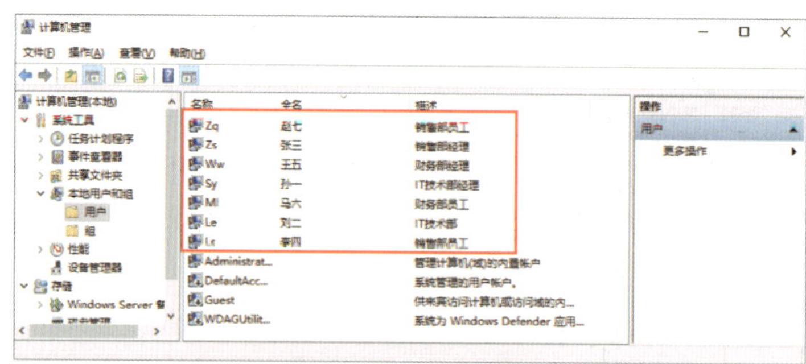

图 2–1–7　使用图形管理界面查看用户账户参考图

任务 2　本地组的创建与管理

学习目标

1. 理解本地组的基本作用。
2. 了解内置本地组的基本功能。
3. 掌握本地组的命名规则。
4. 能熟练创建和管理本地组。

任务描述

从“项目描述”可知，为满足公司的管理要求，公司网络管理员需为每个用户根据其所在的部门进行分组，并将各部门经理放入一个组内，具体可参考表 2–0–2。

为员工创建和管理本地组，可以通过以下操作实现：

（1）使用图形管理界面创建、删除和管理本地组；

（2）使用命令行创建、删除和管理本地组。

相关知识

一、组的基本概念

Windows Server 2022 网络操作系统的组是对用户账户进行管理的一种逻辑单位，把具有相同特点和属性的用户组合成一个组，从而方便管理和使用。通过建立组，可以简化对大量用户进行管理和分配权限的任务。直接把消息发给组显然比把消息逐一分发给组中的每个用户容易得多。一个用户可以属于多个组。

把权限赋予组，然后把用户加到组中，用户便拥有那个组的所有权限和权利。利用组还能方便地批量修改或删除用户的权限。需要删除时，既可以删除整个组，也可以从组中删除用户。当用户从组中被删除时，它们仍然在系统中拥有一个账户，但是和原所在组相关的权限不再有效。

二、系统内置本地组

Windows Server 2022 内置的本地组账户和之前版本相比，有了很大的变化，划分得更加细腻，具体的组及其默认权限见表 2-2-1。

表 2-2-1　系统内置本地组及其默认权限

本地组	描述
Access Control Assistance Operators	此组成员可以远程查询此计算机上资源的授权属性和权限
Administrators	此组成员对计算机 / 域有不受限制的完全访问权。Administrator 是此组的默认成员，使用中应注意严格谨慎地控制此组内的账户数
Backup Operators	此组成员无须管理员权限即可对系统文件进行备份和恢复
Cryptographic Operators	此组成员执行可执行加密相关的操作
Distributed COM Users	此组成员允许启动、激活和使用此计算机上的分布式 COM 对象
Event Log Readers	此组成员可以从本地计算机中读取事件日志
Guests	此组成员与 User 组成员有同等访问权，但限制更多。Guest 账户（默认禁用）是该组的默认成员
Network Configuration Operators	此组成员有管理网络功能配置的部分权限
Performance Log Users	此组成员可以进行性能计数器日志记录、启用跟踪记录提供程序，以及在本地或通过远程访问此计算机来收集事件跟踪记录
Performance Monitor Users	此组成员可以从本地或通过远程访问性能计数器数据
Power Users	此组成员拥有有限的管理权限，高于普通用户组，但低于管理员组

续表

本地组	描述
Print Operators	此组成员可以管理在域控制器上安装的打印机
Remote Desktop Users	此组成员拥有远程登录的权限
Remote Management Users	此组成员可以通过管理协议（例如，通过 Windows 远程管理服务实现的 WS-Management）访问 WMI 资源。这仅适用于授予用户访问权限的 WMI 命名空间
Replicator	此组成员可对域中的文件进行复制
Users	为防止用户进行有意或无意的系统范围的更改，默认在系统创建的账户都将成为此组成员，可以运行大部分应用程序，执行一些常见的任务

除了上述默认的内置本地组及管理员自己创建的组，系统中还有一些特殊身份的组。这些组的成员是临时和瞬间的，管理员无法通过配置改变这些组的成员。

Anonymous Logon：代表不使用账户名、密码或域名而通过网络访问计算机及其资源的用户和服务。

Everyone：代表所有当前网络中的用户，包括来自其他域的来宾和用户。所有登录到网络的用户都将自动成为 Everyone 组的成员除 Anonymous Logon 组外。

Network：代表当前通过网络访问给定资源的任何用户（不是通过本地登录到资源所在的计算机来访问资源的用户）。

Interactive：代表当前登录到特定计算机上并且访问该计算机上给定资源的所有用户（不是通过网络访问资源的用户）。

三、组的命名规则

通常情况下，系统内置的用户组可以满足某些方面的系统管理需要，但无法同时满足安全性和灵活性两方面的需要，因此，管理员可以根据需要新增一些用户组，即用户自定义用户组。这些组在创建之后，可以像系统内置本地组一样赋予其权限，也可以对组成员进行增减。只有 Administrators 组和 Power User 组成员才有权限创建自定义用户组。

自定义用户组的组账户命名规则与用户账户的命名规则类似。第一，不能和已有的用户组名、用户名相同。第二，不能含有 / \ [ ] : ; | = , + * ? < > @ 等特殊字符，允许有空格，但不能只由句点（.）和空格构成。

一、使用图形管理界面创建和删除本地组

1. 打开“服务器管理器 仪表板”窗口，选择“工具”→“计算机管理”，依次展开“计算机管理（本地）”→“系统工具”→“本地用户和组”→“组”。右击“组”，选择“新建组”，如图 2-2-1 所示，打开“新建组”对话框，输入账户的相关信息。

图 2-2-1 “新建组”命令

2. 打开“服务器管理器 仪表板”窗口，选择“工具”→“计算机管理”，依次展开“计算机管理（本地）”→“系统工具”→“本地用户和组”→“组”。右击自建的用户组，选择“删除”，系统会弹出风险提示信息，如果确定删除，则单击“是”按钮，如图 2-2-2 所示。

二、使用命令行创建和删除本地组

本地组可以使用命令行来创建。创建本地组命令的语法规则如下：

```
net localgroup groupname  /add [/comment:"text"]
```

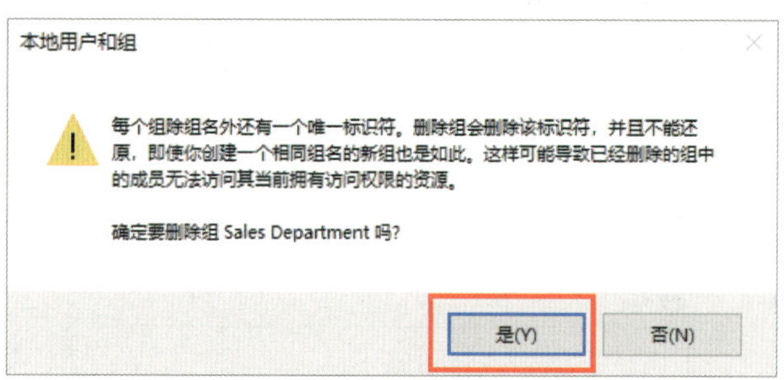

图 2-2-2 风险提示信息

命令中，最后中括号中的描述信息可以省略。组名如果是汉字，或者是由多个单词且中间带有空格的结构构成，需要使用引号（"）将组名引起来。以创建财务部的组账户 Finance Department 为例，其命令如下：

```
net localgroup "IT Technology Department"/comment:"IT 技术部 " /add
```

本地组可以使用命令行来删除。删除本地组命令的语法规则如下：

```
net localgroup groupname  /delete
```

三、使用图形管理界面进行本地组成员管理

在创建本地组的过程中可以同时为用户组添加成员，也可以在用户组创建完成之后再添加成员。本地组的成员可以是用户账户，也可以是其他组。

1. 打开“服务器管理器 仪表板”窗口，选择“工具”→“计算机管理”，依次展开“计算机管理（本地）”→“系统工具”→“本地用户和组”→“组”。双击准备设置的本地组，打开该用户组的“属性”对话框，如图 2-2-3 所示。

2. 单击“添加”按钮，打开“选择用户”对话框，可以直接在文本框内输入用户账户名或组名，如果同时输入多个用户账户名，用分号（;）隔开，也可以单击“高级”按钮搜索系统内的本地账户，如图 2-2-4 所示。单击“确定”按钮后即可完成添加组操作。

3. 如果要删除某个组成员，只需要在组的“属性”对话框中，选择要删除的成员，然后单击“删除”按钮即可。

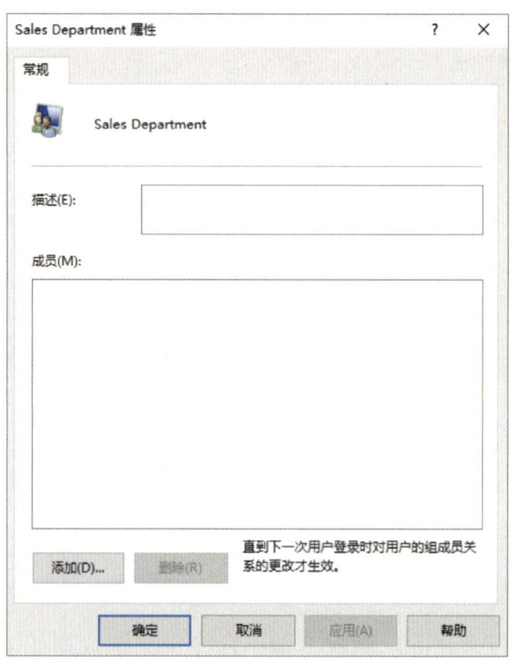

图 2-2-3　某用户组的“属性”对话框

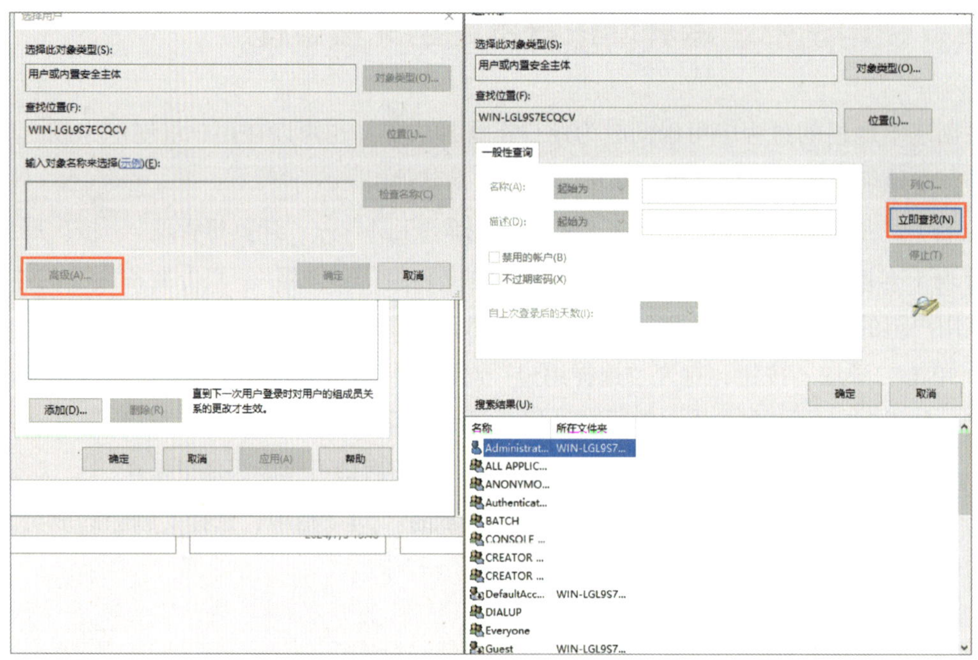

图 2-2-4　搜索系统内的本地账户

四、使用命令行进行本地组成员管理

添加本地组成员的命令的语法规则如下：

```
net localgroup groupname name [...] /add
```

以为财务部 Finance Department 添加成员为例，其命令如下：

```
net localgroup "Finance Department" Ww Ml/add
```

删除本地组成员的命令的语法规则如下：

```
net localgroup groupname name [...] /delete
```

任务验收

任务验收可参考表 2-2-2。

表 2-2-2　任务验收表

验收内容	验收方法	验收标准	参考图
组	打开命令提示符窗口，使用 net localgroup 命令查看本地组，使用 net localgroup 组名命令查看本地组成员，也可使用图形管理界面进行查看	经核对组名与“项目描述”中的账户规划表一致、每个组内成员一致	图 2-2-5 和图 2-2-6

```
管理员: Windows PowerShell
PS C:\Users\Administrator> net localgroup

\\WIN-N60Q689EB68 的别名

-------------------------------------------------------------------------------
*Access Control Assistance Operators
*Administrators
*Backup Operators
*Certificate Service DCOM Access
*Cryptographic Operators
*Device Owners
*Distributed COM Users
*Event Log Readers
*Finance Department
*Guests
*Hyper-V Administrators
*IIS_IUSRS
*IT Technology Department
*Manager
*Network Configuration Operators
*Performance Log Users
*Performance Monitor Users
*Power Users
*Print Operators
*RDS Endpoint Servers
*RDS Management Servers
*RDS Remote Access Servers
*Remote Desktop Users
*Remote Management Users
*Replicator
*Sales Department
*Storage Replica Administrators
*System Managed Accounts Group
*Users
命令成功完成。
```

图 2-2-5　使用命令行查看组参考图

```
管理员: Windows PowerShell
Windows PowerShell
版权所有（C） Microsoft Corporation。保留所有权利。

安装最新的 PowerShell，了解新功能和改进！https://aka.ms/PSWindows

PS C:\Users\Administrator> net localgroup "manager"
别名     manager
注释     经理

成员

-------------------------------------------------------------------------------
Sy
Ww
Zs
命令成功完成。

PS C:\Users\Administrator>
```

图 2-2-6　使用命令行查看组内成员参考图

任务 3　本地账户和本地组的安全管理

学习目标

1. 理解账户安全管理的基本作用。
2. 掌握本地安全策略的基本作用。
3. 掌握密码策略的基本作用。
4. 能根据需求对账户安全策略进行设置，实现账户基本安全管理。

任务描述

从“项目描述”可知，基于公司安全考虑，要求每个员工的账户密码要符合复杂性要求，密码长度不小于 8 个字符，登录时 3 次输错密码后锁定账户。为了防止管理员密码流失，给管理员账户制作密码重置盘。

相关知识

一、本地安全策略

为了保证登录计算机的账户安全性，本地管理员可以通过设置“本地安全策略”中的“密码策略”和“账户锁定策略”来保证其安全。这些策略用于对用户密码设置做出安全性检查，或者对用户账户登录错误尝试做出一定的约束限制，从而增强系统的安全性。例如，通过账户锁定策略来避免他人登录计算机。

二、密码策略

密码策略包含以下几项，见表 2-3-1。

表 2-3-1　密码策略

密码策略	说明
放宽最小密码长度的原有限制	此设置控制最小密码长度是否可以超出原有的限制 14。 如果未定义此设置，则可将最小密码长度配置为不超过 14
密码必须符合复杂性要求	默认情况下，Window Server 自动开启此设置。 此安全设置确定密码是否必须符合复杂性要求。如果启用此策略，密码必须符合的最低要求包括不能包含用户的账户名，不能包含用户姓名中超过两个连续字符的部分，至少有 6 个字符长，包含以下 4 类字符中的 3 类字符：英文大写字母（A ~ Z）、英文小写字母（a ~ z）、10 个基本数字（0 ~ 9）、非字母字符（如 !$#%）。在更改或创建密码时执行复杂性要求
密码长度最小值	此安全设置确定了用户账户密码可以包含的最少字符数。此设置的最大值与放宽最小密码长度限制设置的值相关。将所需的字符数设置为 0 表示无须密码
密码最短使用期限	此安全设置确定在用户更改某个密码之前必须使用该密码一段时间（以天为单位）。可以设置一个介于 1 和 998 之间的值，或者将天数设置为 0，允许立即更改密码
密码最长使用期限	此安全设置确定在系统要求用户更改某个密码之前可以使用该密码的期限（以天为单位）。可以将密码设置为在某些天数（介于 1 到 999 之间）后到期，或者将天数设置为 0，指定密码永不过期。如果密码最长使用期限介于 1 天和 999 天之间，密码最短使用期限必须小于密码最长使用期限。如果将密码最长使用期限设置为 0，则可以将密码最短使用期限设置为介于 0 和 998 之间的任何值。此设置的默认值为 42
强制密码历史	此安全设置使用户不能使用旧密码，并记录旧密码的个数。旧密码个数必须介于 0 个和 24 个之间。例如，设置为 3 表示最近的 3 个历史上用过的旧密码不可作为新密码。 此策略使管理员能够通过确保旧密码不被连续重新使用，从而增强安全性

续表

密码策略	说明
用可还原的加密来储存密码	此安全设置确定操作系统是否使用可还原的加密来储存密码。此策略为某些应用程序提供支持，这些应用程序使用的协议需要用户密码来进行身份验证。使用可还原的加密储存密码与储存纯文本密码在本质上是相同的。因此，除非应用程序需求比保护密码信息更重要，否则不要启用此策略
最小密码长度审核	此安全设置确定了发出密码长度审核警告事件的最小密码长度。此设置可以配置为 1 到 128 之间。仅当尝试确定在环境中增加最小密码长度设置的潜在影响后，才能启用和配置此设置

三、账户锁定策略

账户锁定策略包含以下几项，见表 2–3–2。

表 2-3-2　账户锁定策略

账户锁定策略	说明
账户锁定时间	此安全设置确定锁定账户在自动解锁之前保持锁定的分钟数，可用范围为 0 ~ 99 999 min。如果将账户锁定时间设置为 0，账户将一直被锁定，直到管理员进行解除操作。 通俗地说，该项确定了账户被锁定多久后可自动解锁。 如果定义了账户锁定阈值，则账户锁定时间必须大于或等于重置时间
账户锁定阈值	此安全设置确定导致用户账户被锁定的尝试登录的失败次数。在管理员重置锁定账户或账户锁定时间期满之前，无法使用该锁定账户。可以将尝试登录的失败次数设置为介于 0 和 999 之间的值。如果将此值设置为 0，则永远不会锁定账户。 通俗地说，该项确定了用户输错密码多少次后账户会被锁定
重置账户锁定计数器	此安全设置确定在某次尝试登录失败之后将尝试登录失败计数器重置为 0 时尝试登录失败之前需要的时间，可用范围为 1 ~ 99 999 min。 通俗地说，该项确定了用户输错若干次密码后，系统间隔多久会“忘记”用户的输错次数，重新计数。 如果定义了账户锁定阈值，此重置时间必须小于或等于账户锁定时间

一、重置密码

公司网络管理员常常会遇到员工忘记密码等情况，这时就需要管理员为用户重置密码。

1. 使用图形管理界面打开“本地用户和组”中的“用户”界面，右击需要重置密码的用户账户，选择“设置密码命令”。确认系统提示信息后，单击“继续”按钮，如图 2-3-1 所示。

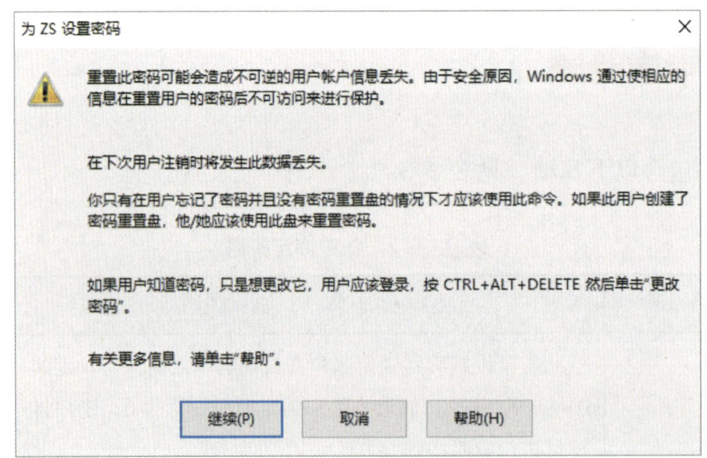

图 2-3-1　系统提示信息

输入新的密码即可完成密码重置。

2. 管理员也可以使用命令行来重置密码。重置密码命令的语法规则如下：

```
net user username password | *
```

以重置 Zs 的密码为例，要求给出输入密码的提示，不显示密码明文，其命令如下：

```
net user Zs *
```

二、制作密码重置盘

除了管理员可以为用户重置密码，用户本人也可以通过制作密码重置盘的方式为自己进

行密码重置。

1. 插入一个空白U盘，依次选择“控制面板”→“用户账户”→“用户账户”→“创建密码重置盘”，如图2-3-2所示。

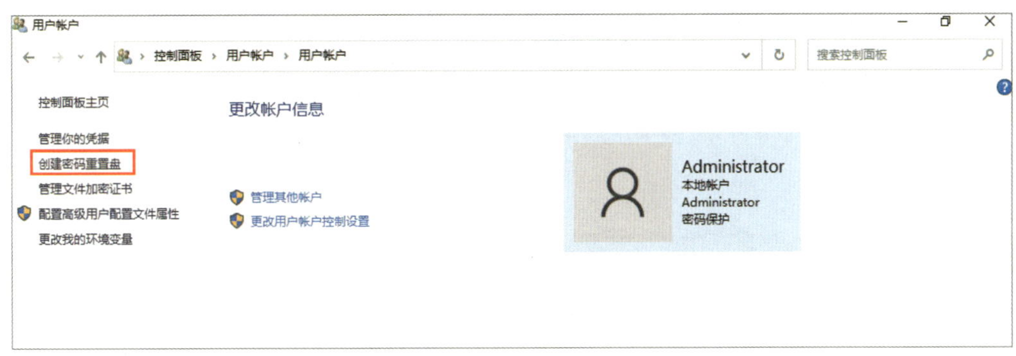

图2-3-2　创建密码重置盘

2. 进入“忘记密码向导”对话框，选择要创建密码重置盘的驱动器，如图2-3-3所示。输入当前的账户密码。单击“下一步”按钮，密码重置盘制作完成。

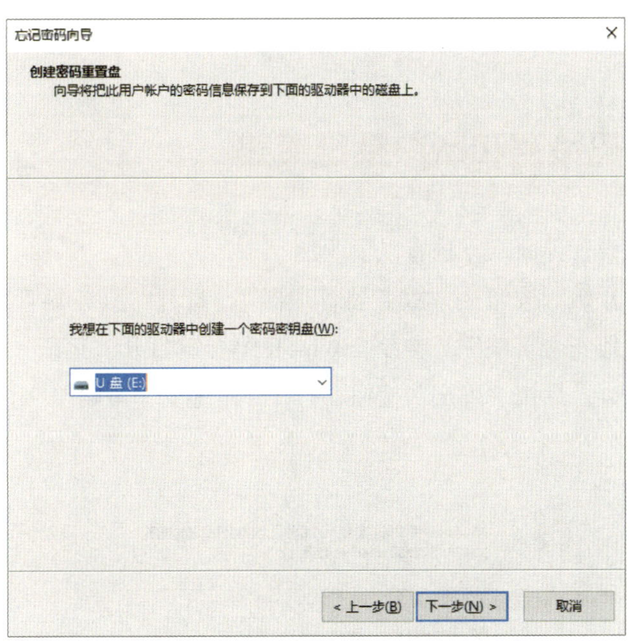

图2-3-3　选择要创建密码重置盘的驱动器

3. 当用户登录计算机，输入了错误的密码时，系统就会出现密码提示和“重置密码”的按钮。单击“重置密码”按钮，就会打开“重置密码向导”对话框。将密码重置盘插入计算机，选择密码重置盘，如图 2-3-4 所示，然后输入新的账户密码即可完成重置，使用新的密码登录系统。

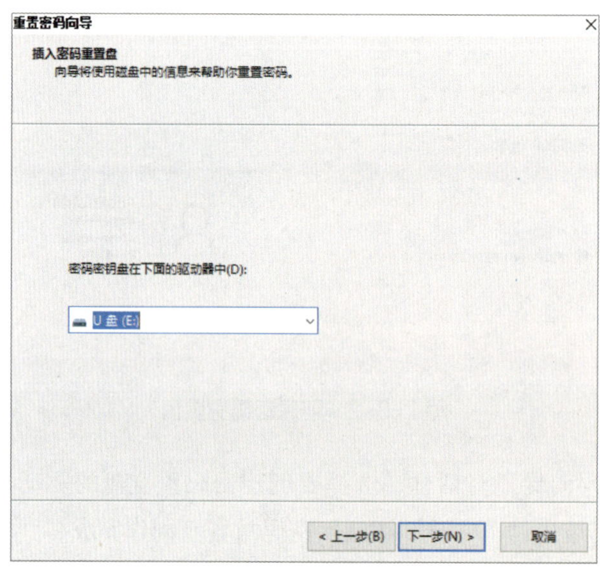

图 2-3-4　选择重置盘

三、设置密码策略和账户锁定策略

1. 打开账户策略设置界面，方法有以下两种。

方法一：单击“开始”按钮→“服务器管理器”，打开“服务器管理器 仪表板”窗口，单击“工具”→“本地安全策略”，或者按 Win+R 组合键打开“运行”对话框，如图 2-3-5 所示，输入“secpol.msc”后按“确定”按钮，打开“本地安全策略”。

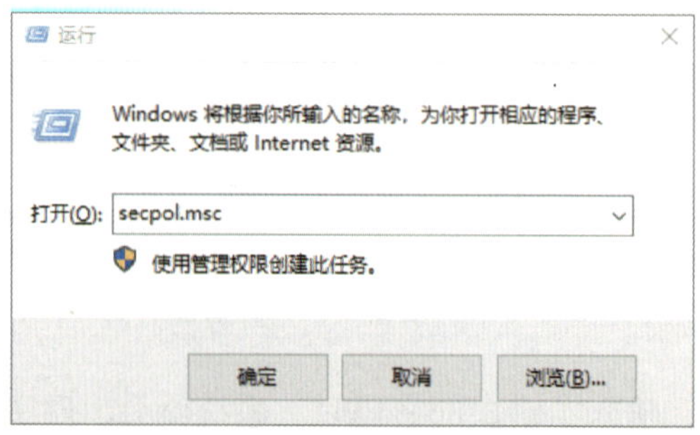

图 2-3-5　输入本地安全策略命令

方法二：按 Win+R 组合键打开“运行”对话框，输入“gpedit.msc”后按“确定”按钮，打开“本地组策略编辑器”，依次展开“计算机配置”→“Windows 设置”→“安全设置”。

2. 依次展开“账户策略”→“密码策略”，对密码策略进行设置，单击“密码长度最小值”，设置密码长度不少于 8 个字符，然后单击“确定”按钮，如图 2-3-6 所示。

3. 单击“密码必须符合复杂性要求”，默认状态为“已启用”，如果不是，则将其修改为“已启用”，然后单击“确定”按钮。

4. 对账户锁定策略进行设置，展开“账户策略”→“账户锁定策略”，单击“账户锁定阈值”，将无效登录次数改为 3，然后单击“确定”按钮，如图 2-3-7 所示。

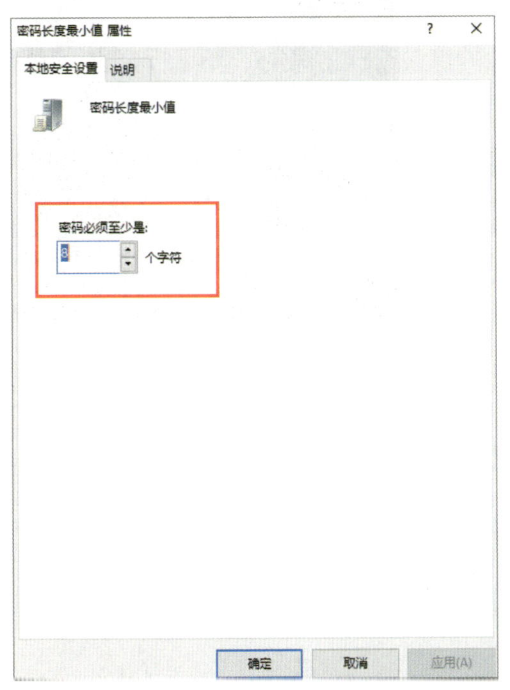

图 2-3-6　设置密码长度最小值

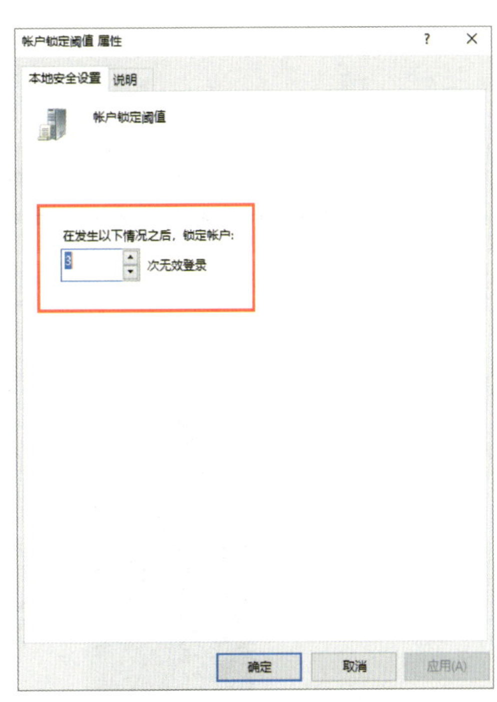

图 2-3-7　设置账户锁定阈值

任务验收可参考表 2-3-3。

表 2-3-3　任务验收表

验收内容	验收方法	验收标准	参考图
安全性	建立新账户，密码不足 8 位	系统报错，不能建立新账户	图 2-3-8
	输错 3 次管理员账户密码	锁定账户	图 2-3-9
	使用密码重置盘重置管理员账户密码	重置管理员账户密码成功	图 2-3-10

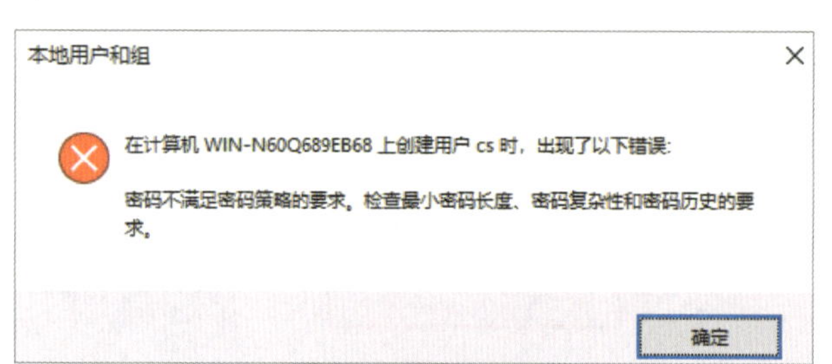

图 2-3-8　新建账户系统报错参考图

图 2-3-9　账户锁定参考图

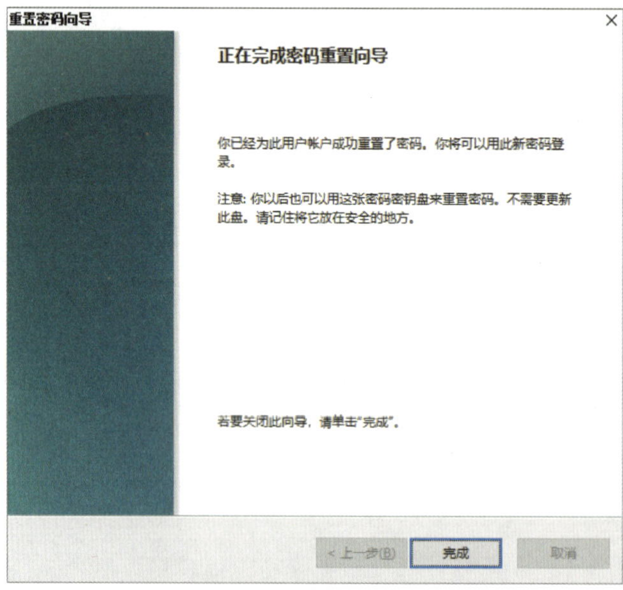

图 2-3-10　账户密码重置成功参考图

项目三　磁盘系统的管理

存储系统是计算机系统的重要组成部分。存储系统提供写入和读出计算机工作所需信息（程序和数据）的能力，实现计算机的信息记忆功能。现代计算机系统中常采用寄存器、高速缓存、主存、外存的多级存储体系结构。相较于传统存储来说，网络存储的优势更加突出，其不但安装便捷、成本低廉，还能够大规模地拓展存储设备，从而有效地满足了海量数据存储对存储空间的需求。网络管理员的工作之一就是保证用户和软件系统有足够的磁盘空间保存和使用数据，同时确保数据的安全性、可用性和稳定性。

本项目通过 Windows Server 2022 网络操作系统中的“磁盘管理”界面完成“基本磁盘的管理”“动态磁盘的管理”和“磁盘配额的管理”3 个任务，从而满足在不同应用场景下对磁盘系统不同的使用需求。

项目描述

某公司组建内部网络，配置了安装 Windows Server 2022 网络操作系统的服务器，为了充分发挥服务器存储的效能，现需对服务器的磁盘系统进行合理的规划和管理。具体地，对公司服务器磁盘系统做以下规划。

（1）对新安装的 100 GB[①] 硬盘采用 MBR 格式进行磁盘分区，具体分为 3 个主分区（每个约 10 GB）和 1 个扩展分区，再将扩展分区分为 2 个逻辑分区（每个约 30 GB）。

（2）采用动态磁盘中的带区卷来满足磁盘系统的高性能要求，用镜像卷来满足磁盘系统的数据安全性要求，用 RAID-5 卷来满足大型磁盘系统的综合性要求。

（3）采用磁盘配额来满足不同用户对磁盘空间使用需求的管理，对 C 盘启用磁盘配额，每个新用户可使用的磁盘空间限制为 1 GB，警告等级为 900 MB，将用户 Zs 的磁盘空间配额设置为 2 GB，警告等级设置为 1.8 GB，并对磁盘配额项目进行备份，在其他服务器上恢复。

① 实际应用中，服务器中使用的硬盘容量较大，为便于在虚拟机上进行实训练习，此处设为 100 GB。

任务 1 基本磁盘的管理

学习目标

1. 了解磁盘管理的基本概念。
2. 掌握磁盘主分区和扩展分区的作用。
3. 能熟练完成主分区的创建和管理。
4. 能熟练完成扩展分区的创建和管理。

任务描述

从“项目描述”可知，为满足公司的管理要求，需要对公司服务器新安装的硬盘（100 GB）进行初始化，并采用 MBR 格式进行磁盘分区，将硬盘分为 3 个主分区（每个主分区约 10 GB）和 1 个扩展分区，再将扩展分区分为 2 个逻辑分区（每个逻辑分区约 30 GB）。

相关知识

一、磁盘管理的基本概念

硬盘是计算机中最常用的一种磁盘，广泛应用于数据的存储，数据在硬盘上存储和读取必须依据相应的规则。硬盘内有一个称为分区表的区域，用来保存磁盘分区的相关数据，如每个磁盘分区的起始位置、结束位置、是否为活动（active）的磁盘分区等信息。

在存储数据前，必须先将磁盘划分成一个或数个磁盘分区，常用的分区表格式有 MBR 与

GPT 两种。

MBR（master boot record，主引导记录）是出现较早的分区表格式，其分区表信息存储在磁盘的第一个扇区，也就是磁盘的最开始位置。当计算机启动时，主板上的 BIOS（基本输入输出系统）会先读取 MBR，并将计算机的控制权交给 MBR。在硬盘容量越来越大的今天，MBR 一些先天的不足会导致 MBR 分区表不能很好地管理大容量硬盘。

GPT（GUID partition table，GUID 分区表）是新一代格式的分区表，它不是存储在磁盘的“前端”，而是存储在磁盘的多个位置，以提高数据的可靠性。而且它具有备份分区表，提供排错功能。GPT 磁盘使用 EFI（extensible firmware interface，可扩展固件接口）来作为计算机硬件与操作系统的桥梁，提供更丰富的功能、更好的安全性。在很多方面，特别是在处理大容量硬盘方面，GPT 比 MBR 好很多。

Windows 操作系统又将磁盘分为基本磁盘与动态磁盘两种类型。基本磁盘是最传统、最基础的磁盘格式，一般个人计算机中的磁盘就是基本磁盘。基本磁盘中的分区分为主分区（基本分区）和扩展分区两种类型。扩展分区又可以被划分为若干逻辑驱动器（即逻辑分区）。主分区和扩展分区上的逻辑驱动器又被称为基本卷，用盘符来标识不同的卷。

需要注意的是，大于 2 TB 的磁盘必须使用 GPT，但旧版的 Windows 操作系统（如 Windows 2000、32 位 Windows XP 等）无法识别 GPT 磁盘。

二、主分区

主分区用于启动操作系统。计算机启动时，BIOS 会到活动的主分区内读取与运行启动程序代码，然后将控制权交给此启动程序代码来启动相关的操作系统。换句话说，它就是操作系统的引导文件所在的分区。通常每块硬盘的第一个分区都被设置为主分区，也就是常说的 C 盘。

每块 MBR 磁盘可以建立 1 ~ 4 个主分区，最多可以创建 4 个主分区或 3 个主分区加 1 个扩展分区，如图 3-1-1 所示。每个主分区都可以引导磁盘上的操作系统，但同时只能有 1 个主分区处于激活状态。

一个 GPT 磁盘可以创建 128 个主分区。由于可以有多达 128 个主分区，因此 GPT 磁盘不需要扩展分区，如图 3-1-2 所示。多个主分区的优点是可以互不干扰地安装多套不同的操作系统，用户可以通过激活不同的主分区而引导不同的操作系统。当某一个主分区损坏时，不会影响其他主分区引导操作系统。

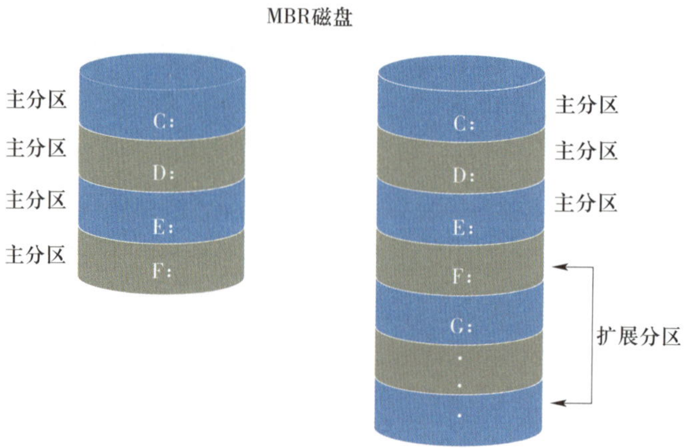

图 3-1-1　MBR 磁盘分区示意图

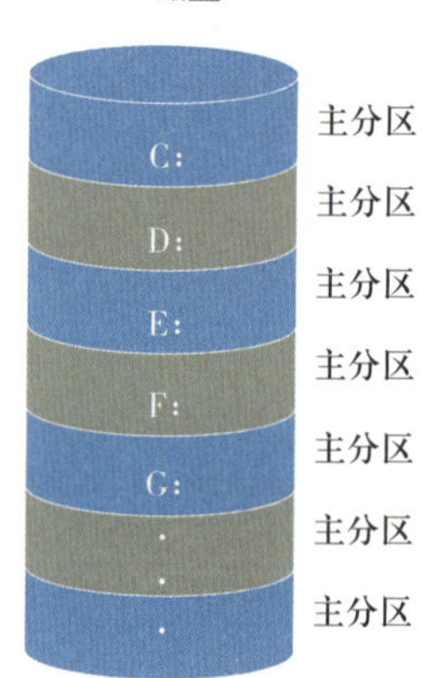

图 3-1-2　GPT 磁盘分区示意图

三、扩展分区

扩展分区只可以用来保存文件，无法用来启动操作系统。也就是说，MBR 内的程序代码不会到扩展分区内读取与运行启动程序代码。

当主分区的数量小于 3 个，并且主分区的容量小于硬盘实际的容量时，剩余的硬盘空间就可以被划分为扩展分区。扩展分区最多有一个。在扩展分区内部可再划分为若干部分，每一部分即为一个逻辑分区。逻辑分区不能用来直接启动操作系统，但可以将操作系统的引导文件放到主分区上，而将操作系统放到逻辑分区上。

一、初始化磁盘

打开“磁盘管理”界面，选择“服务器管理器”→“管理工具”→“计算机管理”，展开

“存储”，单击“磁盘管理”，进入“磁盘管理”界面，如图 3-1-3 所示，窗口右半部有两个窗格，以不同的形式显示磁盘信息。右侧底端窗格以图形方式显示当前计算机系统安装的磁盘数量、磁盘的大小，以及当前分区的结果与状态；顶端窗格以列表的方式显示磁盘的属性、状态、类型、容量、可用空间等详细信息。

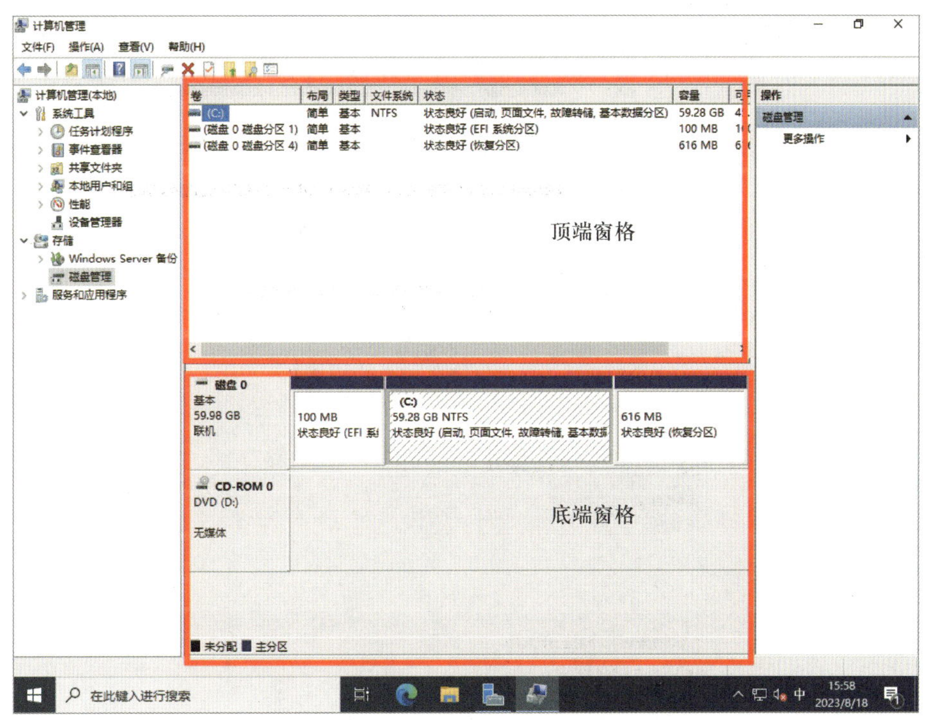

图 3-1-3　“磁盘管理”界面

在计算机中安装新硬盘后，在底端窗格中会显示该新硬盘处于脱机状态，必须进行初始化后才能使用。

其操作方法是，选中新磁盘并右击，选择“联机”，如图 3-1-4 所示。再次选中此新磁盘，右击，选择“初始化磁盘”，在“初始化磁盘”对话框中选择“MBR（主启动记录）”，单击“确定”按钮，即可完成新磁盘的初始化，如图 3-1-5 所示。

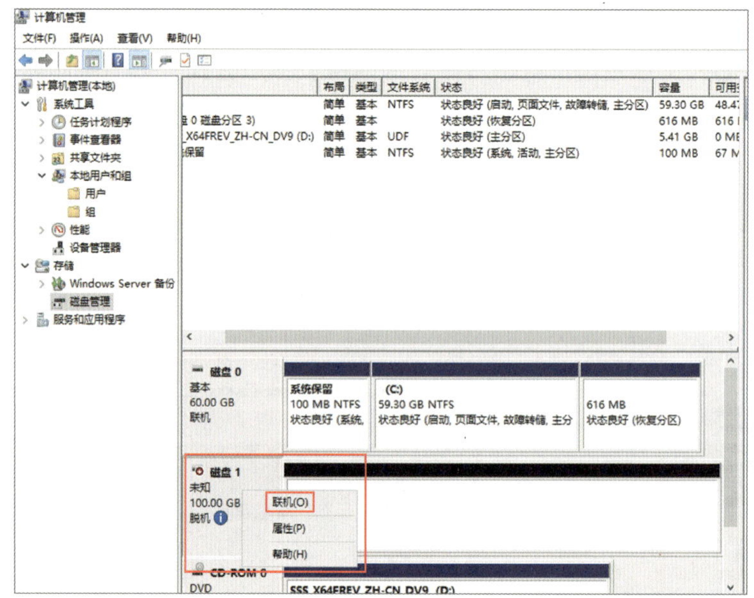

图 3-1-4 “联机”命令

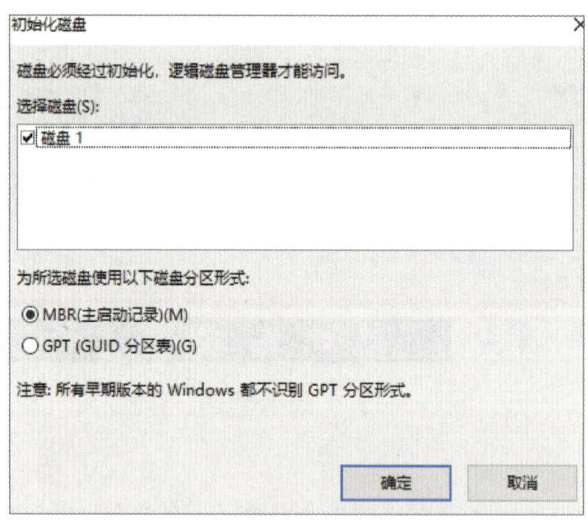

图 3-1-5 完成新磁盘的初始化

二、新建主分区

1. 在“磁盘管理”界面中，选取一块未分配的空间。右击该空间，选择“新建简单卷”，如图 3-1-6 所示，所新建的简单卷会被自动设置为主分区，但是在新建第四个简单卷时，其将被自动设置为扩展分区。

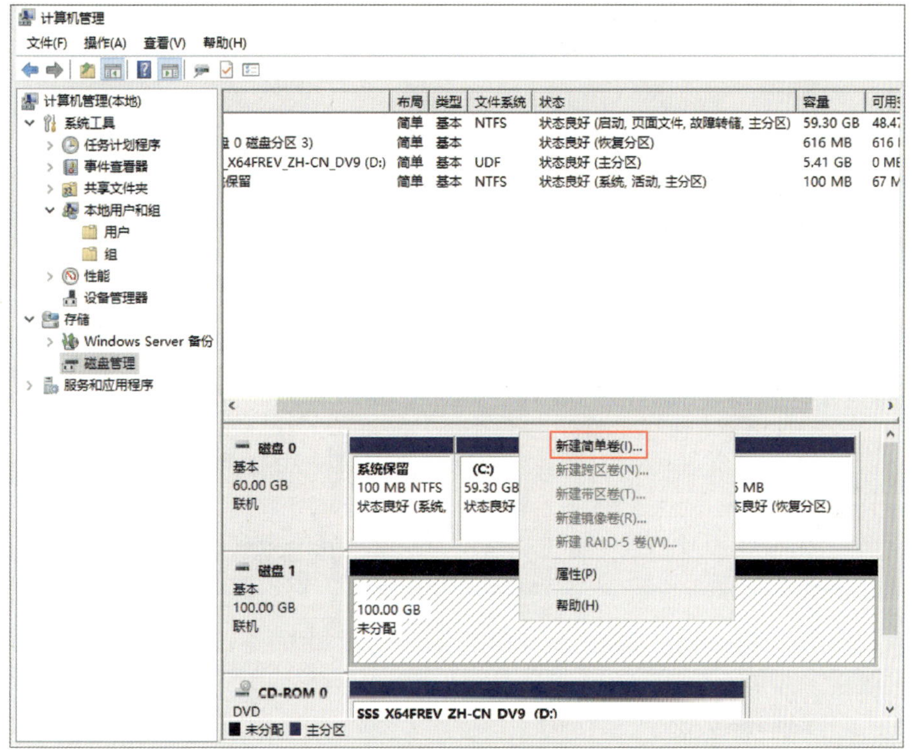

图 3-1-6 “新建简单卷”命令

2. 在打开的“新建简单卷向导”对话框中，单击“下一步”按钮，如图 3-1-7 所示，进入“指定卷大小”界面，其中显示了磁盘分区可以使用的最小值和最大值，在此输入该简单卷的容量。可以根据实际情况确定该分区的大小。

3. 单击“下一步”按钮，进入“分配驱动器号和路径”界面。选择“分配以下驱动器号：”，选择一个字母来代表此磁盘分区，如 E，如图 3-1-8 所示。

若选择“装入以下空白 NTFS 文件夹中：”，则可指定一个空的 NTFS 文件夹（其中不可有任何文件）代表此磁盘分区。

若选择“不分配驱动器号或驱动器路径”，则可以事后再指定。

4. 单击“下一步”按钮，进入“格式化分区”界面，如图 3-1-9 所示。如果在创建分区时并未将该分区格式化，则此时可以进行格式化操作。

图 3-1-7 “指定卷大小”界面

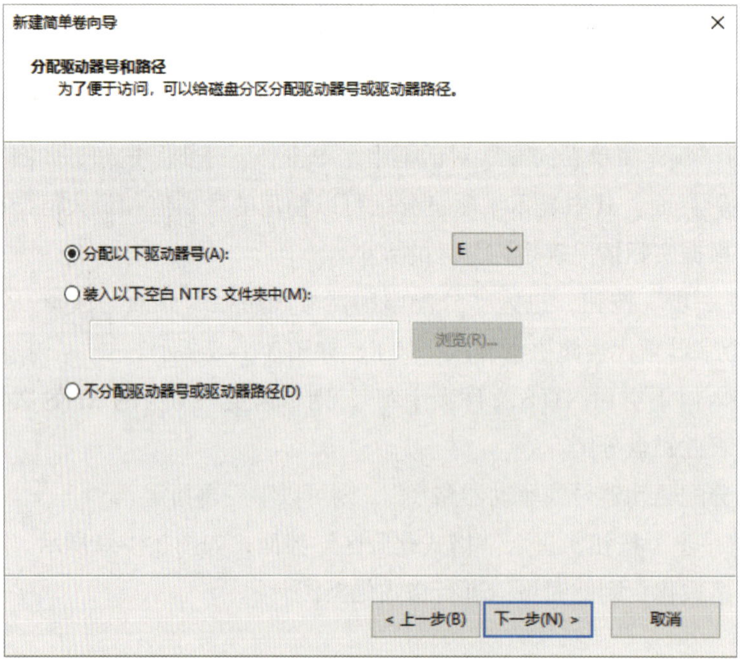

图 3-1-8 “分配驱动器号和路径”界面

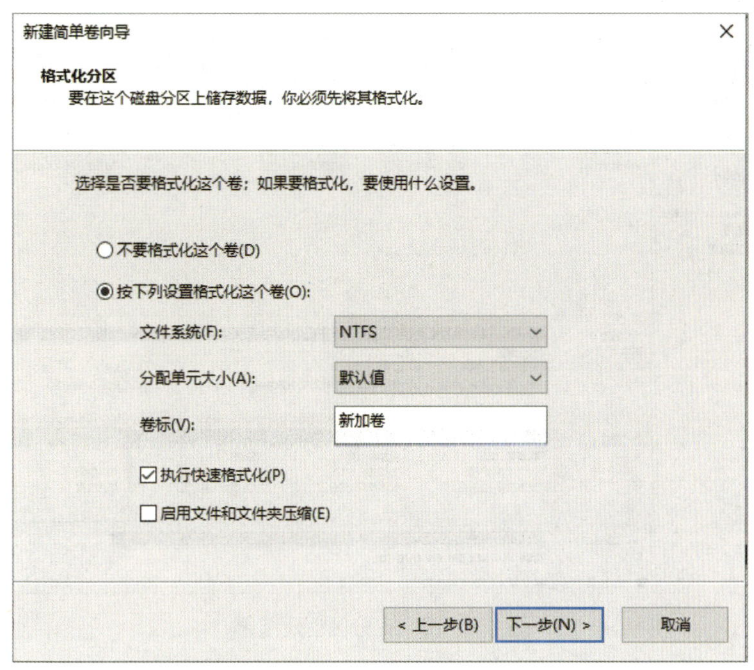

图 3-1-9　“格式化分区”界面

“格式化分区”对话框中各选项的含义如下。

文件系统：可以选择将其格式化为 NTFS、ReFS、exFAT、FAT32 或 FAT（指 FAT16）等文件系统。文件系统是操作系统中组织、存储和命名文件的结构，应根据不同文件系统的适用条件（如支持的最大分区等）进行选择，相关内容将在后续项目中进一步深入学习。

分配单元大小：分配单元是磁盘的最小访问单元，其大小必须适当。

卷标：为此磁盘分区设置一个易于识别的名称。

执行快速格式化：此选项只会重新创建 NTFS、ReFS、exFAT、FAT32 或 FAT 文件系统，但是不会检查是否有坏扇区，也不会将扇区内的数据删除。只有确定磁盘内没有坏扇区，才选择快速格式化。

启用文件和文件夹压缩：将此分区设为压缩磁盘，以后新建到此分区的文件和文件夹都会自动压缩。

5. 单击“下一步”按钮，在“正在完成新建简单卷向导”界面中列出了上述设置信息，确认无误后，单击“完成”按钮。再创建 2 个主分区，步骤与前面的类似，此处不再赘述，结果如图 3-1-10 所示。

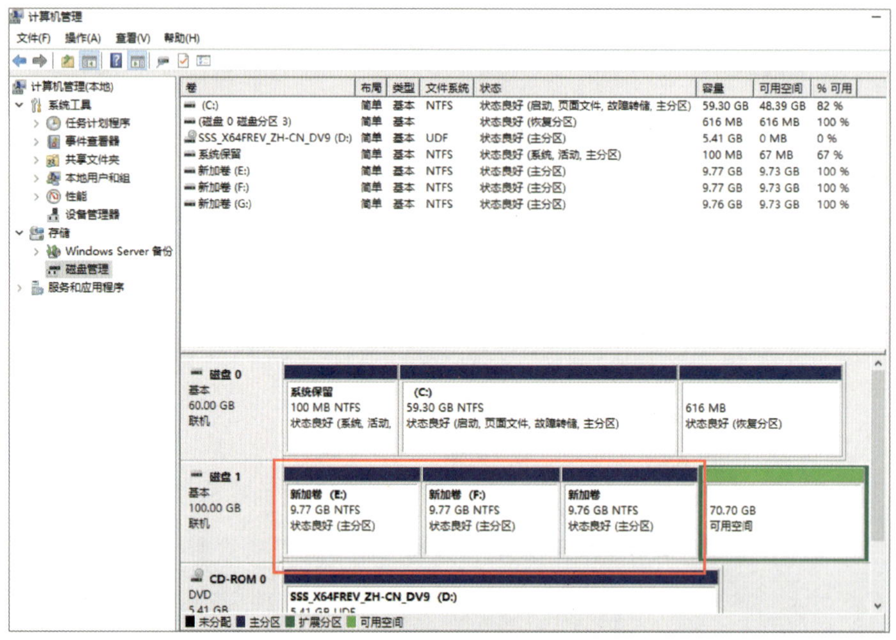

图 3-1-10　主分区创建结果

三、新建扩展分区

在基本磁盘中尚未使用的空间内可以创建扩展分区，如图 3-1-11 所示。一个基本磁盘内仅可以创建一个扩展分区，但是这个扩展分区内可以创建多个逻辑分区。

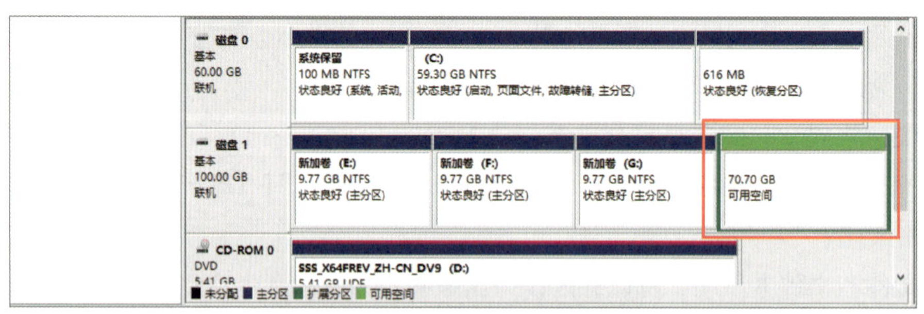

图 3-1-11　可创建扩展分区的空间

在扩展分区的可用空间内创建逻辑分区的方法是，选中扩展分区并右击，选择“新建简单卷”。后续步骤与前面创建主分区的步骤类似。第一个逻辑分区创建完成后，为扩展分区创建第二个逻辑分区，结果如图 3-1-12 所示。

图 3-1-12　逻辑分区创建结果

任务验收可参考表 3-1-1。

表 3-1-1　任务验收表

验收内容	验收方法	验收标准	参考图
新建主分区和扩展分区	打开“计算机管理”→“磁盘管理”，查看磁盘状态	检查主分区和扩展分区的参数，应符合任务要求	图 3-1-13

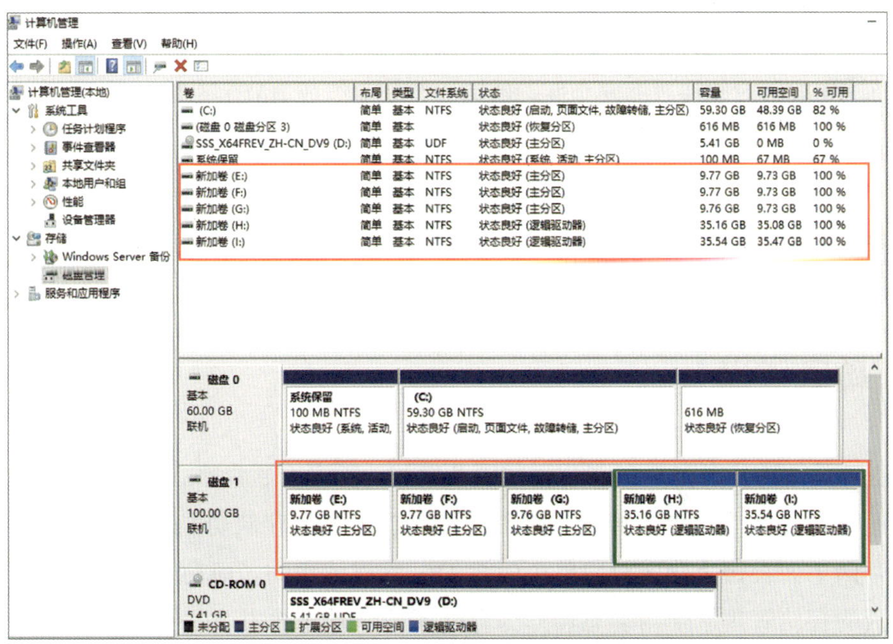

图 3-1-13　磁盘状态参考图

任务 2 动态磁盘的管理

学习目标

1. 掌握动态磁盘的基本概念。
2. 掌握简单卷、跨区卷、带区卷、镜像卷、RAID-5 卷的作用。
3. 能熟练创建和管理动态磁盘的简单卷、跨区卷、带区卷、镜像卷、RAID-5 卷。

任务描述

从“项目描述”可知，本任务要组成 3 组动态磁盘系统，第一组为了提高磁盘工作的效能，使用 2 个相同的硬盘组成带区卷；第二组出于数据安全考虑，使用 2 个相同的硬盘组成镜像卷；第三组兼顾效能和数据安全性，使用 3 个硬盘组成 RAID-5 卷。

相关知识

一、动态磁盘

动态磁盘是微软公司和 Veritas 公司共同开发的一种专有磁盘格式，最早出现在 Windows 2000 操作系统上。动态磁盘支持基本磁盘无法实现的扩展存储功能。在基本磁盘上，使用分区作为存储单元，每个分区对应单个磁盘的一段连续空间。而动态磁盘通过虚拟化技术实现更灵活的存储管理，使用动态卷作为存储单元。动态卷有多种类型，有些类型仅占用单个磁盘上的一段连续空间，有些类型还可以整合多个物理磁盘的存储空间，构建成逻辑上连续的一个整体。动态磁盘支持多种类型的动态卷，它们之中有的可以提高访问效率，有的可以提供排错功能，有的可以扩大磁盘的使用空间，这些卷包含简单卷（simple volume）、跨区卷（spanned volume）、带区卷（striped volume）、镜像卷（mirrored volume）和 RAID-5 卷（RAID-5 volume）等。其中简单卷为动态磁盘的基本单位，其他 4 种分别具备不同的特性。

二、简单卷

简单卷的地位与基本磁盘中的主分区类似。可以从一个动态磁盘内选择未分配空间来创建简单卷，并且在必要时还可以将此简单卷扩大。

简单卷只使用一个物理磁盘上的可用空间，可以是单个区域，也可以是多个不连续的区域。简单卷可以被格式化为 NTFS、ReFS、exFAT 或 FAT32 文件系统，但是如果要扩展简单卷（即扩大简单卷的容量），就必须使用 NTFS 或 ReFS 文件系统。

如果要建立的简单卷的空间不能满足需求，可将邻近的未指派空间加入该简单卷。但只有尚未被格式化或已被格式化为 NTFS 或 ReFS 的卷才可以被扩展。添加的空间可以是同一个磁盘内的未分配空间，也可以是另一个磁盘内的未分配空间。简单卷在同一个磁盘内扩展后，仍为简单卷，如果将简单卷扩展到其他的动态磁盘上，就成了跨区卷。

三、跨区卷

跨区卷是由多个位于不同磁盘的未分配空间组成的一个逻辑卷，也就是说，可以将多个磁盘内的未分配空间合并成一个跨区卷，并赋予一个共同的驱动器号。

四、带区卷

由于公司的文件服务器经常要读写大量的数据，通常希望能尽量提高读写磁盘的效率，这时可以在服务器上创建带区卷。

带区卷同样使用至少两块物理磁盘的空间来存储数据，如图 3-2-1 所示。与跨区卷不同的是，带区卷每个成员的容量是相同的，并且数据交替平均存储于各个磁盘上，写入时将数据分成若干 64 KB 大小的数据块，同时写入卷的每个磁盘成员的空间上。带区卷可提供最好的磁盘访问性能，但是不能被扩展或镜像，并且不提供容错功能。

五、镜像卷

镜像卷是一种容错卷，由两个物理磁盘上的空间组成。写入数据时，数据会被复制为两份并同时写到两块磁盘上，如图 3-2-2 所示。如果其中一块磁盘发生故障，还可以从另一块磁盘中访问数据，提高了数据的安全性。

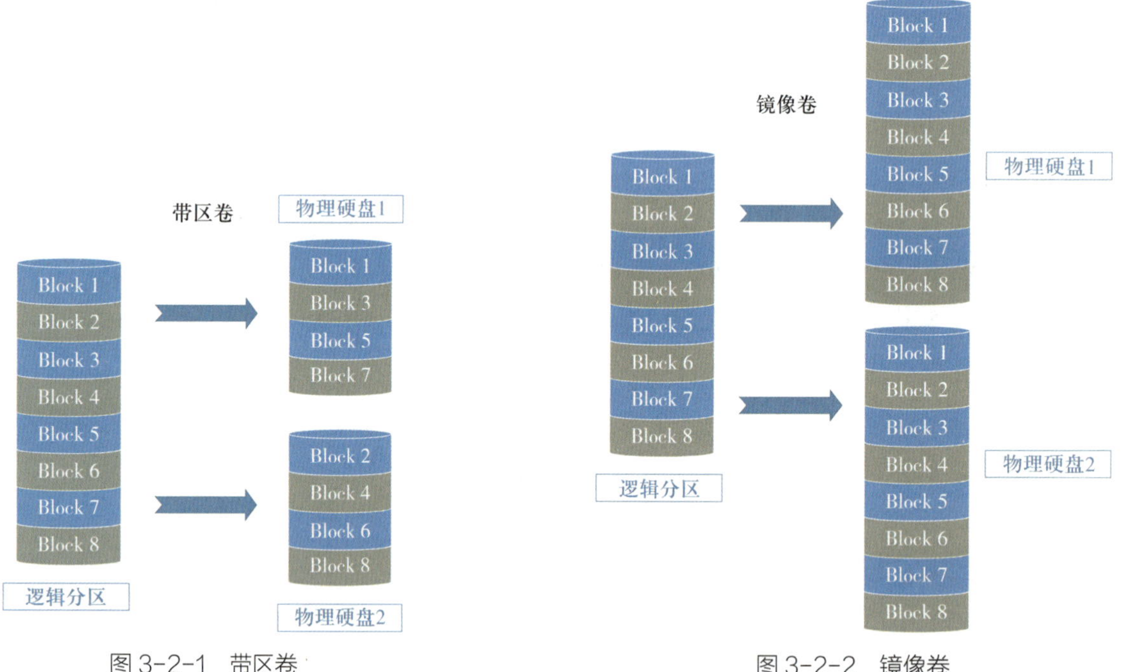

图 3-2-1　带区卷　　　　图 3-2-2　镜像卷

镜像卷的特性如下。

1. 镜像卷的成员只有两个，并且它们必须位于不同的动态磁盘内。可以选择一个简单卷与一个未分配的空间，或者选择两个未分配的空间来组成镜像卷。

2. 组成镜像卷的两个卷的容量是相同的。

3. 系统卷或引导卷可以作为镜像卷。

4. 镜像卷的成员不可为包含 GPT 磁盘的 EFI 系统分区（ESP）。

5. 系统将数据写入镜像卷时，必须稍微多花费一点时间将一份数据同时写入两个磁盘，因此镜像卷的写入效率较差。

六、RAID-5 卷

镜像卷虽然提供了较强的容错能力，但它的磁盘空间利用率低，存储成本较高。为了提高磁盘的利用率，可以采用 RAID-5 卷。RAID-5 卷的数据分布于 3 个或更多个磁盘组成的磁盘阵列中，写入数据时要进行数据的奇偶校验，把数据和相对应的奇偶校验信息存储到组成 RAID-5 卷的各个磁盘上，并且奇偶校验信息和相对应的数据分别存储于不同的磁盘上。当 RAID-5 卷的一个磁盘数据发生损坏后，可以利用剩下的数据和相应的奇偶校验信息恢复被损坏的数据，如图 3-2-3 所示。

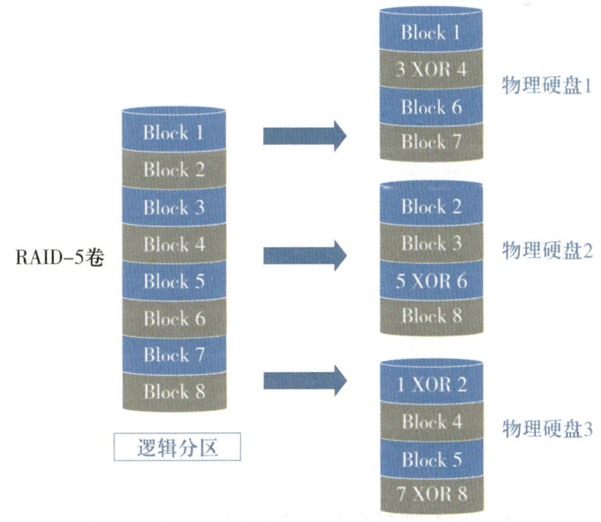

图 3-2-3　RAID-5 卷

RAID-5 卷主要有以下特性。

1. 可以从 3 ~ 32 个磁盘内分别选择未分配的空间来组成 RAID-5 卷，这些磁盘的制造商和型号最好相同。

2. 组成 RAID-5 卷的每个磁盘的容量是相同的。

3. RAID-5 卷的成员不包含系统卷和引导卷。

4. 系统将数据存储到 RAID-5 卷时，会将数据按 64 KB 大小进行拆分，例如，如果是由 5 个磁盘组成，则系统会将数据拆成每 4 个 64 KB 一组，每次将一组 4 个 64 KB 的数据与其奇偶校验信息分别写入 5 个磁盘，直到所有数据都写入磁盘为止。奇偶校验信息并不保存在固定磁盘内，而是按顺序分布在每块磁盘内。

5. 当某一个磁盘发生故障时，系统可以利用奇偶校验信息推算出故障磁盘内的数据，让系统能够继续读取 RAID-5 卷内的数据，即 RAID-5 卷有排错功能。不过只有在仅一个磁盘发生故障的情况下，RAID-5 卷才提供排错功能，如果同时有多个磁盘发生故障，系统将无法读取 RAID-5 卷内的数据。

6. RAID-5 卷的磁盘空间有效利用率为（n-1）/n，n 为磁盘的数目。例如，如果利用 5 个磁盘来创建 RAID-5 卷，则需要利用 1/5 的磁盘空间来存储奇偶校验信息，磁盘空间的有效使用率为 4/5，因此单元存储成本比镜像卷低。

7. RAID-5 卷一旦创建好后，就无法再被扩大，除非将其删除后再重建。

8. Windows Server 2022 网络操作系统的 RAID-5 卷通常被格式化为 NTFS 或 ReFS 文件系统。这两种文件系统是 Windows 支持的本地文件系统，并且适用于数据存储和管理。

一、配置带区卷

1. 和前面的操作相同，对 2 个硬盘进行初始化。如图 3-2-4 所示，右击磁盘 2 的未分配空间，选择“新建带区卷”，打开“新建带区卷向导”对话框。

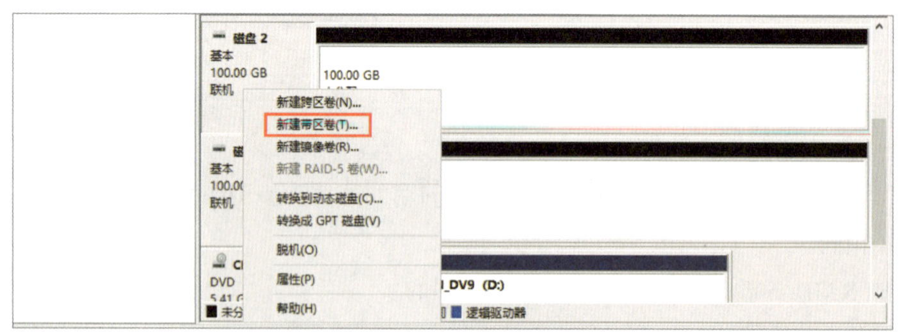

图 3-2-4　新建带区卷

2. 单击“下一步”按钮，进入“选择磁盘”界面，选择左侧可用的动态磁盘，将其添加到右侧列表中，并指定所有磁盘上使用的容量约为 100 GB，卷大小总数约为 200 GB，单击“下一步”按钮，如图 3-2-5 所示。

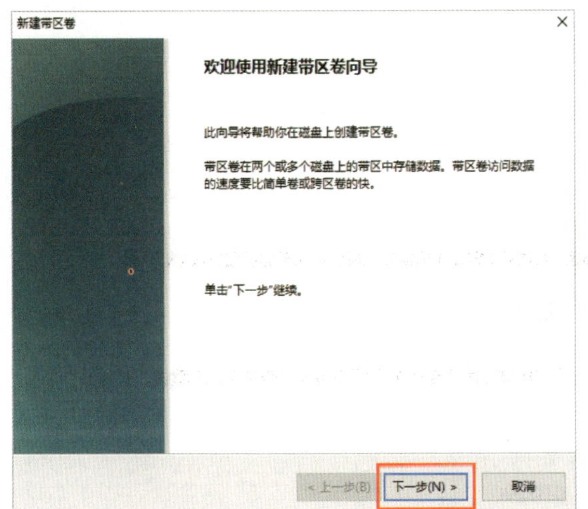

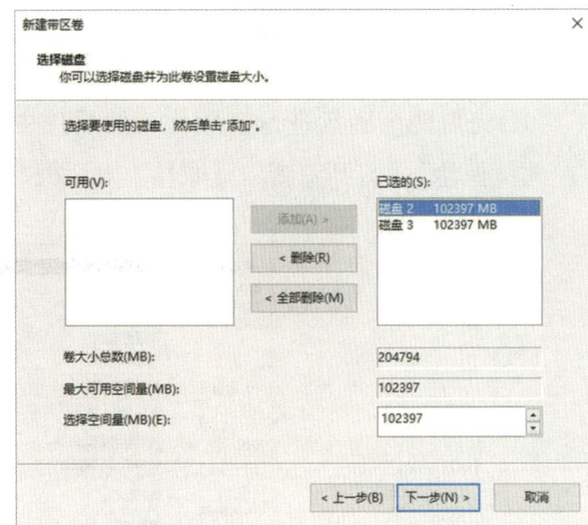

图 3-2-5　设置 2 个磁盘的容量

3. 后续的操作与前面创建简单卷类似。完成设置后系统开始创建并格式化此带区卷。图 3-2-6 所示为完成后的界面，总容量约为 200 GB。

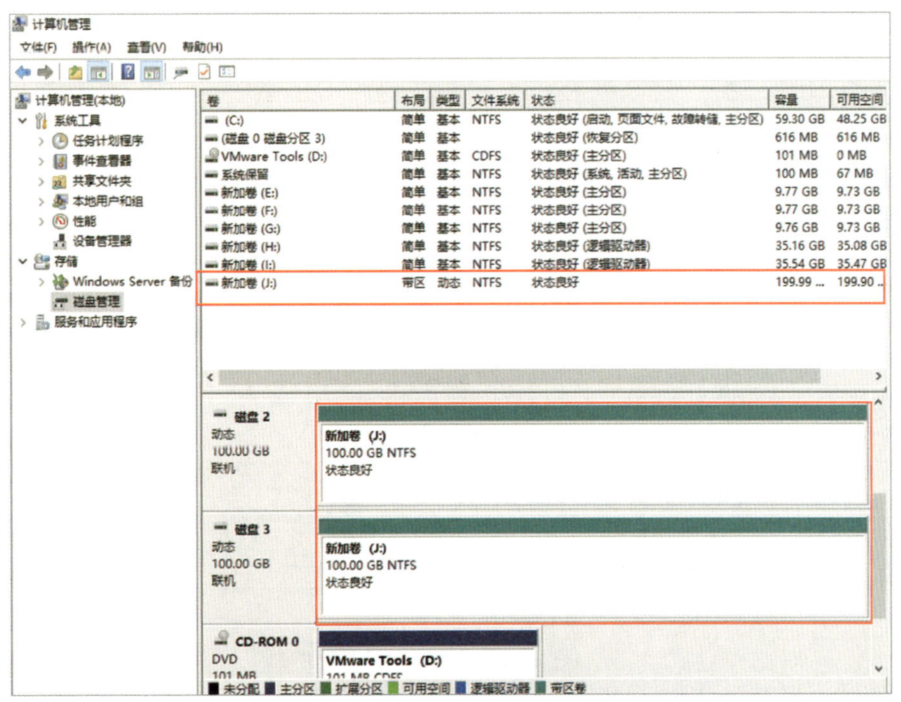

图 3-2-6　带区卷创建完成的界面

二、配置镜像卷

1. 先对两个磁盘进行初始化，然后选中图 3–2–7 中磁盘 4 的未分配空间，右击，选择“新建镜像卷”，打开“新建镜像卷”对话框。

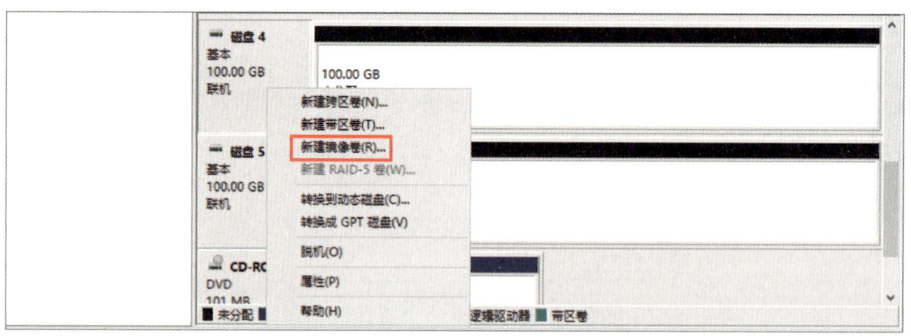

图 3-2-7　新建镜像卷

2. 单击“下一步”按钮，进入“选择磁盘”界面。选择左侧两块可用的动态磁盘（如磁盘 4 和磁盘 5），将其添加到右侧列表中，并设置所有磁盘上使用的容量约为 100 GB，如图 3–2–8 所示。

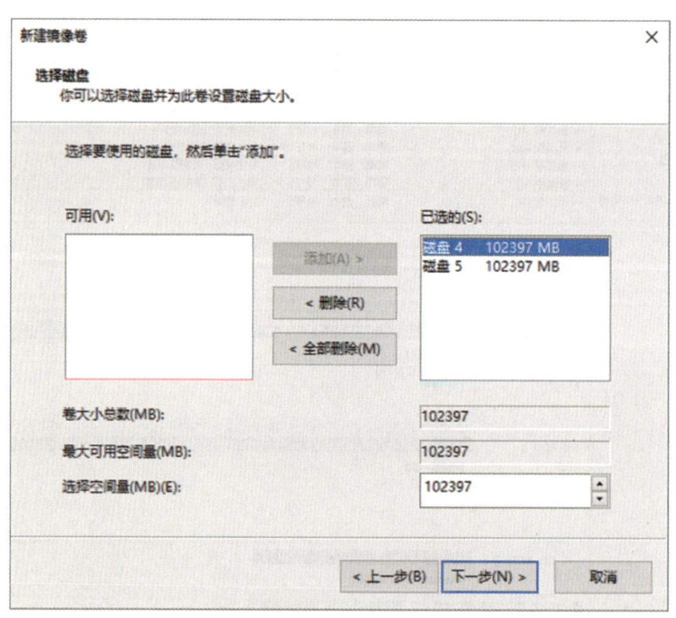

图 3-2-8　设置所有磁盘上使用的容量

3. 后续操作与前面创建带区卷类似，此处不再赘述，创建完成的界面如图 3-2-9 所示。

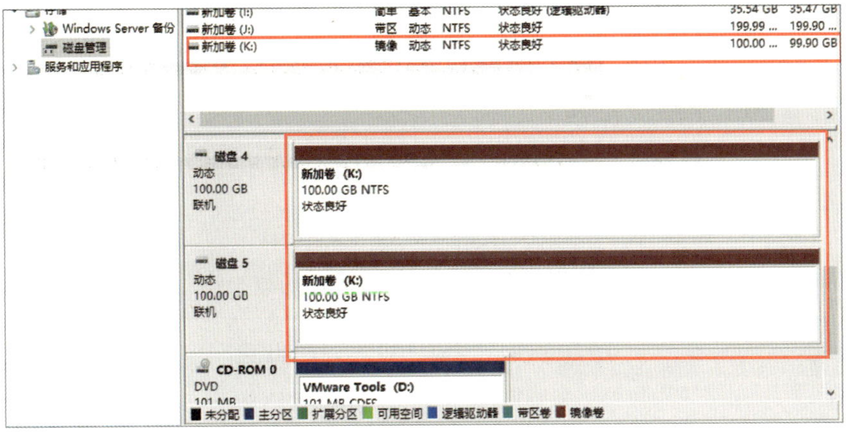

图 3-2-9　镜像卷创建完成的界面

4. 对已经创建完成的镜像卷的磁盘去除镜像，可以执行以下 3 种操作。

（1）中断镜像。在镜像卷上右击，选择“中断镜像卷”。中断之后，镜像卷中的成员都会独立成简单卷，并且其中的数据都被保留。其中一个卷会沿用原来的驱动器号，而另一个卷则使用下一个可用的驱动器号。

（2）删除镜像。在镜像卷上右击，选择“删除镜像”，将镜像卷中的一个成员删除。被删除成员上的数据也将会被删除，并且释放空间，成为未分配空间；另一个成员独立成简单卷，其中的数据将被保留。

（3）删除镜像卷。在镜像卷上右击，选择“删除卷”。删除镜像卷会将两个成员内的数据都删除，并且释放空间均变为未分配空间。

三、配置 RAID-5 卷

1. 将图 3-2-10 中的 3 个磁盘组成一个 RAID-5 卷。可以根据前面的方法先将 3 个磁盘进行初始化，并转换为动态磁盘，如图 3-2-10 中的磁盘 6、磁盘 7、磁盘 8。根据组成 RDID-5 卷的要求，从各磁盘中选择相同的容量（以 60 GB 为例）。

2. 选中磁盘 6 的未分配空间并右击，选择“新建 RAID-5 卷”，打开“新建 RAID-5 卷”对话框，如图 3-2-11 所示。

3. 单击“下一步”按钮，进入“选择磁盘”界面，从 3 个动态磁盘中各选择 61 437 MB（约 60 GB）的可用空间量，如图 3-2-12 所示。

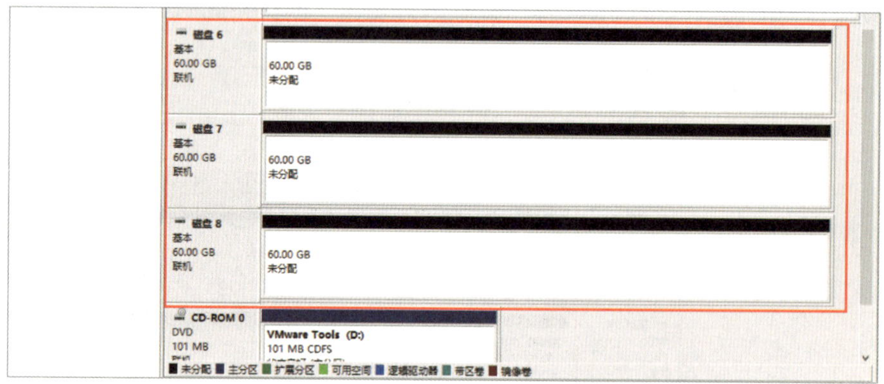

图 3-2-10　组成 RAID-5 卷的磁盘

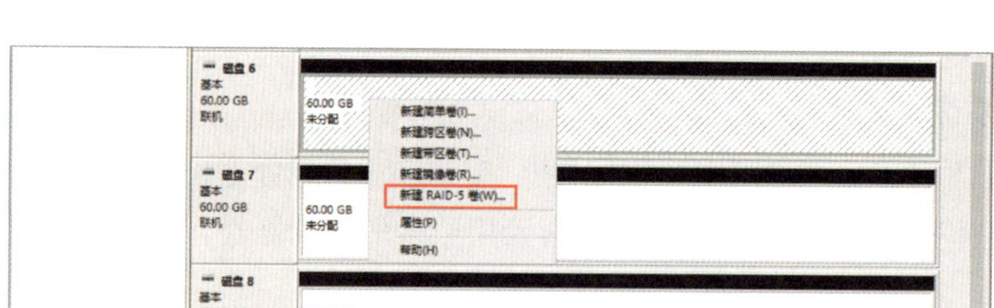
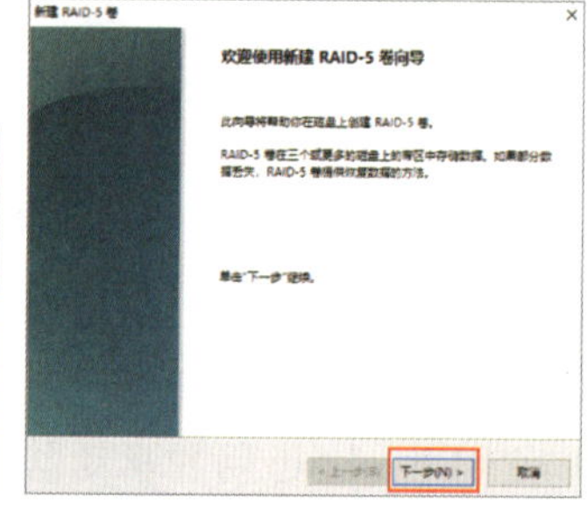

图 3-2-11　新建 RAID-5 卷

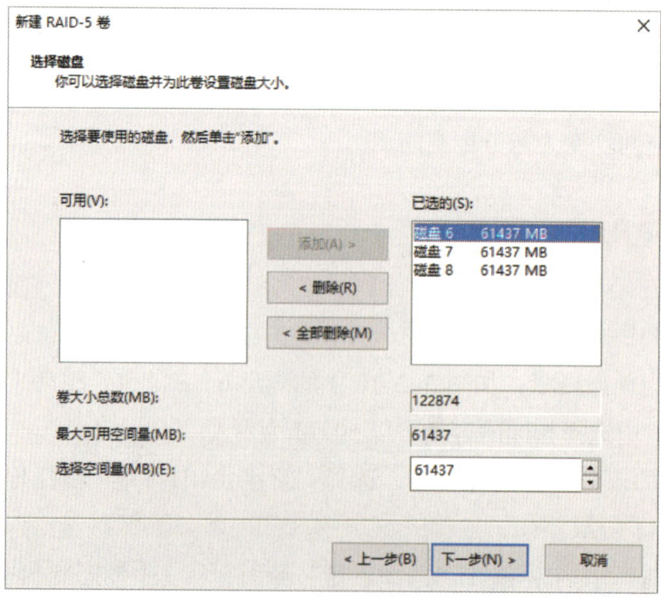

图 3-2-12　RAID-5 卷分配可用空间量

4. 单击“下一步”按钮，进入“分配驱动器号和路径”界面，为该RAID-5卷指派一个驱动器号。单击“下一步”按钮，进入“格式化分区”界面，选择合适的文件系统和卷标。单击“下一步”按钮，确认信息后单击“完成”按钮。

四、修复RAID-5卷

使用RAID-5卷的过程中，如果3块磁盘中的任意一块磁盘损坏，都不会影响用户对整体数据的访问，可以对其进行修复，例如，图3-2-13中的磁盘6即出现损坏，显示为“丢失”状态。

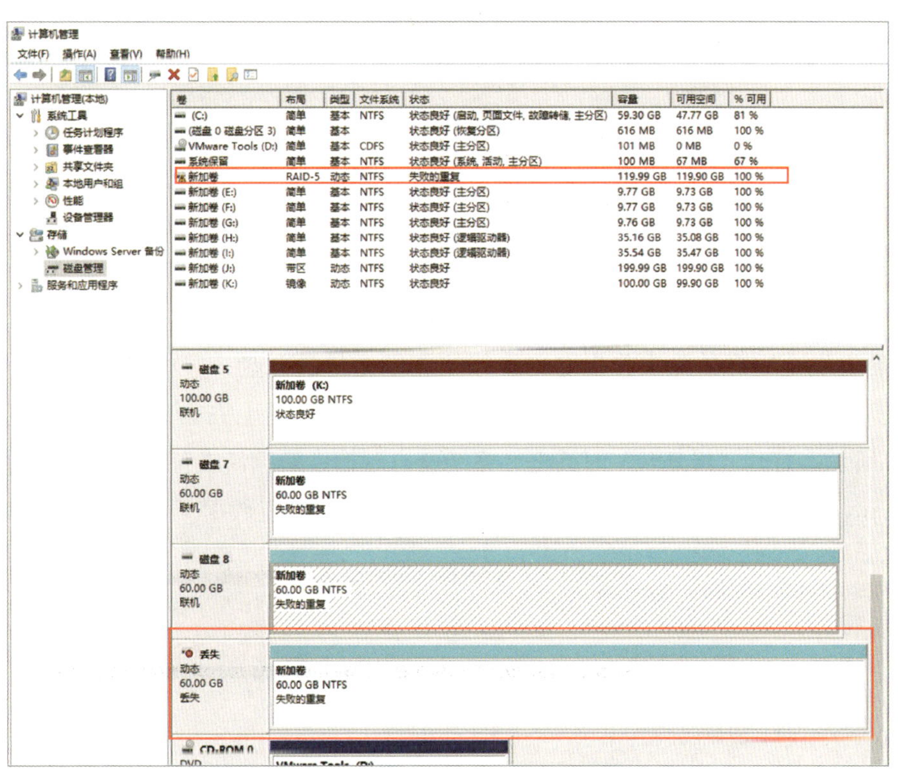

图3-2-13　RAID-5卷磁盘6损坏

对RAID-5卷的修复分为不更换原磁盘的修复和更换原磁盘的修复两种。如果磁盘没有发生物理故障，则修复起来比较简单。首先确认发生故障的磁盘是否已经和计算机正确连接，然后打开“磁盘管理”界面，在状态显示为“丢失”“脱机”或“联机错误”的动态磁盘上右击，选择“重新激活卷”即可，如图3-2-14所示。

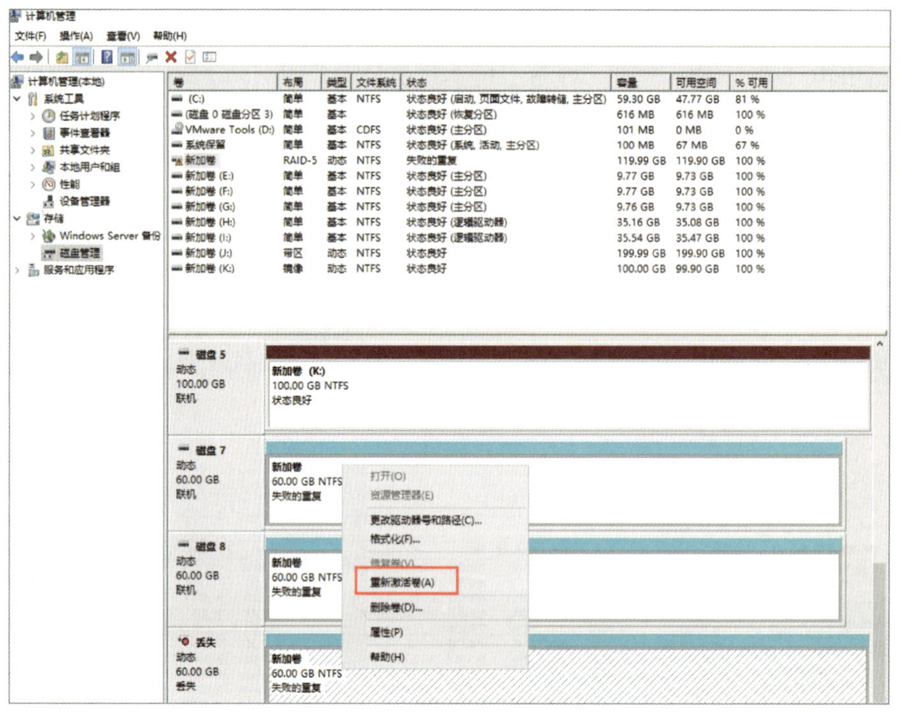

图 3-2-14　重新激活卷

如果磁盘发生物理故障，首先要更换一块相同型号的磁盘，并将该磁盘设置为动态磁盘；然后打开“磁盘管理”界面，在发生故障的 RAID-5 卷上右击，选择“修复卷”，如图 3-2-15 所示。打开“修复卷”对话框，系统会自动搜索新磁盘来替代已损坏的磁盘，单击“确定”按钮，系统会自动创建丢失的磁盘空间，同时自动恢复数据。

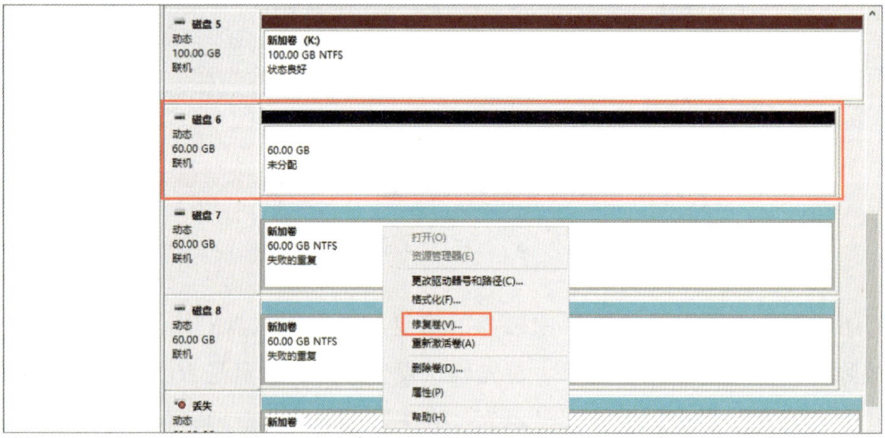

图 3-2-15　修复卷

任务验收可参考表 3-2-1。

表 3-2-1　任务验收表

验收内容	验收方法	验收标准	参考图
带区卷	打开“计算机管理”→“磁盘管理”，查看右侧底端窗格和顶端窗格	检查带区卷参数，应符合任务要求	图 3-2-16
镜像卷	打开“计算机管理”→“磁盘管理”，查看右侧底端窗格和顶端窗格	检查镜像卷参数，应符合任务要求	
RAID-5 卷	打开“计算机管理”→“磁盘管理”，查看右侧底端窗格和顶端窗格	检查 RAID-5 卷参数，应符合任务要求	

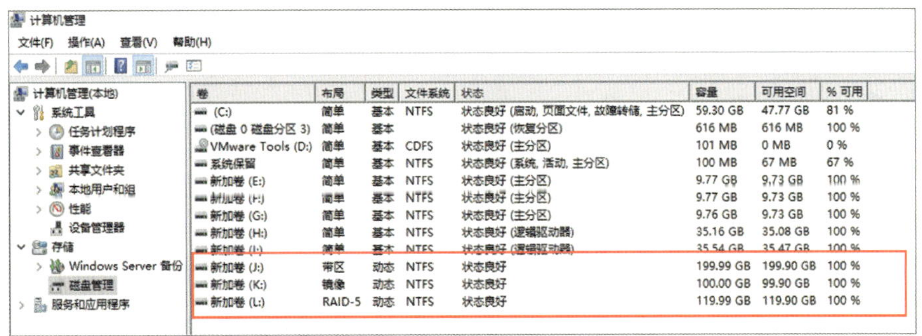

图 3-2-16　动态磁盘的配置结果参考图

任务 3 磁盘配额的管理

学习目标

1. 了解磁盘配额的基本概念。
2. 掌握磁盘配额的特性。
3. 能根据需求熟练完成磁盘配额管理。

任务描述

从“项目描述”可知，本任务需要对用户进行磁盘配额设置，对 C 盘启用磁盘配额，每个新用户可使用的磁盘空间限制为 1 GB，警告等级为 900 MB，并将用户 Zs 的磁盘空间限制为 2 GB，警告等级设置为 1.8 GB。制作磁盘配额备份，并在其他服务器上恢复备份的磁盘配额。

相关知识

一、磁盘配额的功能

在计算机网络中，网络管理员有一项很重要的任务，即对用户使用的磁盘空间进行合理的管理，Windows Server 2022 网络操作系统提供了磁盘配额功能，通过配置磁盘配额来管理用户可以使用的磁盘空间大小，如果发现用户接近或超过配额限制，就会发出警告或阻止用户对磁盘进行写入。

二、磁盘配额的特性

磁盘配额基于用户和卷，磁盘配额的管理对象是卷而不是各个物理磁盘。要在卷上启动磁盘配额，该卷必须是 NTFS 格式。

磁盘配额针对单一用户进行控制和追踪，每个磁盘配额是单独计算的，与这些卷是否在同一个磁盘内无关。例如，如果一个硬盘被分割成两个卷，则可以在两个卷上为用户设置不同的磁盘配额。无法对管理员进行磁盘配额限制。

一、启用磁盘配额

1. 只有 Administrators 组的用户有权启用磁盘配额，而且 Administrators 组的用户不受磁盘配额的限制。

（1）在需要启用磁盘配额的卷上右击，选择“属性”，打开“属性”对话框。

（2）选择“配额”选项卡，勾选“启用配额管理”和“拒绝将磁盘空间给超过配额限制的用户”，将新用户的默认磁盘空间限制为 1 GB，警告等级设为 900 MB，如图 3-3-1 所示。在卷上启用磁盘配额后，普通用户登录系统时，会看到该卷的大小是其被限制使用的空间大小。单击“应用”按钮，系统扫描该卷，为使用该卷的用户创建磁盘配额。超出配额限制的用户不会被记录到日志中，只是在用户再次存储信息时会被拒绝。

2.“配额”选项卡中相关选项的含义如下。

（1）拒绝将磁盘空间给超过配额限制的用户：当某个用户占用的磁盘空间达到了配额限制时就不能再使用新的磁盘空间，系统会提示用户“磁盘空间不足”。

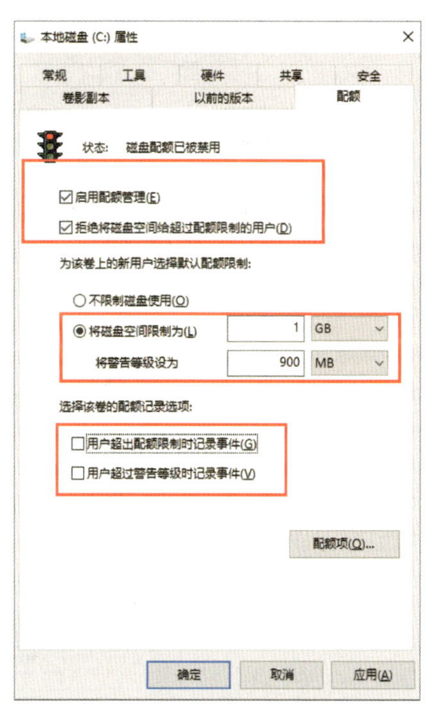

图 3-3-1　设置磁盘配额

（2）不限制磁盘使用：管理员不限制用户对卷空间的使用，只是对用户的使用情况进行跟踪。

（3）将磁盘空间限制为：可以输入限制用户使用的磁盘空间的数量和单位，这是所有用户的默认值。

（4）将警告等级设为：当用户使用的磁盘空间超过警告等级时，系统会及时地警告用户。警告等级的设置应不大于磁盘配额的限制。

（5）用户超出配额限制时记录事件：当用户使用的磁盘空间超过配额限制时，系统会在本地计算机的日志文件中记录该事件。

（6）用户超出警告等级时记录事件：当用户使用的磁盘空间超过警告等级中的限额时，系统会在本地计算机的日志文件中记录该事件。

3. 除了可以为所有新用户指定默认的磁盘配额，还可以单独为某个用户或用户组指定磁盘配额，以满足某些用户的特定需求。在“配额”选项卡中，单击“配额项”按钮，进入图 3-3-2 所示界面。单击“配额”菜单，选择“新建配额项”。

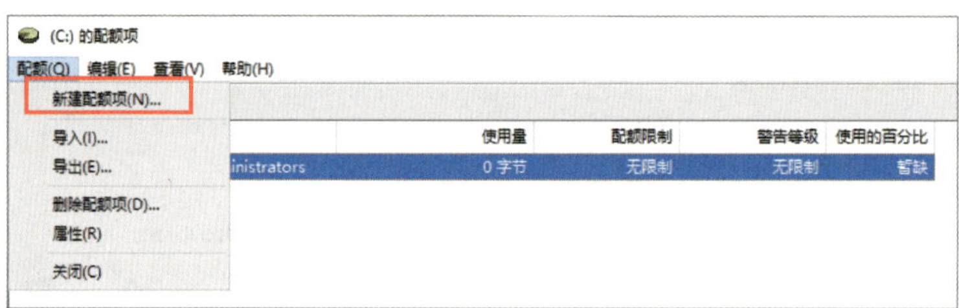

图 3-3-2　新建配额项

在“新建配额项”对话框中选择用户（即需要限制的用户），选定用户后单击“确定”按钮，弹出“添加新配额项”对话框。设置用户 Zs 对磁盘 C 的使用空间限制为 2 GB，警告等级为 1.8 GB，如图 3-3-3 所示。单击“确定”按钮，即完成对用户 Zs 磁盘使用空间的限制。

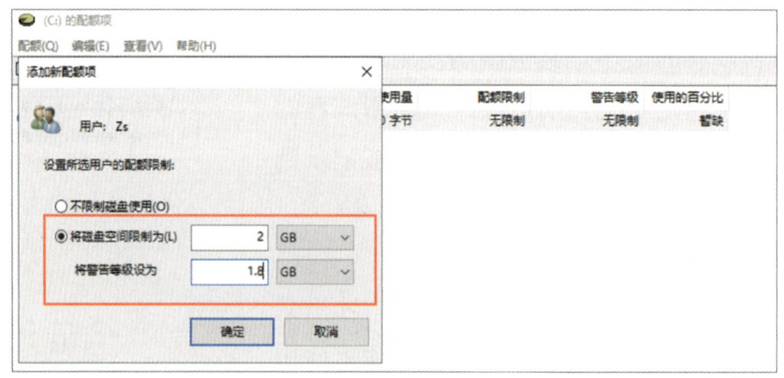

图 3-3-3　为用户 Zs 配置磁盘配额

4. 管理员可以监控每个用户的磁盘配额使用情况，如图 3–3–4 所示。通过该界面还可以单独设置或更改每个用户的磁盘配额。

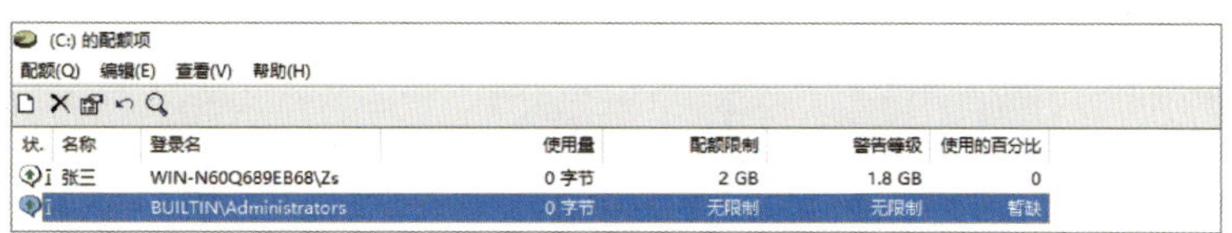

图 3-3-4　查看磁盘配额使用情况

二、删除磁盘配额

某用户在服务器的卷上可能创建了很多文件，如果需要把该用户在该卷上的所有文件和文件夹全部移到其他卷上。或者因该用户离职等原因，需要删除其所有文件，可以通过删除该用户的磁盘配额的方法来进行。

在图 3–3–5 所示的“配额项”窗口中，选中“配额项”中要删除的条目，右击该条目，选择“删除”，即可将该用户的磁盘配额删除。

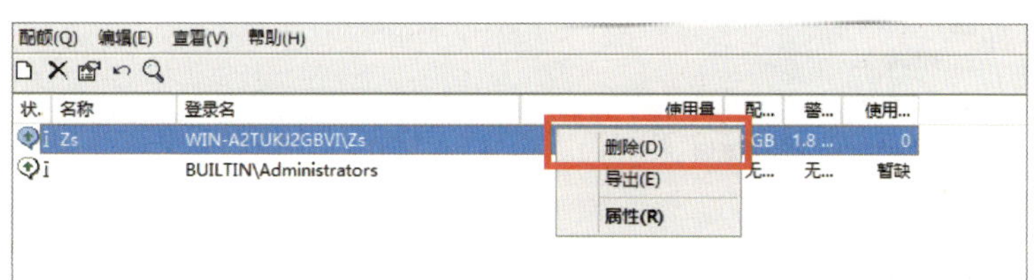

图 3-3-5　删除磁盘配额

三、导入和导出配额项

若公司有两台文件服务器，其共享的 NTFS 卷要求实施相同的磁盘配额限制。这时管理员可以使用磁盘配额的导入 / 导出功能，将一个卷的配额项复制到另一个卷中。

1. 在图 3–3–6 所示的配额项配置窗口中，选中要导出的配额项，然后打开“配额”菜单，选择“导出”。在弹出的“导出配额设置”对话框中，选择文件的保存路径并命名，单击“保存”按钮，保存备份文件，如图 3–3–7 所示。

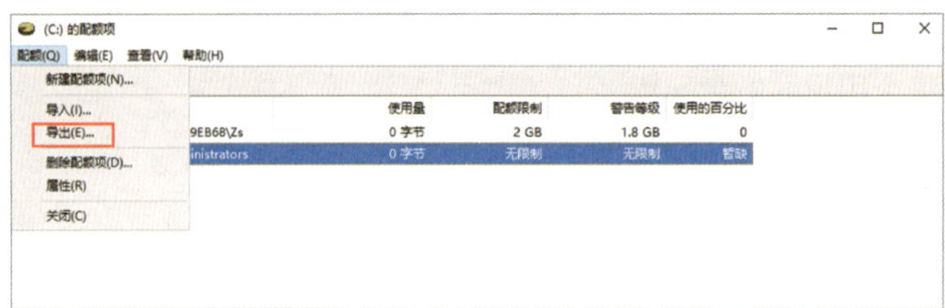

图 3-3-6　导出配额项

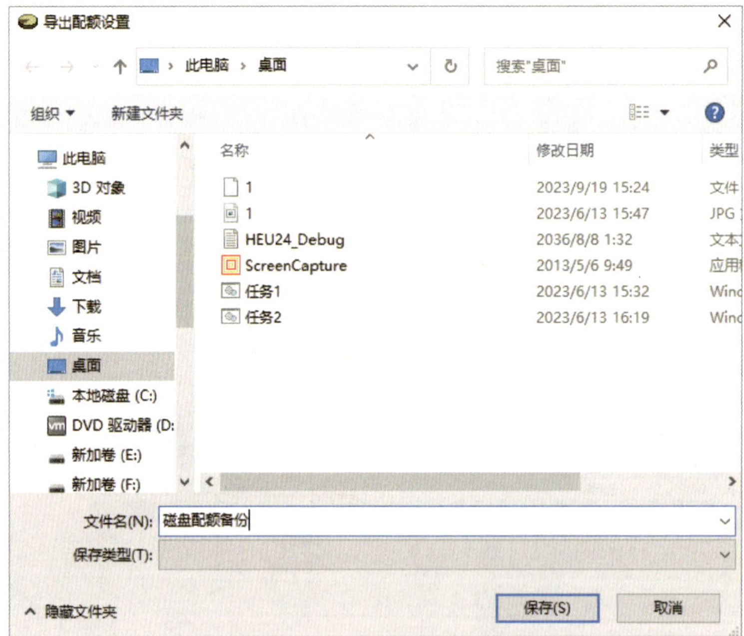

图 3-3-7　保存备份文件

2. 将保存的文件复制到另一台服务器上。打开要设置磁盘配额的卷的"配额项"窗口。在配额项配置窗口中，打开"配额"菜单，选择"导入"。在"打开"对话框中找到刚才保存的文件，单击"打开"按钮即可。

任务验收可参考表 3-3-1。

表 3-3-1　任务验收表

验收内容	验收方法	验收标准	参考图
设置磁盘配额	使用用户 Zs 的账号登录服务器，查看磁盘配额	用户 Zs 的磁盘配额符合任务要求	图 3-3-8
恢复磁盘配额项目	使用导出的磁盘配额项目文件恢复磁盘配额	核对配额项无误	图 3-3-9

图 3-3-8　查看用户 Zs 的磁盘配额参考图

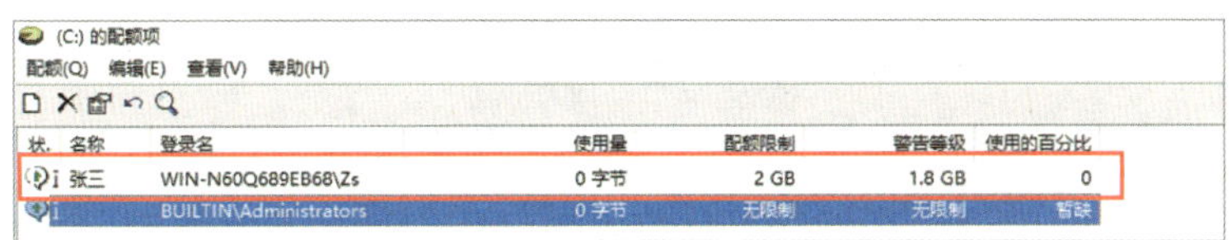

图 3-3-9　核对配额项参考图

项目四　文件系统的管理及资源共享

计算机网络利用通信技术把不同的计算机系统连接起来，而服务器是在网络环境中为客户端提供资源及管理能力的计算机系统。服务器除了满足本地用户的需求，还需要满足网络用户的需求。服务器磁盘内的文件夹和文件，只有在用户拥有适当的权限后，才可以被其访问。本项目的内容是通过 Windows Server 2022 的文件系统设置来实现用户的权限管理。

本项目通过完成“文件系统的管理”和“共享权限的设置”两个任务，理解 NTFS 和 FAT 文件系统的区别，掌握 NTFS 文件系统的权限类型和规则、掌握资源共享的基本功能、分类和访问权限规则，并根据需求对 NTFS 文件系统和共享资源进行熟练设置。熟练掌握上述最基本的操作后，与项目二和项目三结合起来，可以完整地实现 Windows Server 2022 网络操作系统对各类资源的安全有效的管理，并为后续配置网络操作系统的其他服务做好准备。

某公司的 2 个部门分别拥有 1 台服务器，这 2 台服务器在同一个工作组内，现在需要对它们进行配置，以满足公司对文件系统管理和资源共享的需求，具体要求如下。

公司有 5 名员工，其所在部门、姓名、用户账户等信息见表 4-0-1，销售部服务器由 3 名员工使用，财务部服务器由 2 名员工使用，每个部门都有本部门的共享文件夹，各部门经理有专享文件夹，财务部服务器有跨部门的共享文件夹，临时工不能访问服务器的任何共享资源，详见表 4-0-2。

表 4-0-1　用户账户

部门	姓名	用户账户名	职位	初始密码	用户组
销售部	张三	Zs	销售部经理	Zhangsan123	Sales Department
销售部	李四	Ls	销售部员工	Lisi123	Sales Department
销售部	赵七	Zq	销售部员工（临时工）	Zhaoqi123	Sales Department
财务部	王五	Ww	财务部经理	Wangwu123	Finance Department
财务部	马六	Ml	财务部员工	Maliu123	Finance Department

表 4-0-2 部门资源需求

<table>
<tr><th>计算机</th><th>使用人</th><th>文件夹名</th><th>共享文件夹名</th><th>文件夹管理需求</th><th>共享资源需求</th></tr>
<tr><td rowspan="2">销售部</td><td rowspan="2">销售部全体员工</td><td>Xiaoshou1</td><td>—</td><td>销售部员工（临时工除外）可以读写文件</td><td>不共享</td></tr>
<tr><td>Xiaoshou2</td><td>—</td><td>销售部经理可以读写文件，销售部其他员工不可以访问</td><td>财务部经理可以读取 / 写入文件</td></tr>
<tr><td rowspan="3">财务部</td><td rowspan="3">财务部全体员工</td><td>Caiwubu1</td><td>—</td><td>财务部员工可以读写文件</td><td>不共享</td></tr>
<tr><td>Caiwubu2</td><td>财务部共享资源</td><td>财务部员工可以读写文件</td><td>销售部员工可以读取文件，但其中的临时工不可以访问</td></tr>
<tr><td>Caiwubu3</td><td>—</td><td>财务部经理可以读写文件，其他员工不可以访问</td><td>不共享</td></tr>
</table>

任务 1 文件系统的管理

1. 了解 FAT 文件系统、NTFS 文件系统的基本概念和特点。
2. 掌握 NTFS 文件系统的权限及其类型。
3. 熟练掌握 NTFS 文件系统的权限规则。
4. 了解 NTFS 的压缩和加密功能。
5. 能根据需求完成 NTFS 文件系统的权限设置。

根据“项目描述”可知，为满足公司的要求，公司网络管理员需为用户创建用户账号和组，具体见表 4–1–1，并根据目录管理需求建立文件夹，设置相应的权限，具体权限设置见表 4–1–2。

表 4-1-1　部门人员

服务器	用户	组
销售部	Zs、Ls、Zq	Sales Department
财务部	Ww、Ml	Finance Department

表 4-1-2　文件夹权限设置

服务器	使用人	文件夹名	文件夹管理需求	文件夹权限
销售部	销售部全体员工	Xiaoshou1	销售部员工可以读写文件，但销售部临时工没有权限	Sales Department 组拥有读写权限，Zq 账号不具备读写权限
		Xiaoshou2	销售部经理可以读写文件，其他员工不可以访问	Zs 用户拥有读写权限
财务部	财务部全体员工	Caiwubu 1	财务部员工可以读写文件	Finance Department 组拥有读写权限
		Caiwubu 2	财务部员工可以读写文件	Finance Department 组拥有读写权限
		Caiwubu 3	财务部经理可以读写文件，其他员工不可以访问	Ww 用户拥有读写权限

一、FAT 文件系统

文件系统是操作系统中组织、存储和命名文件的结构，是对存储设备的空间进行组织和分配，负责文件存储并对存入的文件进行保护和检索的系统。在各个版本的 Windows 操作系统中，较为常见的文件系统有 FAT16、FAT32 和 NTFS 等。

FAT 的全称是“file allocation table（文件分配表）”，最早于 1982 年应用于 MS-DOS 操作系统中。文件分配表是磁盘内部管理文件分配存储单元的一种系统，它记录着磁盘的容量，文件存储空间的分配情况。哪些扇区已被数据使用，哪些扇区没有被数据占用，都会记录在 FAT 内。FAT16 文件系统使用了 16 位文件分配表来管理存储空间，卷最大可达 4 GB，最大支持 2 GB 大小的单个文件。FAT 16 文件系统主要的优点就是它可以允许多种操作系统访问，如 MS-DOS、Windows 3.x、Windows 9x、Windows NT 和 OS/2 等。

FAT32 是 FAT16 的升级版，FAT32 采用 32 位文件分配表来管理存储空间，并支持较大容量的硬盘和文件。相比于早期的 FAT16，FAT32 能够处理更大的磁盘空间，支持的卷最大可达 2 TB，支持单个文件最大可达 4 GB。FAT32 也有一些不足，例如，单个分区的最大容量受到限制（通常为 2 TB），文件的最大连续存储空间也受到限制，这可能导致文件碎片化和性能下降。此外，FAT32 不支持文件权限和加密等高级功能，与现代文件系统相比，安全性和稳定性稍显不足。

此外，还有一种专为 U 盘、SD 卡等闪存设备设计的 exFAT 文件系统，它突破 FAT32 的单个文件最大 4 GB 的限制，支持最大 16 EB 的单个文件和 128 PB 的分区容量。它在保持跨平台兼容性的同时，优化了存储机制，适合大容量移动存储设备。

二、NTFS 文件系统

NTFS（new technology file system）文件系统最早出现在 1993 年的 Windows NT 操作系统中，相比 FAT，它的出现大幅度地提高了文件系统的性能。

NTFS 文件系统特别为网络和磁盘配额、文件加密等安全管理特性设计，提供长文件名，以及数据保护和恢复功能，能通过目录和文件许可实现较好的安全性，并支持跨越分区，特点如下。

1. NTFS 可以支持的分区容量可达 2 TB，而 FAT32 文件系统支持的分区容量最大为 32 GB。

2. NTFS 是一个可恢复的文件系统。NTFS 通过使用标准的事务处理日志和恢复技术来保证分区的一致性。

3. NTFS 支持对分区、文件夹和文件的压缩。

4. NTFS 采用了更小的簇，可以更有效地管理磁盘空间。

5. NTFS 文件系统可以为共享资源、文件及文件夹设置访问许可权限。

6. 在 Windows Server 2012 R2 及以后版本操作系统的 NTFS 文件系统下可以进行磁盘配额管理。

7. NTFS 使用一个“变更”日志来跟踪记录文件所发生的变更。

FAT32 文件系统只能设置共享方式的访问权限，而没有文件和文件夹的访问权限。NTFS 文件系统拥有更高的安全性，不仅可以设置共享方式的访问权限，还可以设置文件和文件夹的访问权限，因此一般应优先选用 NTFS 文件系统。

只能在 NTFS 格式的磁盘上设置 NTFS 权限，FAT16 和 FAT32 格式的磁盘上不能使用 NTFS 权限。如有需要，可以在不格式化磁盘的情况下，使用 convert 命令将磁盘分区的文件系统从 FAT16 或 FAT32 转换为 NTFS。其命令格式如下：

```
convert [ 驱动器号 :] /fs:ntfs [/v] [/x] [/cvtarea:文件名 ] [/nosecurity]
```

其中，“/v”表示启用详细模式，显示转换过程的详细信息，“/x”表示强制卸载卷，确保转换前无程序占用磁盘，“/cvtarea:文件名”用于指定一个连续的空文件作为 NTFS 系统文件的占位符，“/nosecurity”表示转换后取消文件和目录的默认安全权限设置（此参数应谨慎使用）。

从 Windows Server 2012 开始，Windows Server 网络操作系统还引入了新一代的文件系统——ReFS。ReFS 与 NTFS 的部分功能兼容，针对企业级大规模存储设计，在确保数据完整性与容错方面具有较强能力，支持超大规模存储，单个文件最大支持 18 EB，分区最大可达 35 PB，适用于数据中心、虚拟化平台等具有超大规模存储和高可靠性需求的关键场景。

三、NTFS 文件系统的权限及其类型

1. NTFS 文件系统的权限

在 Windows 的 NTFS 磁盘分区上可以分别对文件或文件夹设置 NTFS 权限，对于 NTFS 磁盘分区上的每一个文件和文件夹，NTFS 都存储了一个访问控制列表（access control lists，ACL），它是由多个访问控制项（access control entry，ACE）组成的列表，用于定义和控制系统资源的访问权限。ACE 是 ACL 中的基本条目，用于定义一个主体（如用户或组）对一个对象（如文件、目录、注册表项等）的访问权限。ACL 中定义了哪些用户或系统进程有权访问某个系统对象（如文件、目录或网络资源）以及它们可以进行哪些操作。通过 ACL 和 ACE 的组合，Windows 能够灵活且精细地控制系统资源的访问权限，确保系统的安全性和稳定性。

NTFS 文件系统使用 ACL 来管理和设置文件和文件夹的权限。权限设置就是指定特定用户和组对某个文件或文件夹的访问权限。只有文件或文件夹的所有者、系统管理员或者拥有完全控制权限的用户才可以设置文件或文件夹的 NTFS 权限。

2. NTFS 文件系统的权限类型

（1）NTFS 文件系统中文件夹的权限主要有以下几种。

完全控制：用户可以修改、增加、移动或者删除文件及其属性和目录。用户能够修改所有文件和目录的权限设置。

修改：用户可以查看并修改文件或者文件属性，包括在目录下增加或删除文件，以及修改文件属性。

读取和执行：用户可以运行可执行文件，包括脚本。

列出文件夹内容：用户可以浏览文件夹与其子文件夹的目录内容，但不具有在该文件夹内建立子文件夹的权限。

读取：用户可以查看文件和文件属性。

写入：用户可以对一个文件进行写入操作。

（2）NTFS 文件系统中文件的权限主要有以下几种。

读取：允许查看文件的内容、所有者、属性和权限。

写入：改写文件、更改文件属性及查看其所有权和权限。

读取和运行：具有“读取”权限，并可以运行应用程序。

修改：包括“写入”及“读取和运行”权限，允许修改、删除文件。

完全控制：拥有全部权限，可以获得文件的所有权。

四、NTFS 文件系统的权限规则

为了对 NTFS 文件系统权限做出精确的设置，必须遵循 NTFS 文件系统的权限规则。

1. 权限是累加的，即权限最大规则

用户对资源的有效权限是分配给该个人用户账户和用户所属的组的所有权限的总和。如果用户对文件具有“读取”权限，该用户所属的组又对该文件具有“写入”的权限，那么该用户就对该文件同时具有“读取”和“写入”的权限。当有拒绝权限时权限最大规则无效。

2. 文件权限高于文件夹权限

NTFS 文件权限对于 NTFS 文件夹权限具有优先权，当用户或组对某个文件夹及该文件夹下的文件有不同的访问权限时，用户对文件的最终权限是用户被赋予访问该文件的权限。例如，用户能够访问一个文件，那么即使该文件位于用户不具有访问权限的文件夹中，也可以被访问（前提是该文件没有继承它所属的文件夹的权限）。

3. 拒绝权限高于其他权限

拒绝权限可以覆盖所有其他的权限。作为一个组的成员的用户，即使有权访问文件或文件夹，但因该组的权限被设为拒绝访问，那么该用户本来具有的所有权限都会被锁定而导致无法访问该文件或文件夹。出于安全考虑，NTFS 权限规定拒绝权限优先于允许权限。

4. 指定的权限高于继承的权限

一个对象上，某用户或组被明确指定的权限设置优先于其继承而来的权限设置。例如，某用户拥有对某文件夹或文件继承自其父文件夹的“拒绝”权限，但是管理员又在该文件夹或文件上授予该用户“允许”权限，则该用户对该子文件夹或文件拥有“允许”权限。

结合继承、指定、拒绝、允许的条件，有如下的规则：指定拒绝 > 指定允许 > 继承拒绝 > 继承允许。

五、NTFS 压缩和加密

NTFS 压缩是 Windows 操作系统针对 NTFS 格式磁盘提供的自动压缩功能。NTFS 压缩能够自动压缩文件以节省存储空间而无需用户手动操作。其优点是无缝集成于文件系统，用户读写文件与未压缩文件无异，但启用 NTFS 压缩后，频繁读写时可能因压缩和解压缩运算而增加 CPU 负担，适合存储低频访问的数据。

加密文件系统（encrypting file system，EFS）提供文件加密的功能，文件经过加密后，只有当初将其加密的用户或被授权的用户才能够读取，因此可以提高文件的安全性。只有 NTFS 磁盘内的文件、文件夹才可以被加密，如果将文件复制或移动到非 NTFS 磁盘内，则得到的新文件会被解密。

文件压缩与加密无法并存。如果要加密已压缩的文件，则该文件会自动被解压缩。如果要压缩已经加密的文件，则该文件会自动被解密。

一、创建用户和组

按照任务要求，分别在 2 台服务器上创建新用户、组和文件夹，详见表 4-1-3，创建方法可以参考项目二。

表 4-1-3　服务器的文件夹、用户和组

服务器	使用者	文件夹	用户	组
销售部	销售部所有员工	Xiaoshou1、Xiaoshou2	Zs、Ls、Zq	Sales Department
财务部	财务部所有员工	Caiwubu1、Caiwubu2、Caiwubu3	Ww、Ml	Finance Department

二、删除 Users 组的权限

为防止其他用户访问，必须删除 Users 组的权限。Users 组是一个内置组，所有新建的用户都将自动成为该组的成员，因此，其他用户将可以通过 Users 组的授权而访问“Xiaoshou1”文件夹。该组的权限是通过继承而来的，因此从“组或用户名”列表中删除 Users 组之前，必须先取消该目录的继承权限选项。具体操作步骤如下。

1. 选中“Xiaoshou1”文件夹并右击，选择“属性”选项，打开该文件夹的属性对话框，单击“安全”选项卡，并单击“高级”按钮，如图 4-1-1 所示。

2. 单击“禁用继承”按钮，如图 4-1-2 所示。

3. 选择“将已继承的权限转换为此对象的显性权限。”，如图 4-1-3 所示，单击“确定”按钮确认权限修改。

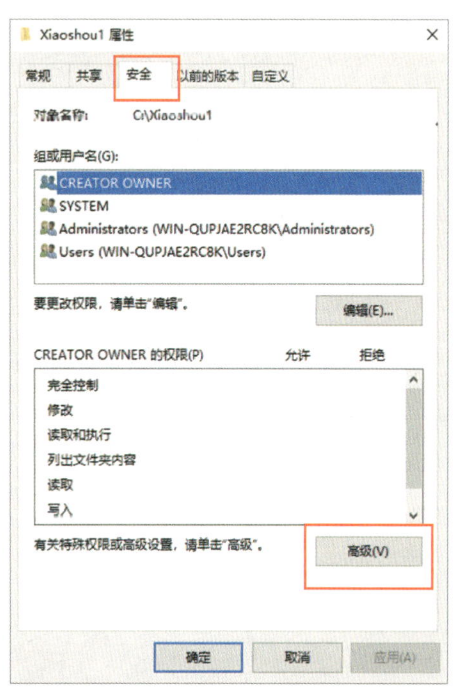

图 4-1-1　“Xiaoshou1 属性”对话框

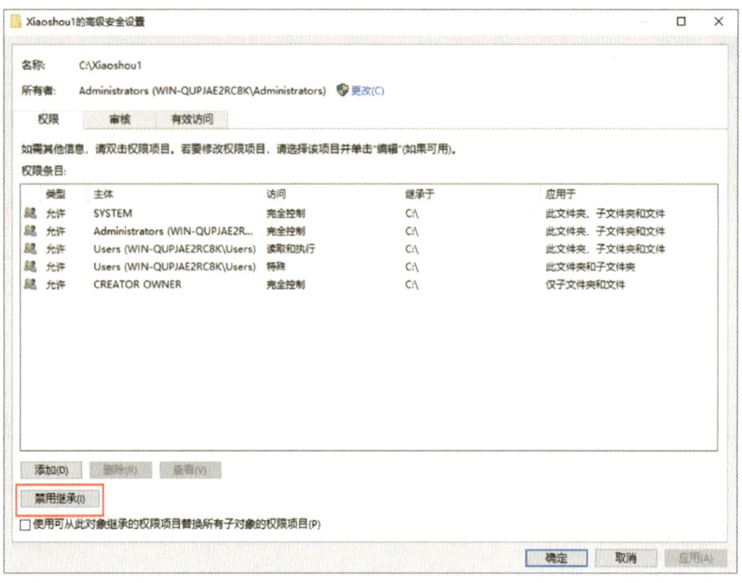

图 4-1-2　禁用继承

4. 在“文件夹属性”窗口中单击“编辑”按钮，选择对象名称“Users”，单击“删除”按钮，然后单击“确定”按钮，如图 4-1-4 所示。

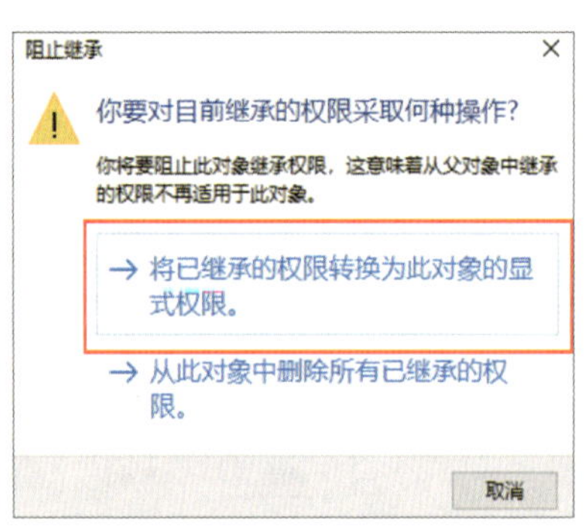

图 4-1-3　将继承权限改为显式权限

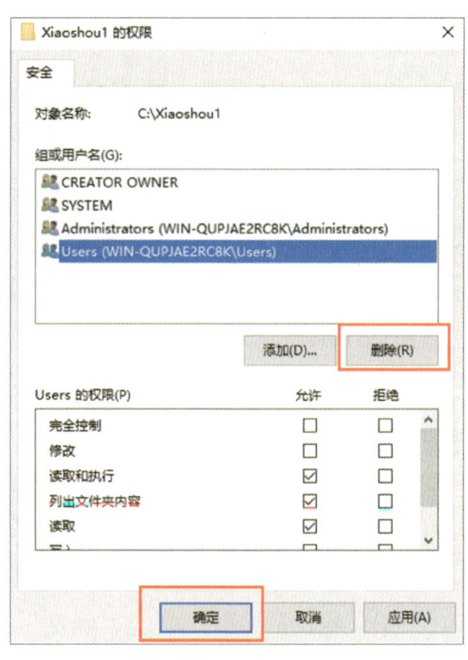

图 4-1-4　删除 Users 组

三、设置文件夹的权限

1. 首先设置文件夹的访问权限，在“Xiaoshou1 属性”对话框的“安全”选项卡中单击“编辑”按钮，如图 4-1-5 所示。

2. 在文件夹权限设置界面单击“添加”按钮，添加用户或组，如图 4-1-6 所示。

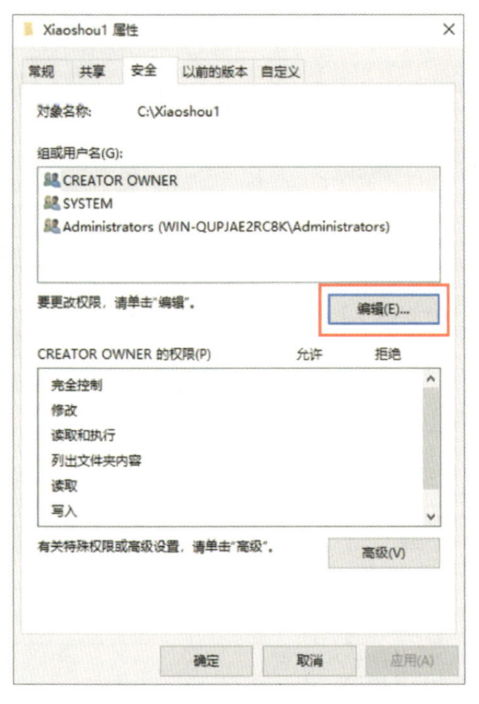

图 4-1-5　“编辑”按钮

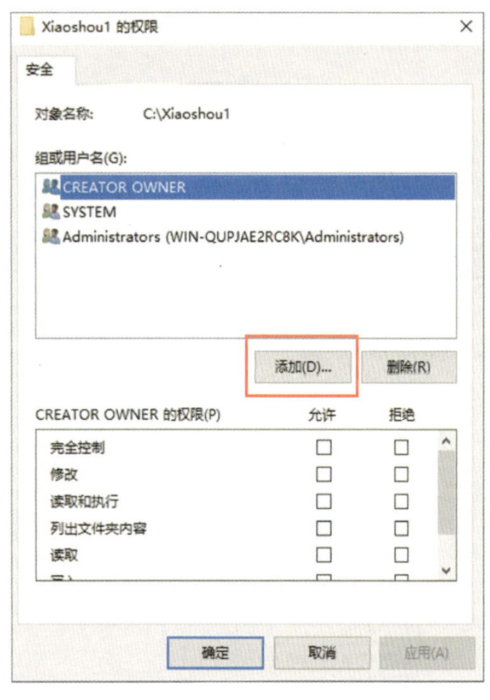

图 4-1-6　添加用户或组

3. 单击“高级”，再单击“立即查找”按钮，在找到的结果中选择 Sales Department 组，单击“确定”按钮，如图 4-1-7 所示。

4. 在“选择用户或组”对话框中单击“确定”按钮。在弹出的对话框中选择 Sales Department 组，将其权限“读取”“写入”“修改”“读取和执行”“列出文件夹内容”设置为“允许”，如图 4-1-8 所示。

5. 设置文件夹的拒绝权限，和前面添加组类似，先添加用户账户 Zq，如图 4-1-9 所示。

选择用户账户“Zq”，将其权限“读取”“写入”“修改”“读取和执行”“列出文件夹内容”设置为“拒绝”，如图 4-1-10 所示。

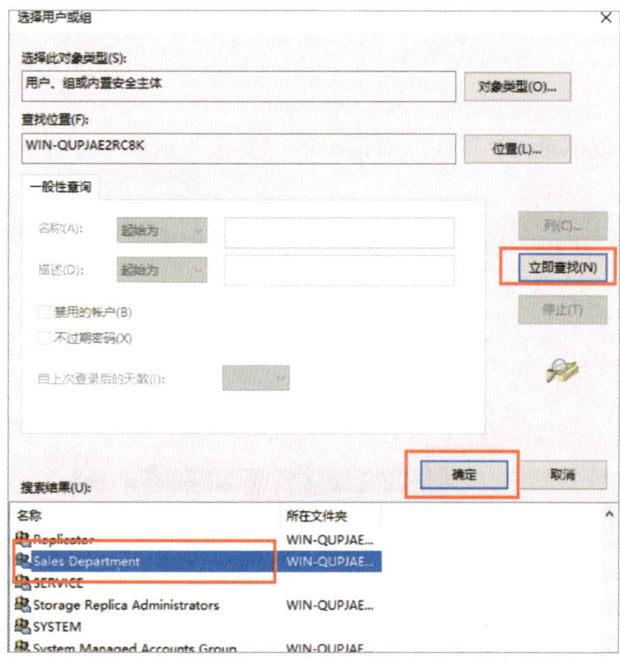

图 4-1-7　查找 Sales Department 组

图 4-1-8　设置允许权限

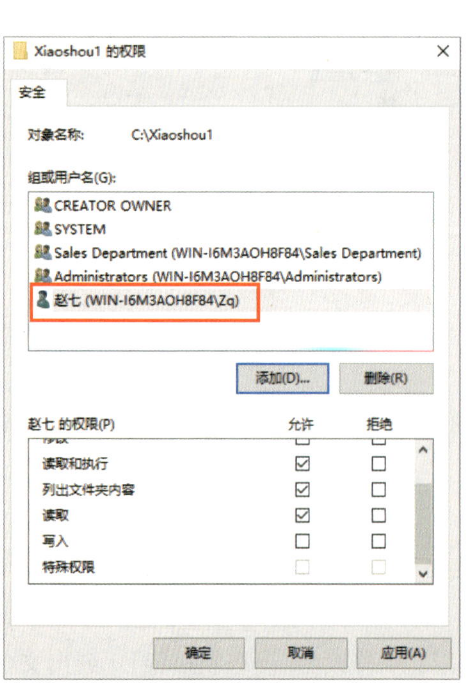

图 4-1-9　添加用户账户 Zq

图 4-1-10　设置拒绝权限

6. 与上述文件夹权限设置的步骤类似，对销售部服务器的另外一个文件夹“Xiaoshou2”、财务部服务器的文件夹“Caiwubu1”“Caiwubu2”和“Caiwubu3”完成权限设置操作。

任务验收可参考表 4-1-4。

表 4-1-4　任务验收表

验收内容	验收方法	验收标准	参考图
销售部服务器文件夹“Xiaoshou1”和“Xiaoshou2”的权限设置	使用相应的账户登录，能实现文件夹的管理需求	1. 用户账户 Zs 和用户账户 Ls 登录销售部服务器，并可以读写文件夹 Xiaoshou1 中的文件 2. 用户账户 Zq 登录销售部服务器，无法访问文件夹 Xiaoshou1 3. 用户账户 Zs 登录销售部服务器，并可以访问文件夹“Xiaoshou2”，其他用户账户登录无法访问	图 4-1-11
财务部服务器文件夹“Caiwubu1”“Caiwubu2”和“Caiwubu3”的权限设置	使用相应的账户登录，能实现文件夹的管理需求	1. 用户账户 Ww 和用户账户 Ml 登录财务部服务器，并可以读写文件夹“Caiwubu1”和“Caiwubu2”中的文件 2. 用户账户 Ww 登录财务部服务器，并可以访问文件夹“Caiwubu3”，其他用户账户登录无法访问	图 4-1-12

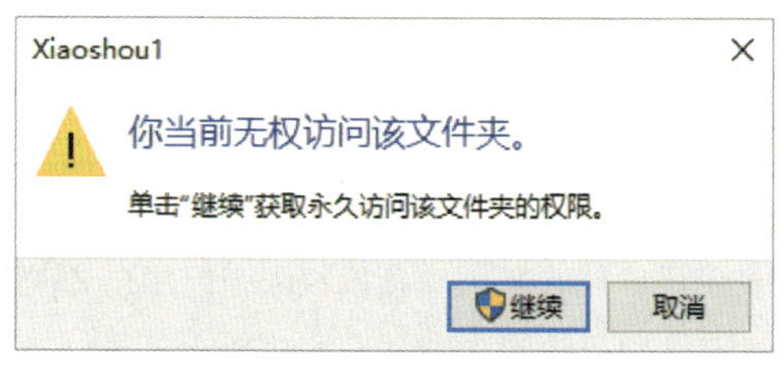

图 4-1-11　无权访问文件夹“Xiaoshou1”参考图

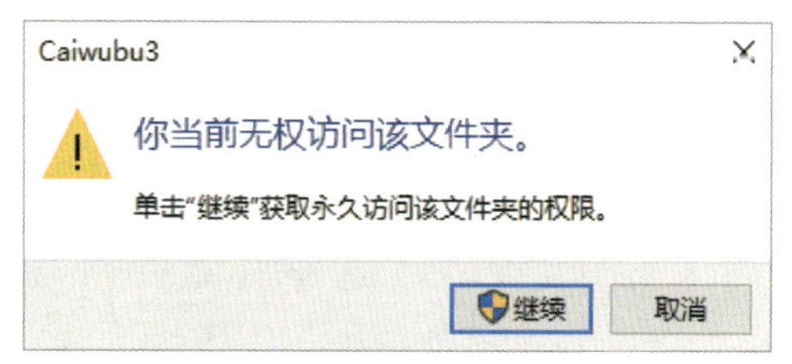

图 4-1-12　无权访问文件夹“Caiwubu3”参考图

学习目标

1. 理解资源共享的基本概念。
2. 掌握共享权限的分类。
3. 掌握共享文件夹的访问权限规则。
4. 能根据任务需求，熟练完成共享权限的设置和共享文件夹的访问。

根据“项目描述”部分可知，为满足公司的销售部和财务部对共享资源的需求，公司网络管理员需要对共享文件夹进行共享权限设置，具体的共享权限设置见表 4-2-1。

表 4-2-1　服务器共享权限设置

服务器	使用人	文件夹名	共享管理需求	共享权限
销售部	销售部全体员工	Xiaoshou1	不共享	—
		Xiaoshou2	财务部经理可以读取 / 写入文件	账户 Ww 拥有共享读取 / 写入权限
财务部	财务部全体员工	Caiwubu1	不共享	—
		Caiwubu2	共享文件夹名为“财务部共享资源”，销售部员工可以读取文件，但其中的临时工不可以访问	Sales Department 组拥有共享读取权限，但账户 Zq 没有权限
		Caiwubu3	不共享	—

一、资源共享

在网络中，用户除了可以对本地计算机的资源进行访问之外，还可以对网络中的资源进行访问。在使用网络资源的过程中，用户不需要知道资源的实际位置，共享资源的计算机也不需要知道访问用户的实际位置，双方都处于透明状态。用户只需找到自己所需要的资源，并拥有相应的使用权限，就可以使用该资源。网络上的资源可以给多个用户使用，因此称为“资源共享”。

SMB（server message block）协议是 Windows 平台标准文件共享协议，主要用于实现网络上的计算机共享文件、打印机和串行端口的资源共享。SMB 协议支持访问控制、加密、压缩等功能，可以保证文件的安全性和稳定性。Windows Server 2022 继续支持 SMB 协议，在 Windows Server 2022 中，SMB 协议通常指的是 SMB 3.x 版本，这个版本从 Windows Server 2012 开始引入，并在随后的版本中不断得到增强。

Windows Server 2022 操作系统文件夹和文件共享是一种允许多个用户在同一网络中访问与共享文件夹和文件的功能。通过设置共享权限和访问控制，用户可以方便地共享文件夹和文件，实现实时更新、版本控制和简化文件传输的目的。这种共享是建立在局域网或互联网连接的基础上的，可以促进团队内部和跨团队的协作。

位于 NTFS、FAT32、FAT 或 exFAT 磁盘内的文件夹，都可以被设置为共享文件夹，可以通过共享权限来设置网络用户的访问权限，创建共享文件夹的用户必须是“Administrator”“Power Users”“Server Operators”等用户组成员。

二、共享权限

网络用户的文件夹共享权限有三种：读取、读取 / 写入和完全控制。

读取权限是指派给 everyone 组的默认权限。该权限允许查看文件名和子文件夹名，查看文件中的数据，运行程序文件。

读取 / 写入权限不是任何组的默认权限。该权限除包括所有的读取权限外，还包括添加文件和子文件夹，更改文件中的数据，删除子文件夹和文件等权限。

完全控制权限是指派给本机上的 Administrators 组的默认权限。该权限除包括全部读取权限外，还包括更改权限。

三、共享文件夹的访问权限规则

1. 复制和移动对共享权限的影响

当共享文件夹被复制到另一个位置后，原文件夹的共享状态不会受到影响，复制产生的新文件夹不会具备原有的共享设置。

当共享文件夹被移动到另一个位置后，该文件夹将失去原有的共享设置。

2. 共享权限和 NTFS 权限的关系

共享权限仅对网络访问有效，当用户从本机访问一个文件夹时，共享权限不起作用。NTFS 权限对网络访问和本地访问都有效，但是要求文件或文件夹必须在 NTFS 文件系统上，否则无法设置 NTFS 权限。

一个共享文件夹设置了共享权限和 NTFS 权限后，就要同时受到两种权限的控制。如需使某用户（组）完全控制共享文件夹，首先要在共享权限中添加此用户（组），并设置完全控制的权限，然后在 NTFS 权限设置中添加此用户（组），并设置完全控制权限。只有两处都设置了完全控制权限，才能使其最终拥有完全控制权限。

当用户通过网络访问存储在 NTFS 文件系统上的共享文件夹时，他们的访问权限将受到 NTFS 权限和共享权限的双重限制。这两种权限共同决定了用户对文件夹的访问级别，而最终允许的有效权限是两者中最严格的权限，即两者权限的交集。而当用户从本地计算机直接访问文件夹时，不受共享权限的约束，只受 NTFS 权限的约束。

例如，若用户 User1 对共享文件夹“C:\ABC”的有效共享权限是“读取”，用户 User1 对此文件夹的有效 NTFS 权限是“完全控制”，则用户 User1 对“C:\ABC”的最终有效共享权限是两者中最严格的“读取”权限。

一、设置文件夹共享

共享有两种方式可以选择，“共享”只能针对用户操作，“高级共享”是比较专业的共享方式，权限设置更灵活。“共享”方式的设置步骤如下。

1. 右击需要共享的文件夹“Xiaoshou2”，选择“属性”，打开“文件夹属性”对话框，单击“共享”选项卡，如图 4–2–1 所示。单击“共享”按钮，打开“网络访问”窗口。

2. 单击下拉箭头，在列表中选中用户“王五”，如图 4–2–2 所示，单击“添加”按钮。

3. 单击“王五”用户“权限级别”的展开按钮，将权限设置为“读取 / 写入”，如图 4–2–3 所示。

图 4-2-1　“共享”选项卡

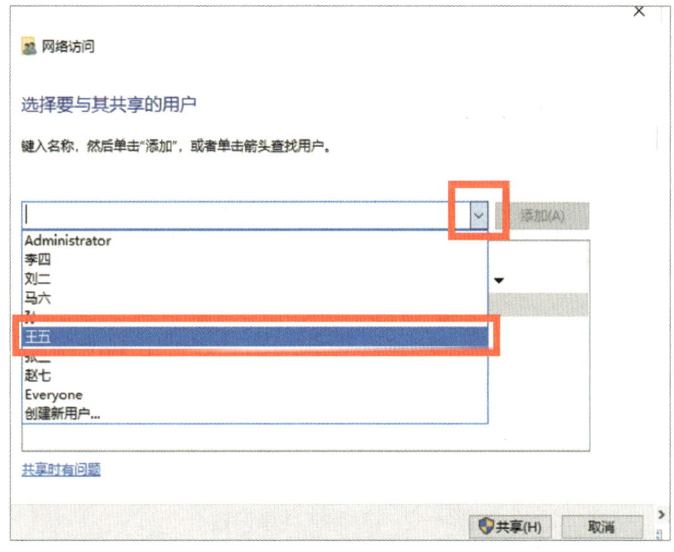

图 4-2-2　选中用户“王五”

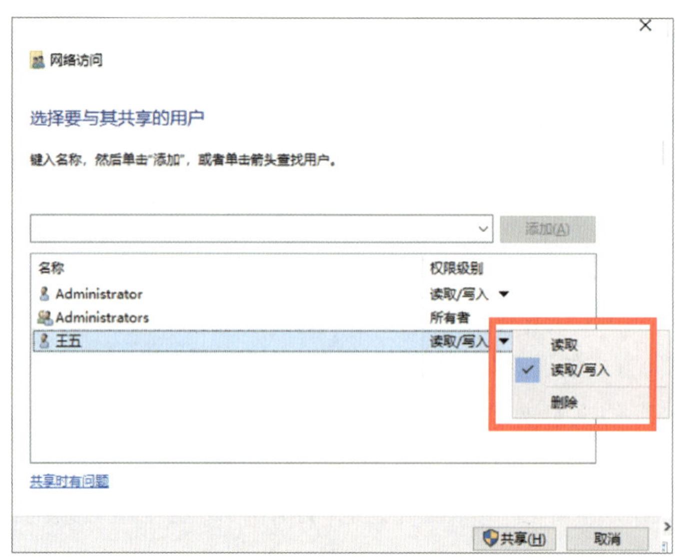

图 4-2-3　将权限设置为“读取 / 写入”

4. 单击“共享”按钮，完成共享设置，如图 4-2-4 所示。

网络用户可以通过如图 4-2-5 所示的网络路径访问共享文件夹。

图 4-2-4　完成共享设置

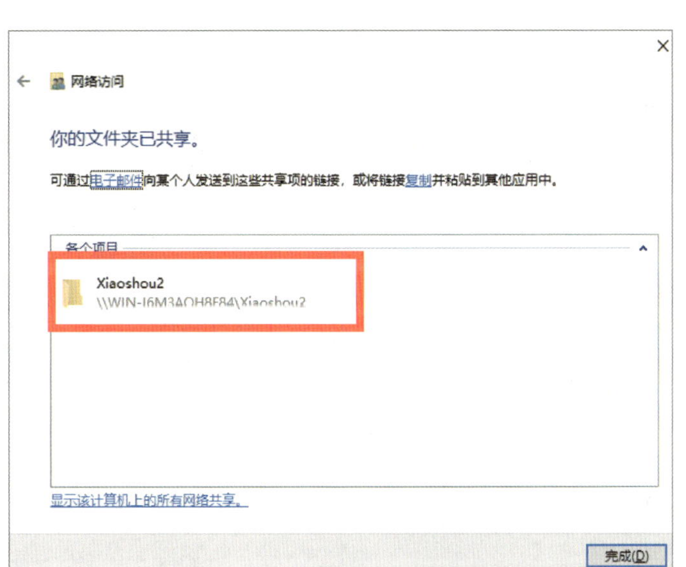

图 4-2-5　共享文件夹的网络路径

二、设置文件夹高级共享

1. 右击需要共享的文件夹“Caiwubu 2”，选择“属性”，在弹出的对话框中单击“高级共享”按钮，如图 4-2-6 所示。

2. 勾选“共享此文件夹”，如图 4-2-7 所示，然后单击“权限”按钮。

3. 删除 Everyone 组的系统默认权限，如图 4-2-8 所示。

4. 单击“添加”按钮，输入或者利用“高级”按钮查找到 Sales Department 组，并单击“确定”按钮，勾选“读取”权限的“允许”复选框，为其设置共享权限，如图 4-2-9 所示。

5. 和上面的操作类似，为用户账户 Zq 添加共享权限，将用户账户 Zq 的“读取”权限设为“拒绝”，单击“确定”按钮，如图 4-2-10 所示。

图 4-2-6　“高级共享”按钮

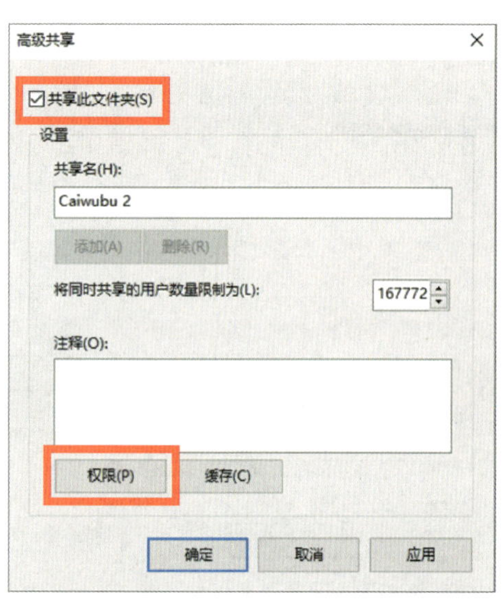

图 4-2-7　勾选“共享此文件夹”

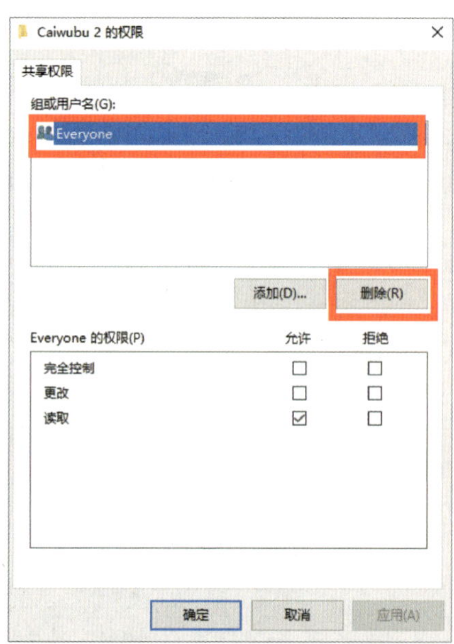

图 4-2-8　删除 Everyone 组的系统默认权限

图 4-2-9　设置共享权限

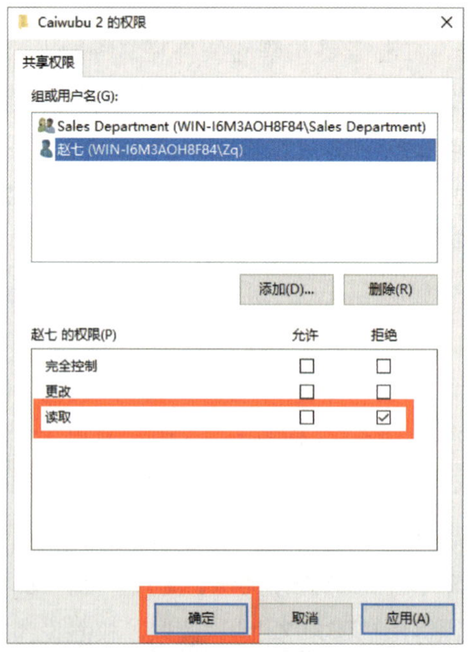

图 4-2-10　为用户账户 Zq 设置拒绝权限

6. 系统将提示拒绝权限会优先于允许权限，单击“是”按钮确认。将共享名修改为“财务部共享资源”，并单击“确定”按钮，如图 4-2-11 所示。

7. 单击“确定”按钮，完成高级共享设置，如图 4-2-12 所示。共享文件夹暴露在局域网中，所有用户都能看到，如果要创建隐藏共享，避免其他用户看到，可在共享名后添加“$”符号作为结尾。

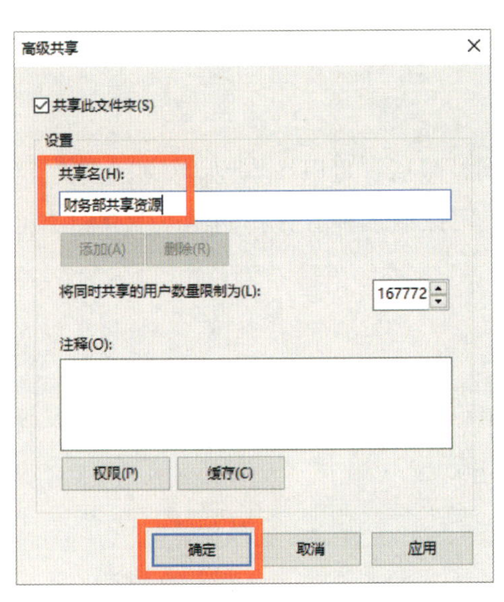

图 4-2-11　修改共享名

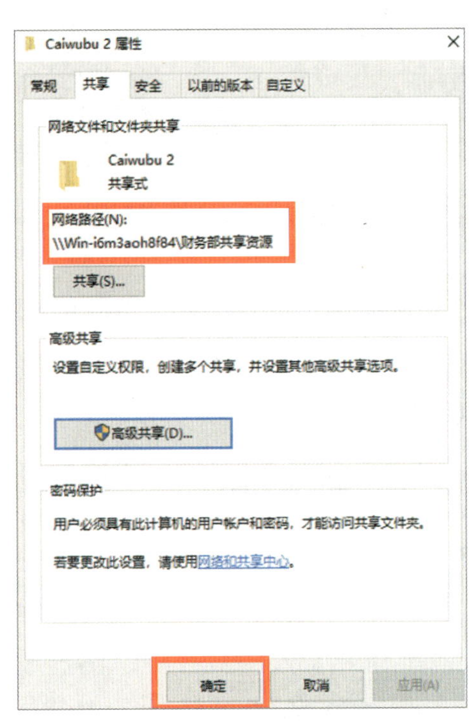

图 4-2-12　完成高级共享设置

三、停止共享

如需停止共享，可以做如下操作：右键单击“开始”按钮，依次选择“计算机管理”→“共享文件夹”→“共享”，在右侧窗口选择准备停止共享的文件夹，并右击，选择“停止共享”，如图 4-2-13 所示。然后单击“是”按钮确认停止共享，如图 4-2-14 所示。

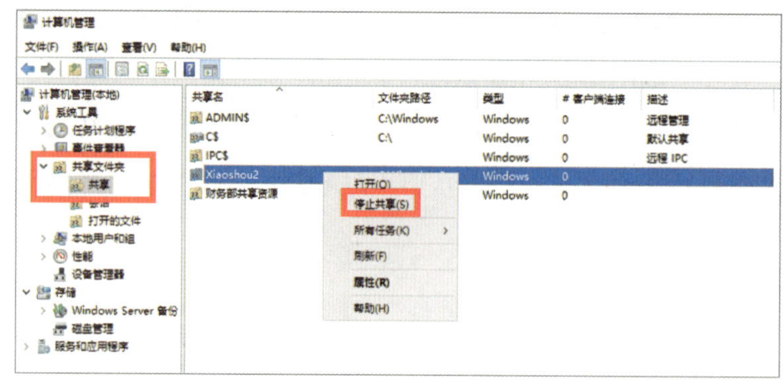

图 4-2-13　停止共享

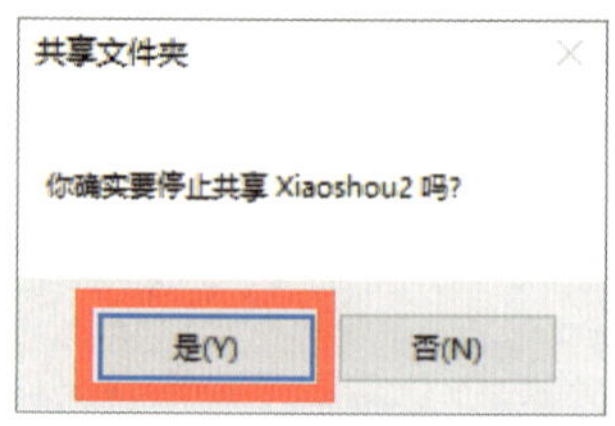

图 4-2-14　确认停止共享

四、访问共享文件夹

当用户获得网络中某个服务器的共享资源访问权限后，可以在本地计算机上通过网络访问这些资源。在 Windows Server 网络操作系统中，可以以多种方式访问，以下介绍 2 种常用的方式。

1. 添加网络位置

右击“开始”按钮，依次选择“文件资源管理器”→“此电脑”，单击“计算机”选项卡下的“添加一个网络位置”按钮，如图 4-2-15 所示。

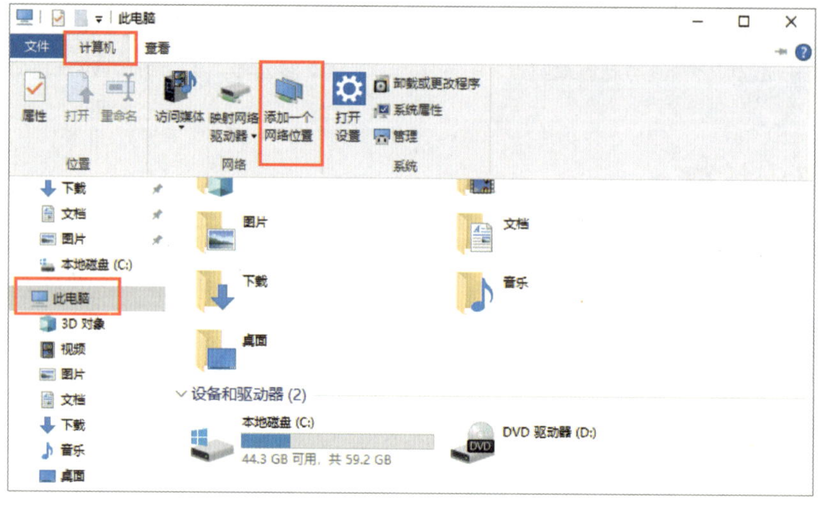

图 4-2-15　添加网络位置

在“添加网络位置向导”窗口中单击“下一步”按钮，选中“选择自定义网络位置”，单击“下一步”按钮，如图 4–2–16 所示。

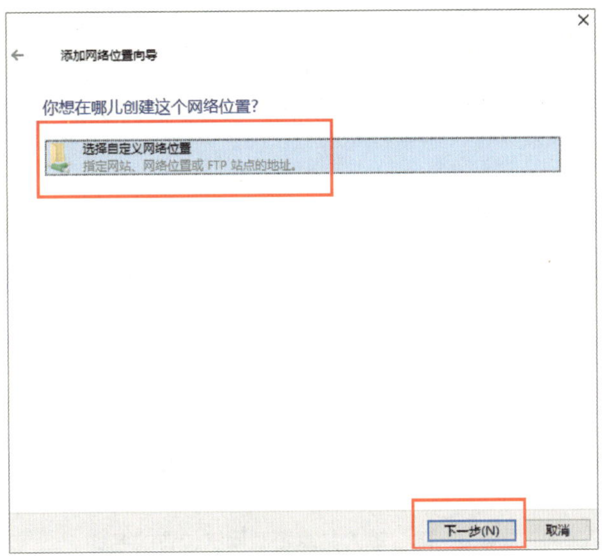

图 4-2-16　选择设置“自定义网络位置”

输入共享资源的网络地址，如图 4–2–17 所示。如果不知道地址，也可以单击“浏览”按钮，通过浏览文件夹系统来查找。

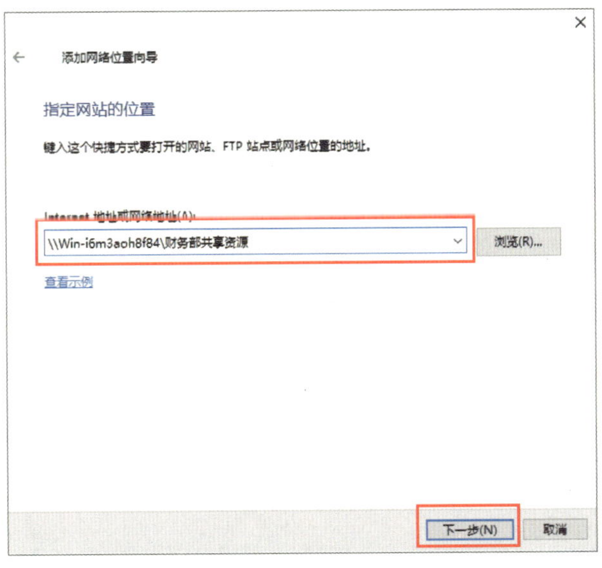

图 4-2-17　输入共享资源的网络地址

设置一个名称以便下次访问该网络资源，单击“下一步”按钮，如图 4-2-18 所示。

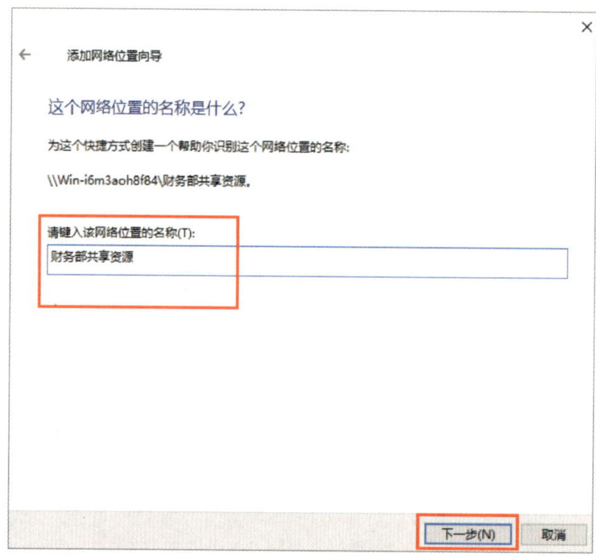

图 4-2-18　输入共享资源网络位置的名称

单击“完成”按钮，以后即可在“文件资源管理器”窗口的“网络位置”中访问该共享资源，如图 4-2-19 所示。

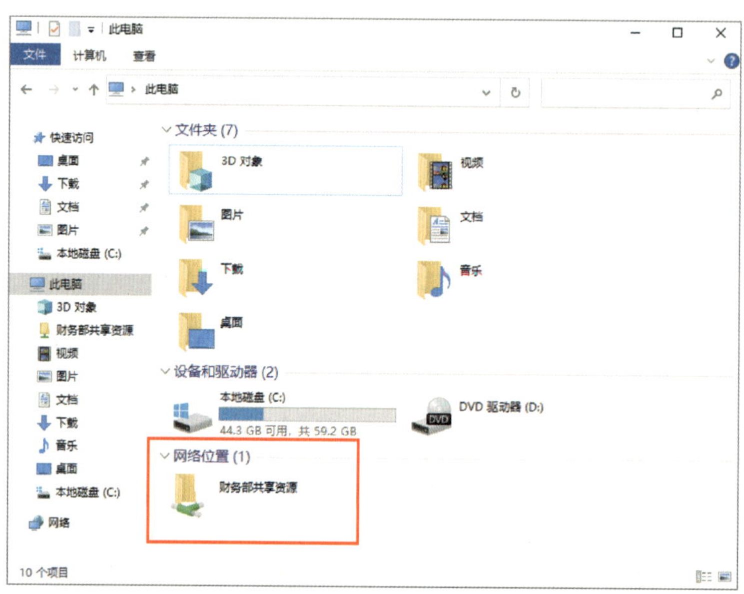

图 4-2-19　共享资源的位置

2. 映射网络驱动器

映射网络驱动器是指将局域网中计算机的某个共享文件夹映射成本地驱动器，分配一个本地驱动器号，以便像访问本地磁盘一样访问该资源。

在“文件资源管理器”窗口上单击“此电脑”，单击“计算机”选项卡下的“ 映射网络驱动器 ”按钮，如图 4-2-20 所示。

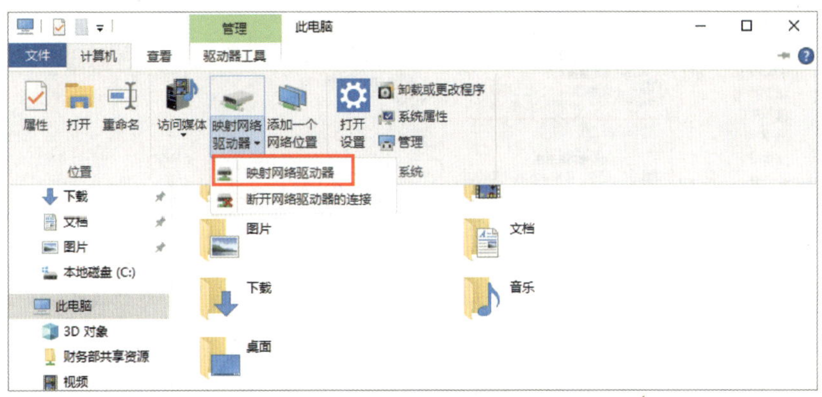

图 4-2-20　选择映射网络驱动器

选择准备映射的驱动器号，如“Z：”，输入要映射的共享文件夹的地址，单击“完成”按钮，如图 4-2-21 所示，也可通过“浏览”按钮来查找共享文件夹。

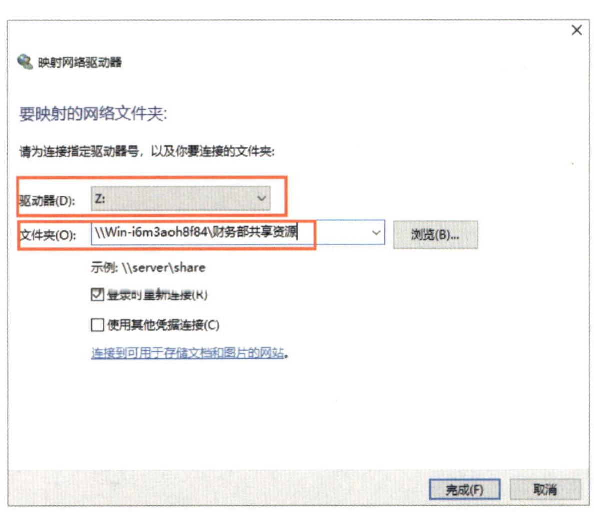

图 4-2-21　设置要映射的驱动器

设置完成后，该共享文件夹将出现在这台计算机的“文件资源管理器”窗口中，并显示为 Z 盘，用户可以直接访问该文件夹，如图 4-2-22 所示。

图 4-2-22　网络驱动器的位置

如果想断开网络驱动器，只需单击“文件资源管理器”“计算机”选项卡下的“断开网络驱动器的连接”按钮，选择准备断开的网络驱动器，单击“确定”按钮，如图 4-2-23 所示。

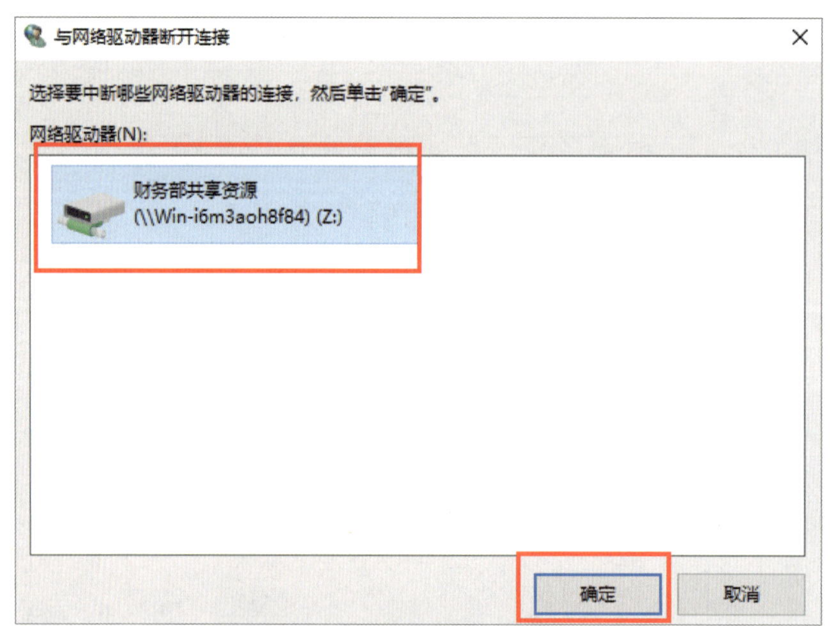

图 4-2-23　断开网络驱动器

任务验收可参考表 4-2-2。

表 4-2-2　任务验收表

验收内容	验收方法	验收标准	参考图
销售部服务器文件夹“Xiaoshou2”的共享权限设置	使用相应的账户远程登录销售部服务器并访问文件夹“Xiaoshou2”，能实现共享需求	使用账户 Ww 登录销售部服务器文件夹“Xiaoshou2”，可以读写文件	图 4-2-24 和图 4-2-25
财务部服务器文件夹“Caiwubu2”的共享权限设置	使用相应的账户远程登录财务部服务器并访问文件夹“Caiwubu2”，能实现共享需求	1. 使用账户 Zs 和账户 Ls 可以登录销售部服务器，可以读取“Caiwubu2”文件夹中的文件 2. 账号 Zq 无法访问文件夹“Caiwubu 2”	图 4-2-26 和图 4-2-27

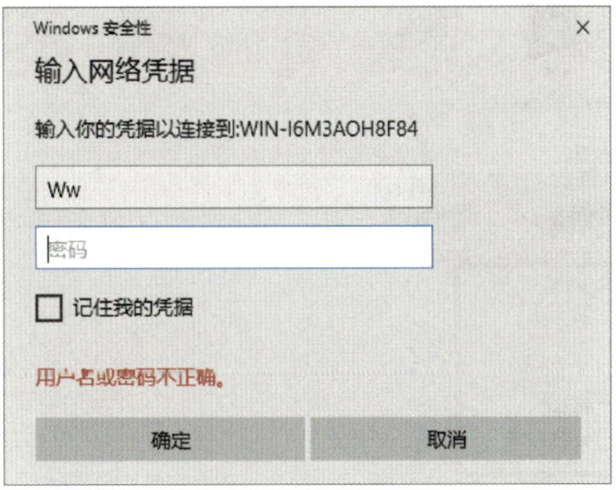

图 4-2-24　网络访问登录界面参考图

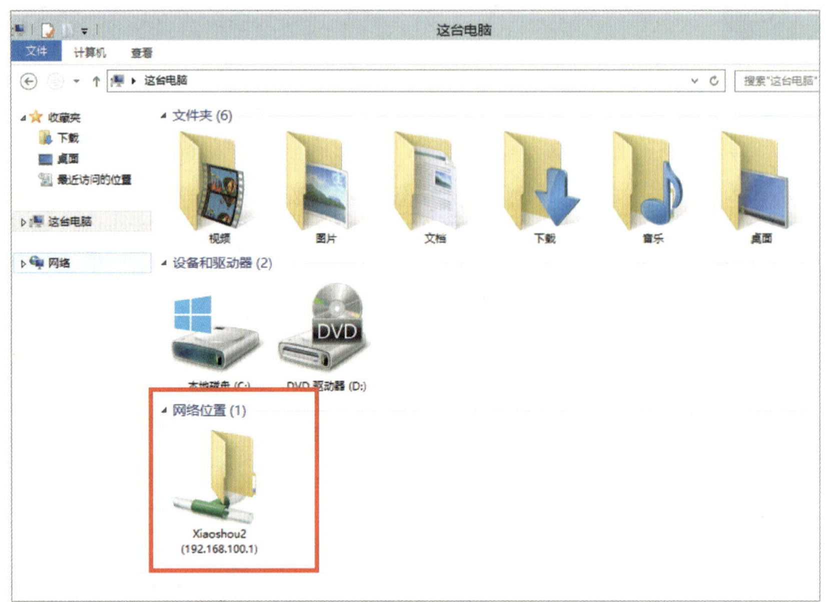

图 4-2-25　销售部的共享文件夹参考图

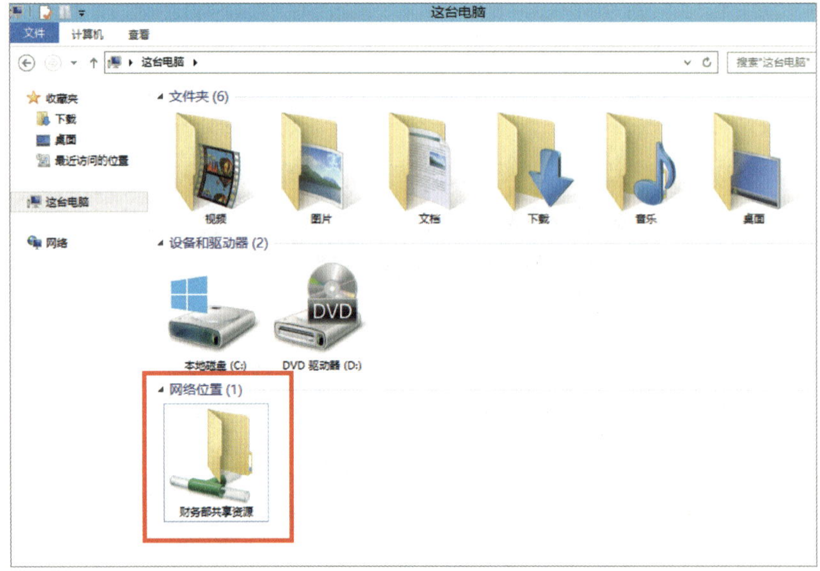

图 4-2-26　财务部的共享文件夹参考图

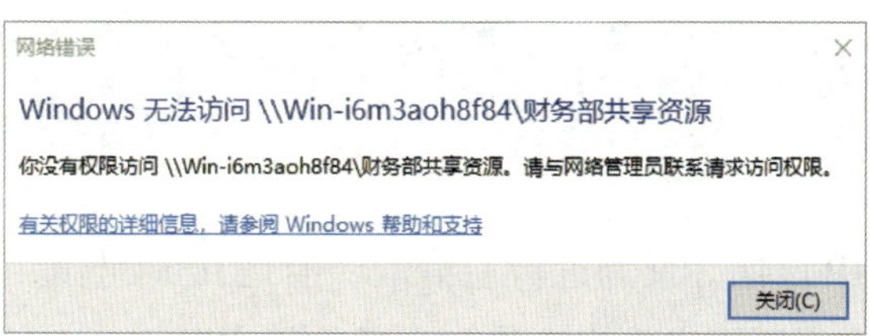

图 4-2-27　拒绝访问共享资源参考图

项目五　DNS 服务器的安装与配置

计算机之间是通过 IP 地址寻址并进行通信的，但是 IP 地址由一串数字组成，不方便人们记忆和使用，尤其现在互联网已深入工作、生活的方方面面，人们每天都要访问大量的网站，不可能记住每一个网站的 IP 地址。为了便于人们更快捷地通信，域名作为一种更简便的寻址方式出现了，域名通常由数字和字母等组成，与 IP 地址相比，域名通常具有一定规律，往往与企业的名称、业务、产品高度关联，因此方便用户的记忆和使用。

本项目通过完成“DNS 服务器的安装”“主 DNS 服务器与辅助 DNS 服务器的配置”“委派 DNS 服务器的配置”三个任务，掌握 DNS 服务器的基本概念，并根据需求完成安装 DNS 服务器、配置 DNS 主域并建立主机、完成 DNS 解析等操作来实现使用域名进行相关服务的访问，为后续与其他类型服务的协同工作做好准备。

项目描述

某公司将 OA（办公自动化）系统部署在内部网络中，员工在内部网络可以通过域名 www.abc.com 访问 OA 系统进行办公。HR（人力资源）部门需要通过 ftp.hr.abc.com 进行人事资料共享且访问量较大。现准备基于 Windows Server 网络 2022 操作系统来实现以上功能，需要配置主 DNS 和辅助 DNS 两台服务器。公司的网络环境如图 5-0-1 所示。

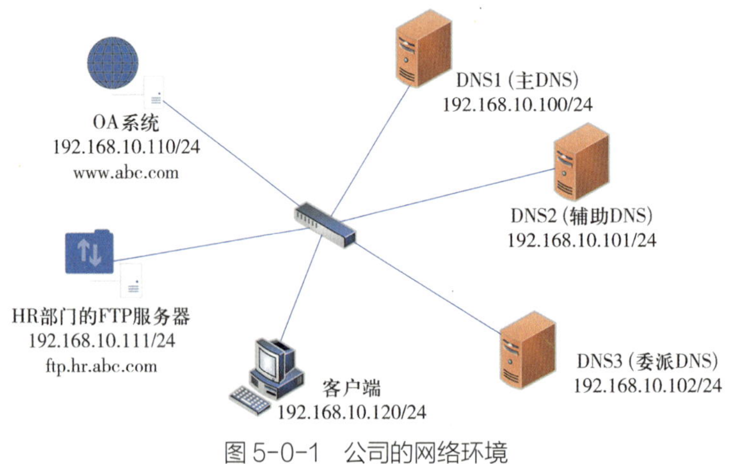

图 5-0-1　公司的网络环境

任务 1　DNS 服务器的安装

学习目标

1. 了解 DNS 服务器的作用及其在网络中的重要性。
2. 掌握 DNS 的空间结构和域名解析的过程。
3. 能部署 DNS 服务器。
4. 能创建正向查找区域，并能建立主机。
5. 能对 DNS 服务器进行解析测试。

任务描述

从“项目描述”可知，员工在内部网络可以通过域名 www.abc.com 访问公司的 OA 系统，因此需要为公司 Windows Server 2022 服务器安装 DNS 服务器，创建域并添加主机信息，网络拓扑图如图 5-1-1 所示，具体的 IP 地址配置见表 5-1-1。

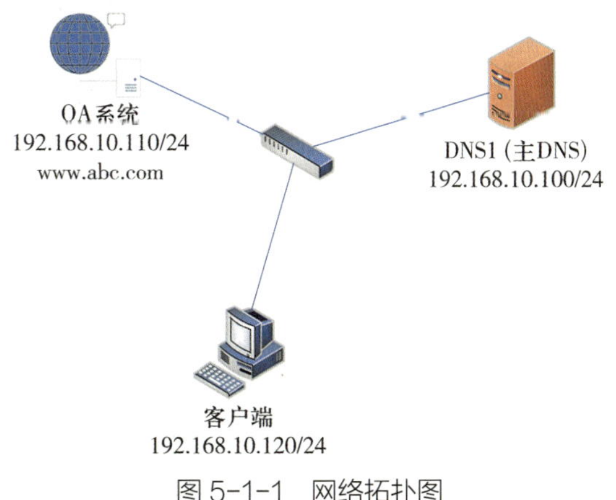

图 5-1-1　网络拓扑图

表 5-1-1 IP 地址配置

计算机	IP 地址	子网掩码	网关	首选 DNS
DNS1	192.168.10.100	255.255.255.0	192.168.10.254	本机
OA 系统	192.168.10.110	255.255.255.0	192.168.10.254	192.168.10.100
客户端	192.168.10.120	255.255.255.0	192.168.10.254	192.168.10.100

一、域名系统

域名系统（domain name system，DNS）是一种采用客户 / 服务器模式实现名称与 IP 地址转换的系统，通过在 DNS 服务器建立 DNS 数据库，记录主机名称与 IP 地址的对应关系，为客户端的主机提供 IP 地址解析服务。某主机要与其他主机通信时，就可利用主机名称向 DNS 服务器请求查询此主机的 IP 地址。

域名系统空间结构采用了树状结构，如图 5-1-2 所示。

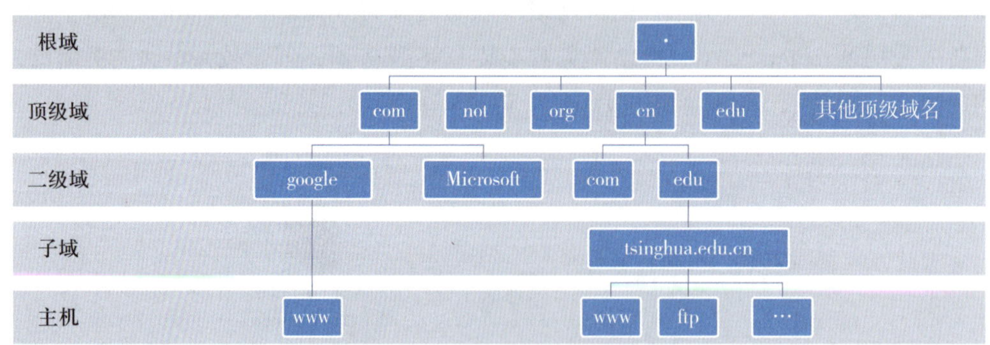

图 5-1-2 域名系统空间结构

1. 根域

根域位于域名系统结构的最顶端，用“.”表示。全球共有 13 个根域名服务器逻辑标识，用字母 A ~ M 表示，每个标识对应由部署在全球各地的多个物理服务器（包括镜像节点）组

成的集群，我国也已部署多个镜像节点。根域名服务器存储所有顶级域的权威服务器地址。用户访问域名时，根域名服务器引导解析器定位到对应顶级域服务器。在日常使用域名时，根域的“.”通常是省略的。

2. 顶级域

顶级域位于根域之下，数量有限，且不能轻易变动。在网络中顶级域大致分为两类：各种组织的顶级域（机构域，见表 5-1-2）和各个国家或地区的顶级域（地理域，见表 5-1-3）。

表 5-1-2　各种组织的顶级域

标号	描述	标号	描述
com	商业机构	int	国际机构
edu	教育机构、学术机构	mil	军事机构
gov	政府部门	net	网络服务机构

表 5-1-3　各个国家或地区的顶级域

标号	描述	标号	描述
cn	中国	jp	日本
hk	中国香港	uk	英国
tw	中国台湾	ge	德国
us	美国		

3. 二级域

二级域是处于顶级域名之下的域。二级域名是域名的倒数第二个部分，如在域名 tsinghua.edu.cn 中，二级域名是 edu。

4. 子域

在 DNS 空间结构中，除了根域和顶级域之外，其他都称为子域。广义上，二级域是顶级域的子域，但在实际应用中，子域通常指二级域以下的层级。一个域可以有多个子域。子域是相对而言的，如域名 tsinghua.edu.cn 中的 tsinghua 就是 edu.cn 的子域。

5. 主机

在 DNS 空间结构中，主机可以存在于根域以下的各层上。由于域名树是层次型的而不是平面型的，因此只要求主机名在每一个连续的域名空间中是唯一的，而在相同层中可以有相同的名称。例如，www.xuexi.cn、www.tsinghua.edu.cn 都是有效的主机名。即使两个主机名称都是 www，在不同的域中也都可以被正确解析到唯一的主机，即只要主机在不同的子域，就可以重名。

二、域名解析的过程

1. 域名解析过程的三个阶段

客户端使用域名访问网络地址时，需要将其解析为相应的 IP 地址，这一工作是由 DNS 服务器来完成的。整个过程可以大致分为三个阶段。

（1）本机查询阶段

客户端在向 DNS 服务器发起查询请求前，会先检查本机缓存（包括浏览器缓存、操作系统 hosts 文件等），若找到有效记录，则直接返回 IP 地址。

（2）递归查询阶段

若在本机未查询到结果，则客户端向本地 DNS 服务器（如运营商提供的 DNS 服务器或其他服务器）发起查询请求。本地 DNS 服务器自身缓存中如存在有效记录，则直接返回 IP 地址，如缓存中不存在，则本地 DNS 服务器代表客户端向其他 DNS 服务器发起查询，直到获得结果后反馈给客户端。这一查询过程称为递归查询，其特点是本地 DNS 服务器收到客户端请求后，代替客户端完成后续所有查询直至得到结果。

（3）迭代查询阶段

本地 DNS 服务器继续发起查询的对象主要涉及根 DNS 服务器、顶级 DNS 服务器和权威 DNS 服务器三种。

本地 DNS 服务器首先向根 DNS 服务器（即前文提到的根域名服务器）查询管理顶级域名的服务器地址。根 DNS 服务器返回对应的顶级 DNS 服务器的 IP 地址。

本地 DNS 服务器根据该地址，向顶级 DNS 服务器查询管理二级域名的权威 DNS 服务器地址，顶级 DNS 服务器返回对应的权威 DNS 服务器的 IP 地址。

本地 DNS 服务器根据该地址，继续向权威 DNS 服务器发起查询，直至获得最终的 IP

地址。

和递归查询相比，这一查询过程中，被查询的服务器仅返回下一阶段服务器的地址，而不会代表本地 DNS 服务器完成全部查询工作，称为迭代查询。

2. 域名解析过程示例

以用户在浏览器地址栏中输入域名 www.tsinghua.edu.cn 后的过程为例，整个域名解析的过程如图 5-1-3 所示。

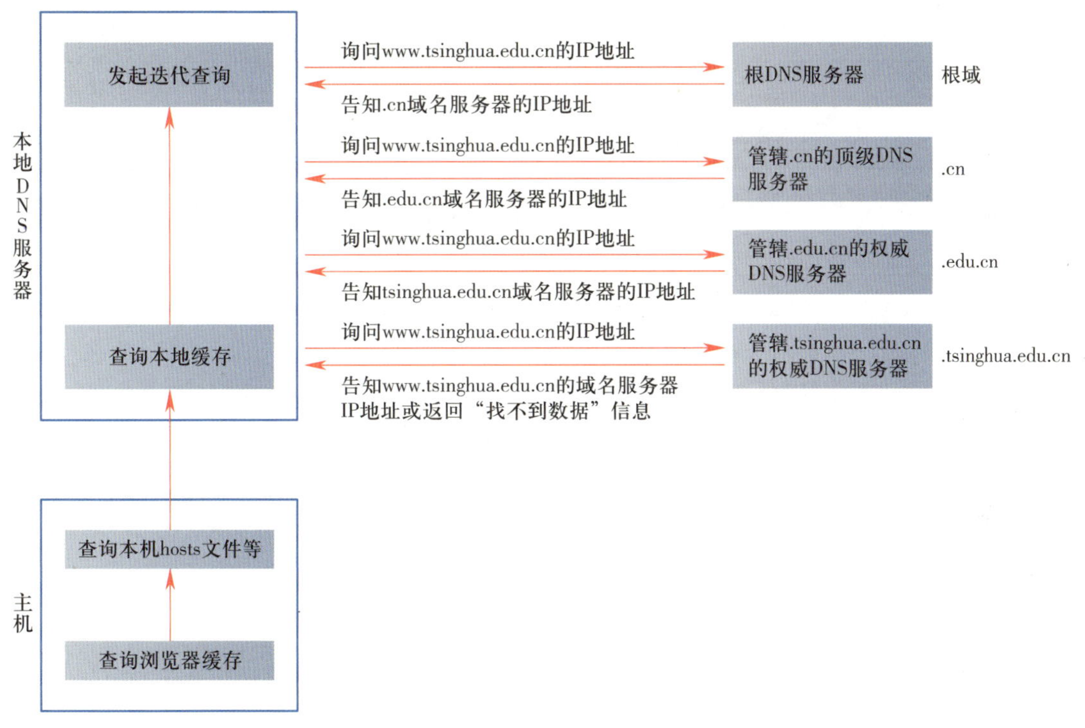

图 5-1-3　域名解析的过程

三、DNS 资源记录

DNS 服务器根据不同场景的需求设置不同的解析记录，根据不同的解析记录，可以实现对主机名不同的解析效果，从而满足不同场景下的域名解析需求。常见的资源记录类型有 A、CNAME、MX、NS、AAAA、CAA、TXT 等，DNS 资源记录类型见表 5-1-4。

表 5-1-4　DNS 资源记录类型

资源记录类型	类型说明
A	address，地址记录，用来指定域名的 IPv4 地址（如：8.8.8.8），如果需要将域名指向一个 IP 地址，就需要添加 A 记录
CNAME	别名记录，如果需要将域名指向另一个域名，再由另一个域名提供 IP 地址，就需要添加 CNAME 记录
MX	mail exchanger，邮件交换器，用于标明域内邮件服务器地址的记录。如果需要设置邮箱，让邮箱能收到邮件，就需要添加 MX 记录
NS	name server，域名服务器记录，如果需要把子域名交给其他 DNS 服务商解析，就需要添加 NS 记录
AAAA	address，地址记录，用来指定主机名（或域名）对应的 IPv6 地址（例如，aa51::c3）记录，即可以解析到 IPv6 的地址
CAA	CA 证书颁发机构授权校验。CAA 记录既可以控制单域名 SSL（secure sockets layer，安全套接层）证书的发行，也可以控制通配符证书。当域名存在 CAA 记录时，则只允许在记录中列出的 CA 颁发针对该域名（或子域名）的证书
TXT	TXT 记录，一般指某个主机名或域名的标识和说明。通过设置 TXT 记录，可以更方便与他人联系。TXT 记录常用的方式还有 SPF 记录（反垃圾邮件）和 SSL 证书的域名所有权验证

四、测试命令 nslookup

nslookup 是一种网络管理命令行工具，主要用来诊断 DNS 基础结构的信息，可以查询 DNS 的记录，查询域名解析是否正常，在网络故障时用来诊断网络问题。

1. 使用 nslookup 命令的方法是，在命令提示符下执行“nslookup”命令，进入 nslookup 交互模式，出现“>”提示符，这时输入域名或 IP 地址等资料，按 Enter 键可得到相关信息。

2. nslookup 命令中的常用参数及其说明如图 5-1-4 所示。

3. 图 5-1-5 所示为 nslookup 命令的使用示例，从客户端进入“命令提示符”窗口，输入“nslookup”命令进入查询状态，输入图中的命令即可。

```
>nslookup

help:显示有关帮助信息。
exit:退出nslookup程序。
server IP:将默认的服务器更改到指定的DNS域, IP为指定DNS服务器的IP地址。
set q=A:由域名、主机名查询IP地址, 为默认设定值。
set q=CNAME:查询别名的规范名称。
set q=ANY:查询所有数据类型。
set q=PTR:如果查询是IP地址, 则结果为计算机名;否则为指向其他信息的指针。
set q=MX:查询邮件交换器。
set q=NS:查询用于命名区域的DNS名称服务器。
```

图 5-1-4　nslookup 命令中的常用参数及其说明

```
>set q=A                      //正向域名查询
>www.abc.com                  //查询www.abc.com
Server:UnKnown                //独立DNS服务器无法显示服务器域名
Address:192.168.10.100        //DNS 服务器的IP地址
Name: www.abc.com             //查询记录的名称
Address: 192.168.10.110       //查询到域名对应的IP结果
```

图 5-1-5　nslookup 的使用示例

一、安装 DNS 服务器角色

1. 单击“开始”按钮，选择“服务器管理器”，打开“服务器管理器 仪表板”窗口，在仪表板上单击“管理”，选择“添加角色和功能”，如图 5-1-6 所示。

2. 启动“添加角色和功能向导”，在“开始之前”中单击“下一步”按钮，进入“安装类型”，选中基于角色或基于功能的安装，单击“下一步”按钮，“服务器选择”窗口中默认选中当前服务器，单击“下一步”按钮，在“服务器角色”中勾选“DNS 服务器”，如图 5-1-7 所示，单击“下一步”按钮，在弹出的“添加角色和功能向导”对话框中单击“添加功能”，如图 5-1-8 所示。

3. 依次在“功能”“DNS 服务器”和“确认”中单击“下一步”按钮，最后单击“安装”按钮，开始安装 DNS 服务器角色，安装完成后关闭“添加角色和功能向导”对话框。

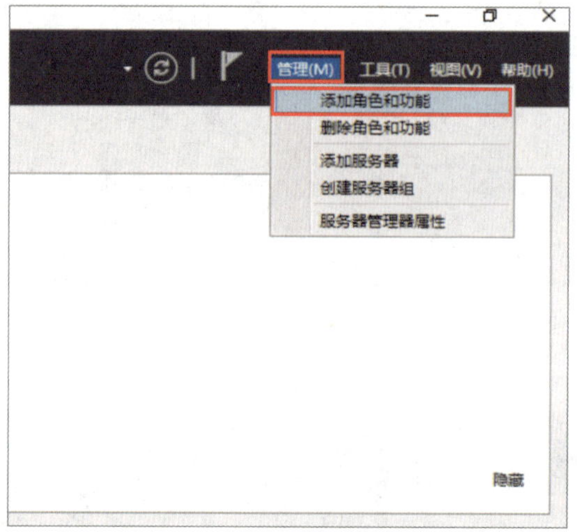

图 5-1-6　添加角色和功能

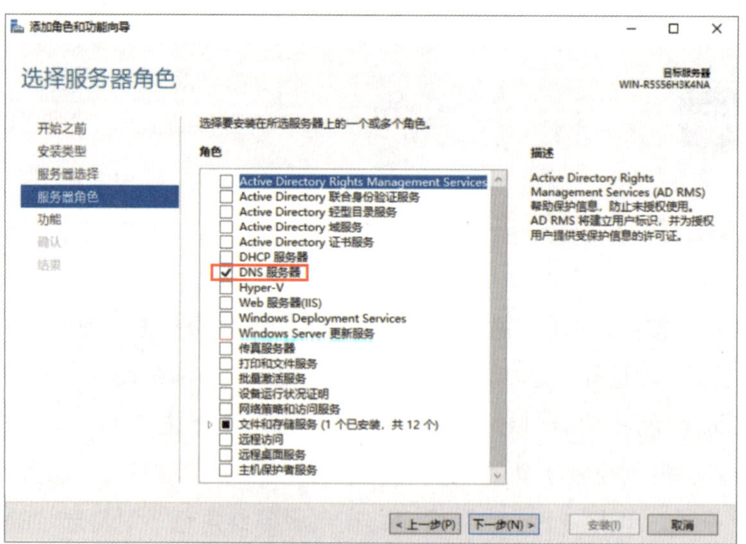

图 5-1-7　勾选 DNS 服务器

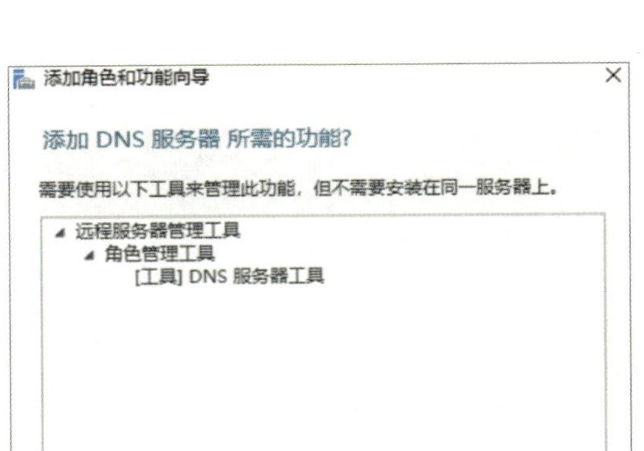

图 5-1-8　添加功能

二、创建 DNS 域

在 DNS 服务器上创建正向主要区域“abc.com”，具体步骤如下。

1. 依次单击“开始”按钮→“服务器管理器”→“工具”→“DNS”，打开 DNS 管理器，如图 5-1-9 所示。

2. 打开“DNS 管理器”窗口，在左侧的树状列表中，选中“正向查找区域”并右击，选择“新建区域”，如图 5-1-10 所示，弹出“新建区域向导”对话框。

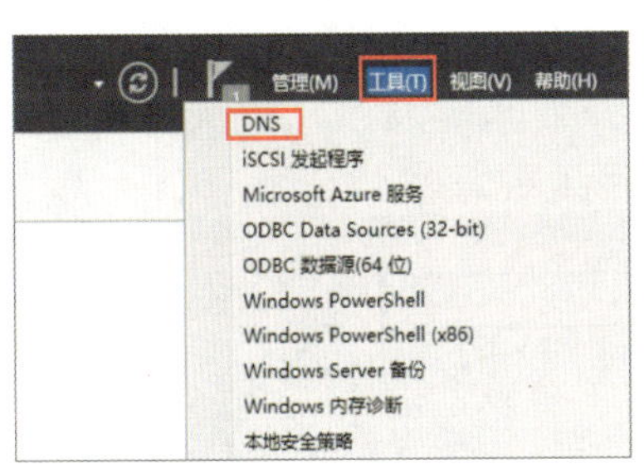

图 5-1-9　打开 DNS 管理器

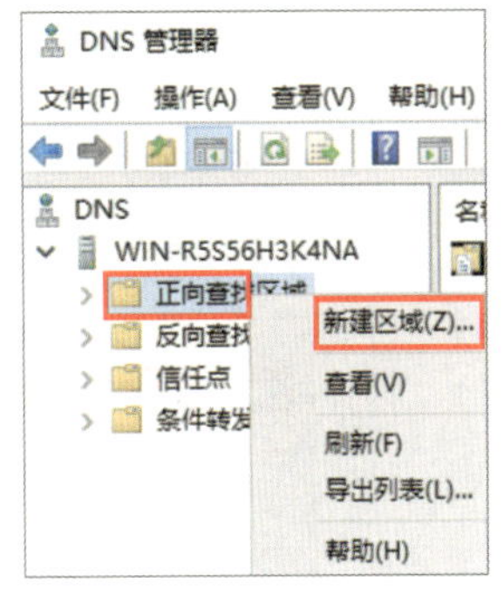

图 5-1-10　选择“新建区域”

3. 选择要创建区域的类型，如图 5-1-11 所示，有“主要区域”“辅助区域”“存根区域”3 个选择，若要创建新的区域，选中“主要区域”，单击“下一步”按钮。进入“新建区域向导”对话框。

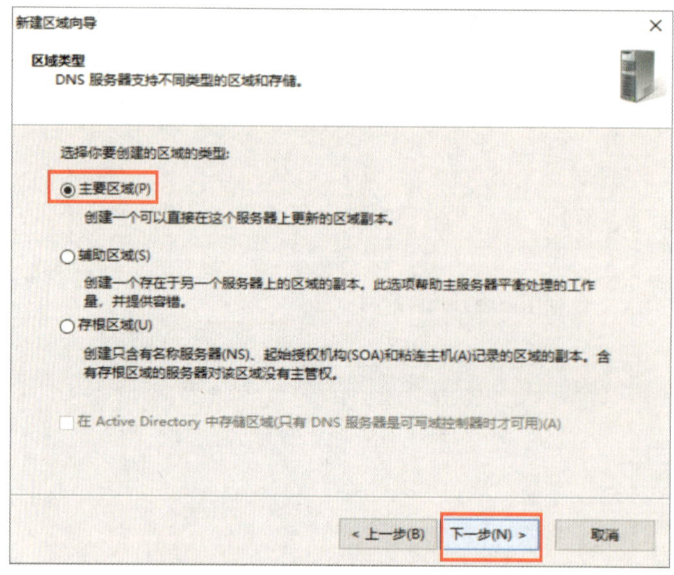

图 5-1-11　选择要创建区域的类型

4. 选择“正向查找区域”，单击“下一步”按钮，区域名称处输入“abc.com”，如图 5-1-12 所示。

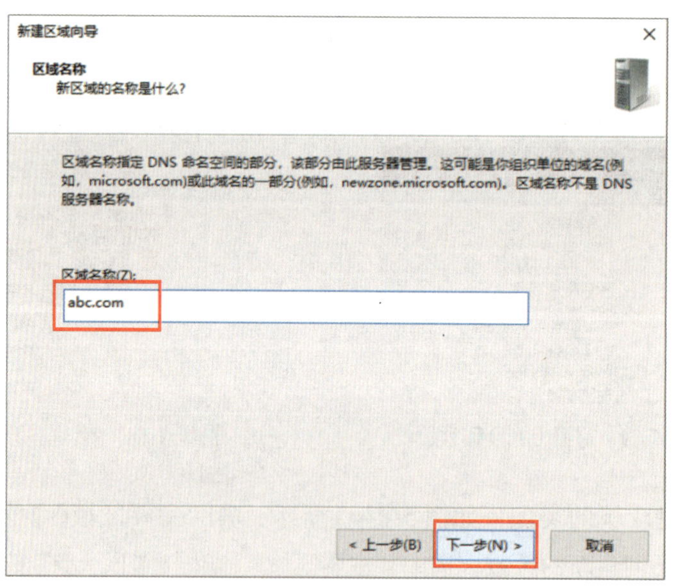

图 5-1-12　输入区域名称

5. 区域文件名为“abc.com.dns”，单击“下一步”按钮进入动态更新设置，选中“允许非安全和安全动态更新”，单击“下一步”按钮，如图 5–1–13 所示，正向查找区域创建完成。

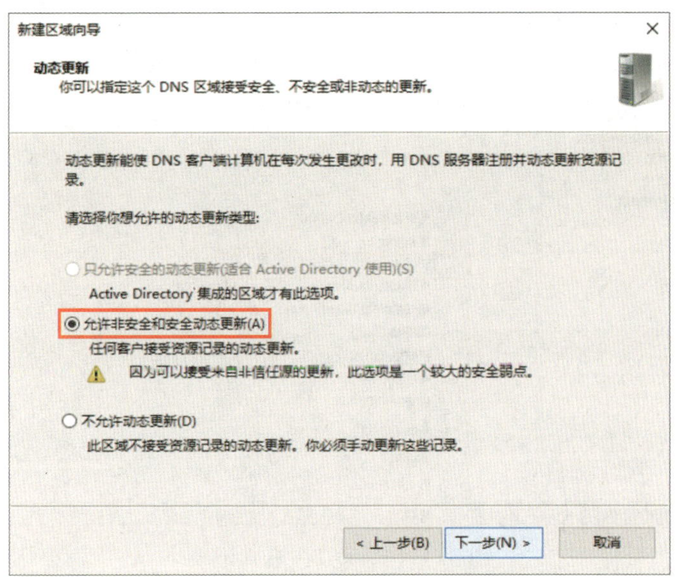

图 5-1-13　设置动态更新

反向查找即 IP 地址反向解析，它的作用就是通过查询 IP 地址的 PTR 记录来得到该 IP 地址指向的域名。其创建方式与正向查找区域类似。

三、创建资源记录

正向查找区域创建完成后，继续完成 DNS 解析记录的创建，OA 系统所在服务器的 IP 地址为 192.168.10.100，公司内部需要通过域名 www.abc.com 访问 OA 系统。需要在主域 abc.com 中添加一条 A 记录的主机，操作步骤如下。

打开 DNS 管理器，单击展开“正向查找区域”，双击“abc.com”域。

在空白处右击，选择“新建主机（A 或 AAAA）”选项，添加主机 A 记录，如图 5–1–14 所示。在弹出的对话框中填写新建主机的信息，如图 5–1–15 所示，名称填写“www”，IP 地址框中填写 OA 系统所在服务器的 IP 地址“192.168.10.110”，单击“添加主机”按钮完成配置。

创建其他资源记录的方法与创建 A 记录相类似，在新建时选择需要创建的对应资源记录即可。

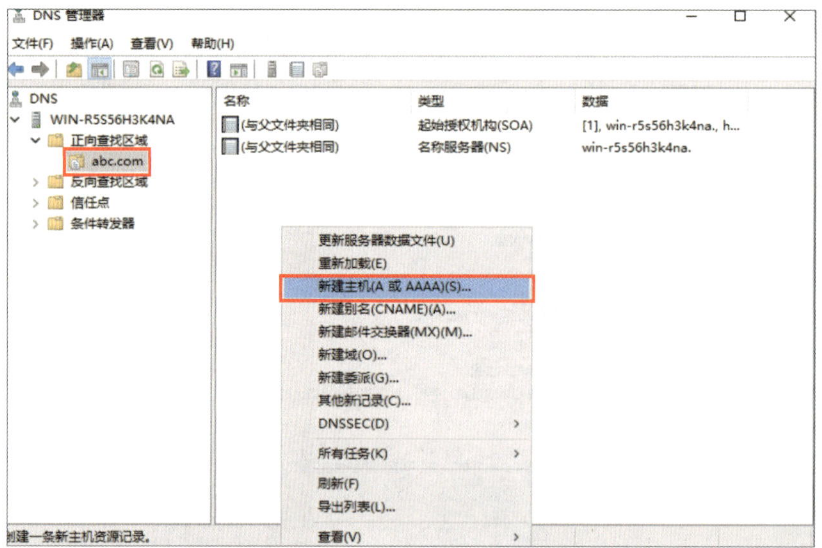

图 5-1-14　添加主机 A 记录

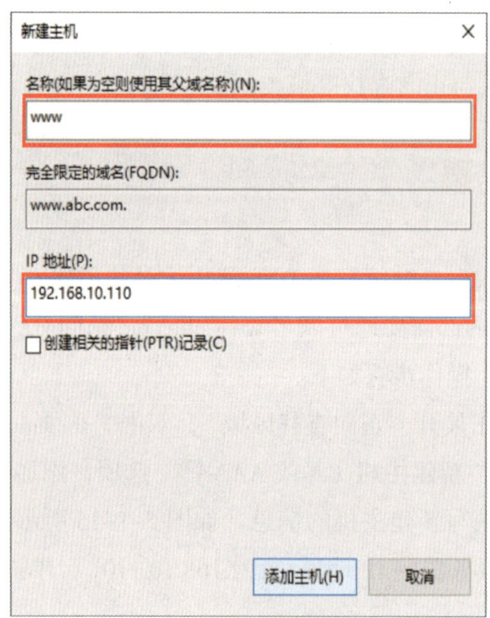

图 5-1-15　填写新建主机的信息

四、测试 DNS 服务器

在客户端中正确配置 TCP/IP 信息，如图 5–1–16 所示。配置本机 IP 地址为“192.168.10.120”，首选 DNS 服务器地址为“192.168.10.100”，可采用以下 2 种方法测试 DNS 服务器。

1. 方法一——使用 nslookup 命令进行测试

在命令行中输入命令“nslookup www.abc.com”并按 Enter 键，测试结果如图 5–1–17 所示，说明 DNS 信息配置正确，在用户内部网络中可以通过 www.abc.com 进行公司 OA 系统的访问。

2. 方法二——使用 ping 命令进行测试

在命令行中输入命令“ping www.abc.com”，并按 Enter 键，测试结果如图 5–1–18 所示，其中显示 www.abc.com 域名所对应的 IP 地址为 192.168.10.110，说明 DNS 信息配置正确，在用户内部网络中可以通过 www.abc.com 进行公司 OA 系统的访问。

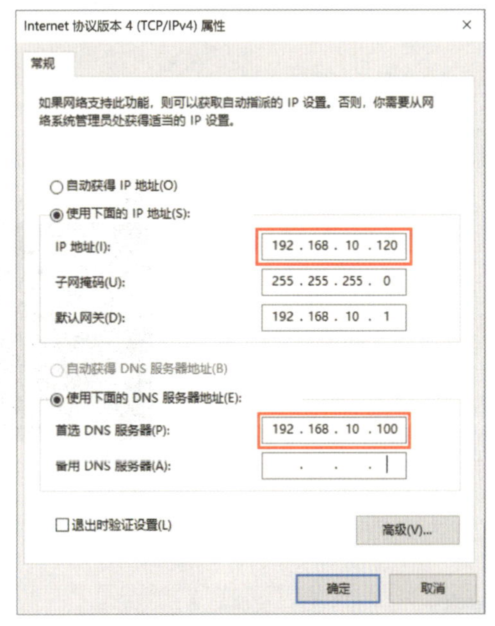

图 5–1–16　配置 TCP/IP 信息

```
C:\Windows\system32\cmd.exe
C:\Users>nslookup www.abc.com
DNS request timed out.
    timeout was 2 seconds.
服务器:  UnKnown
Address:  192.168.10.100

名称:    www.abc.com
Address:  192.168.10.110
```

图 5–1–17　nslookup 命令的测试结果

```
C:\Windows\system32\cmd.exe
C:\Users>ping www.abc.com

正在 Ping www.abc.com [192.168.10.110] 具有 32 字节的数据:
来自 192.168.10.110 的回复: 字节=32 时间<1ms TTL=128
来自 192.168.10.110 的回复: 字节=32 时间<1ms TTL=128
来自 192.168.10.110 的回复: 字节=32 时间<1ms TTL=128
来自 192.168.10.110 的回复: 字节=32 时间<1ms TTL=128

192.168.10.110 的 Ping 统计信息:
    数据包: 已发送 = 4，已接收 = 4，丢失 = 0 (0% 丢失)，
往返行程的估计时间(以毫秒为单位):
    最短 = 0ms，最长 = 0ms，平均 = 0ms
```

图 5–1–18　ping 命令的测试结果

任务验收

任务验收可参考表 5-1-5。

表 5-1-5　任务验收表

验收内容	验收方法	验收标准	参考图
DNS 服务器安装	在客户端中进行域名解析，查看域名解析的结果	域名解析的结果符合 DNS 中主机配置的结果	图 5-1-19

C:\Windows\system32\cmd.exe

```
C:\Users>nslookup www.abc.com
DNS request timed out.
    timeout was 2 seconds.
服务器:  UnKnown
Address:  192.168.10.100

名称:    www.abc.com
Address:  192.168.10.110
```

图 5-1-19　检查 DNS 服务器参考图

任务 2　主 DNS 服务器与辅助 DNS 服务器的配置

学习目标

1. 掌握辅助 DNS 服务器的作用。
2. 了解主 DNS 服务器与辅助 DNS 服务器的工作原理。
3. 能配置辅助 DNS 服务器。
4. 能对辅助 DNS 服务器进行解析测试。

从“项目描述”可知，需在公司内部网络部署一台主 DNS 服务器和一台辅助 DNS 服务器，保障员工能在内部网络中使用域名 www.abc.com 访问到 OA 系统。网络拓扑结构如图 5-2-1 所示，具体的网络参数设置见表 5-2-1。

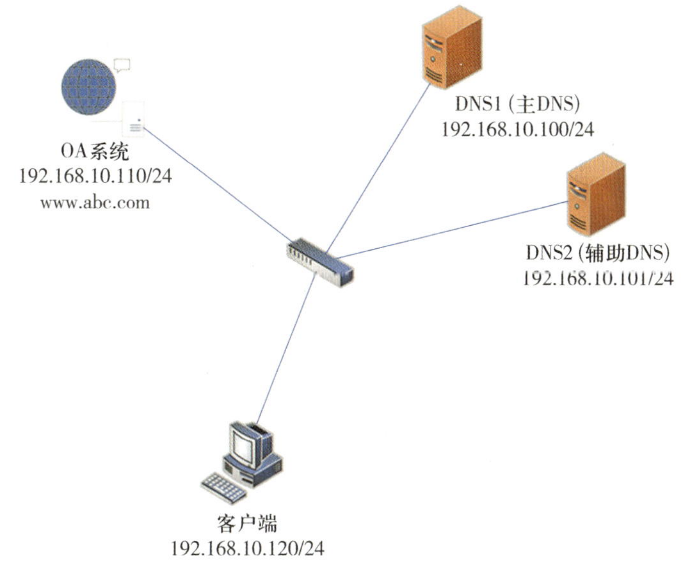

图 5-2-1　网络拓扑图

表 5-2-1　网络参数设置表

计算机	IP 地址	首选 DNS	备选 DNS
主 DNS	192.168.10.100	本机	192.168.10.101
辅助 DNS	192.168.10.101	本机	192.168.10.100
OA 系统	192.168.10.110	192.168.10.100	192.168.10.101
客户端	192.168.10.120	192.168.10.100	192.168.10.101

一、主 DNS 服务器

主 DNS 服务器负责维护一个区域的所有域名信息。它是特定的所有信息的权威信息源，数据可以修改。构建主 DNS 服务器时，需要自行建立所负责区域的 IP 地址数据文件。

二、辅助 DNS 服务器

当主 DNS 服务器出现故障、关闭或者负载过重时，辅助 DNS 服务器作为备份提供域名解析服务。辅助 DNS 服务器提供的解析结果不是由自己决定的，而是来自主 DNS 服务器。构建辅助 DNS 服务器时，需要指定主 DNS 服务器的位置，以便服务器能够自动同步区域的地址数据库。

辅助 DNS 服务器中心辅助区域用来存储此区域内所有记录的副本，这份信息是从主服务器上利用“区域复制”的方式复制过来的。在本任务中，在服务器 DNS2（IP 地址为 192.168.10.101）上新建一个提供正向查找服务的辅助区域，用于备份数据和分担负载。这个区域是从服务器 DNS1（IP 地址为 192.168.10.100）内的主要区域 abc.com 复制过来的。

一、配置主 DNS 服务器

在主 DNS 服务器 DNS1 上确认将 abc.com 区域内的条目同步到辅助 DNS 服务器 DNS2 上。

打开 DNS 管理器，右击 DNS1 的 abc.com 区域，选择“属性”，弹出“abc.com 中属性”对话框，选择“区域传送”选项卡。选择“只允许到下列服务器”单选按钮，然后单击“编辑”按钮，如图 5-2-2 所示。进入“允许区域传递”对话框，输入 DNS2 的 IP 地址（如果

DNS2 是一台独立的 DNS 服务器，DNS1 上不存在它的主机记录，则可能解析不成功，但不影响区域传送的结果），如图 5-2-3 所示。最后单击“确定”按钮即可。

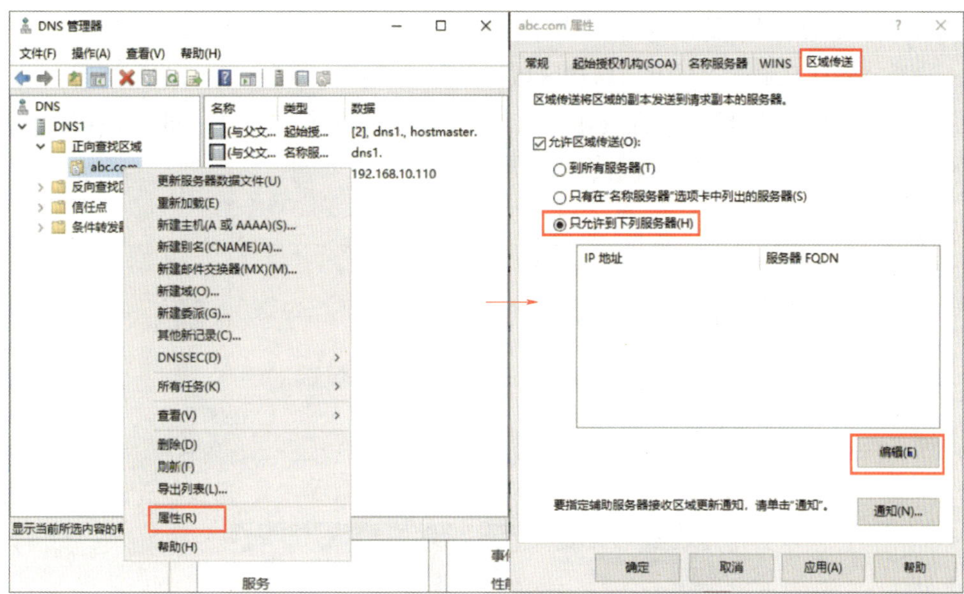

图 5-2-2　打开“abc.com 属性”对话框

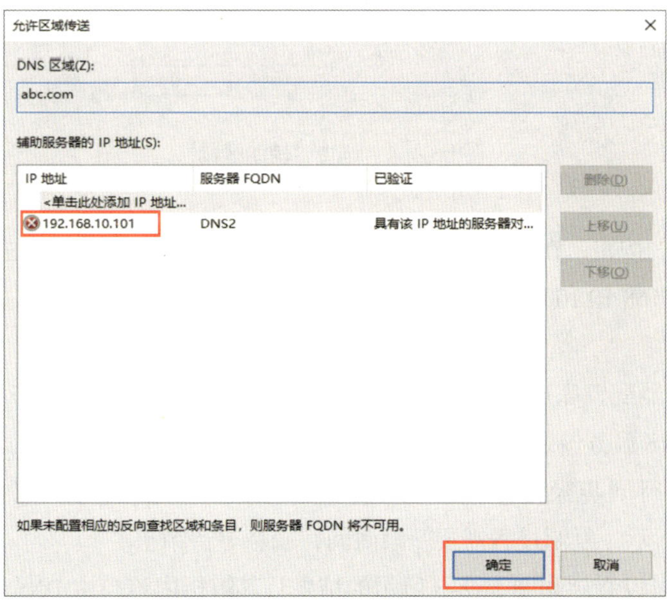

图 5-2-3　在“允许区域传送”对话框中输入 DNS2 的 IP 地址

二、安装配置辅助 DNS 服务器

参考任务 1 进行安装配置，注意在服务器 DNS2 上安装好 DNS 角色后，右击“正向查找区域”，选择“新建区域”，弹出“新建区域向导”对话框，单击“下一步”按钮，在“区域类型”界面选中“辅助区域”单选按钮，如图 5-2-4 所示，单击“下一步”按钮，然后输入与主 DNS 服务器 DNS1 上相同的区域名称，如 abc.com。

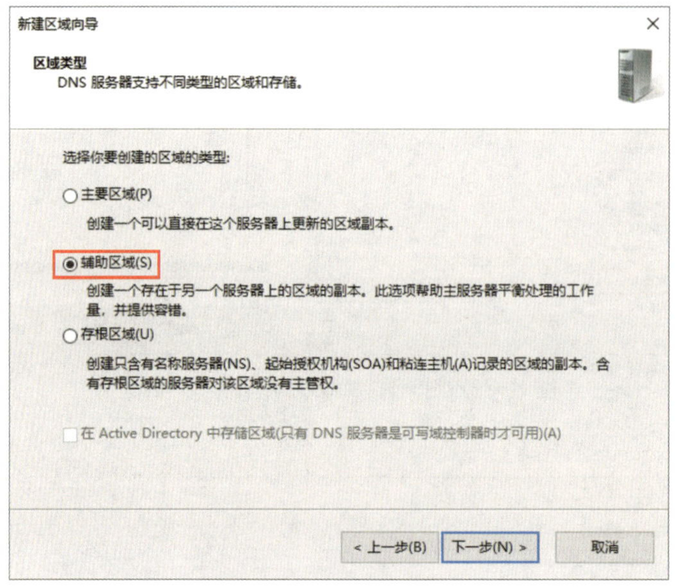

图 5-2-4　选中“辅助区域”

单击“下一步”按钮，在“主 DNS 服务器”界面的 IP 地址栏中输入主 DNS 服务器 DNS1 的 IP 地址，即 192.168.10.100，如图 5-2-5 所示，单击“下一步”按钮，完成辅助 DNS 服务器的配置。

辅助 DNS 服务器配置完成后，暂时没有数据的辅助区域显示如图 5-2-6 所示，默认每隔 15 min 自动向主 DNS 服务器请求执行同步操作。

此时可手动进行同步操作，右击辅助 DNS 服务器的 abc.com 域，选择“从主服务器传输”，如图 5-2-7 所示，复制过程需要一段时间，刷新等待结果。

同步成功后，可以看到如图 5-2-8 所示的结果，其解析内容与主 DNS 服务器一致。

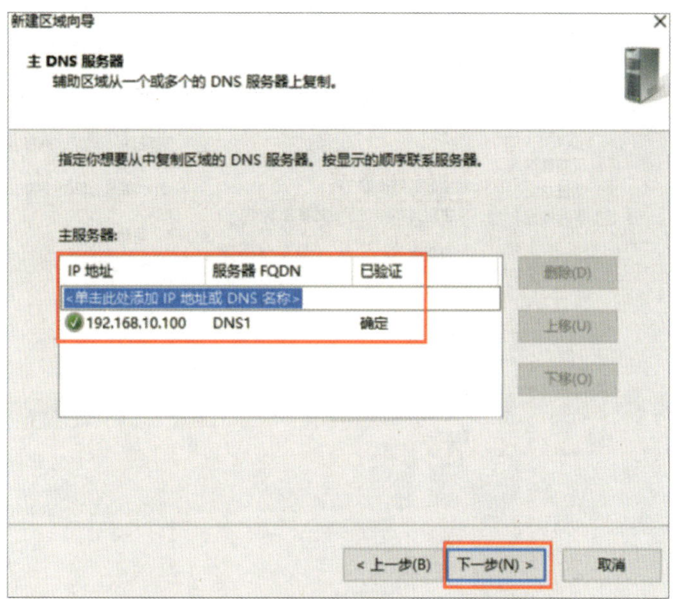

图 5-2-5　输入主 DNS 服务器的 IP 地址

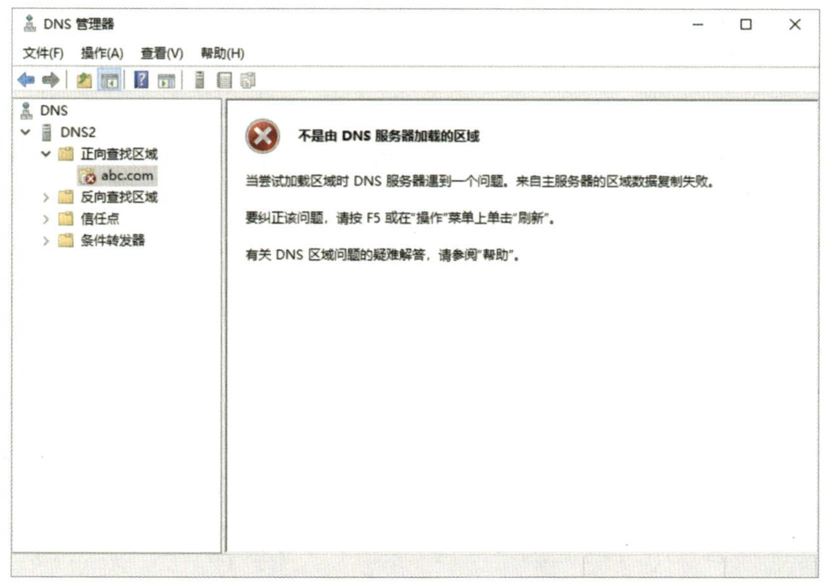

图 5-2-6　暂时没有数据的辅助区域

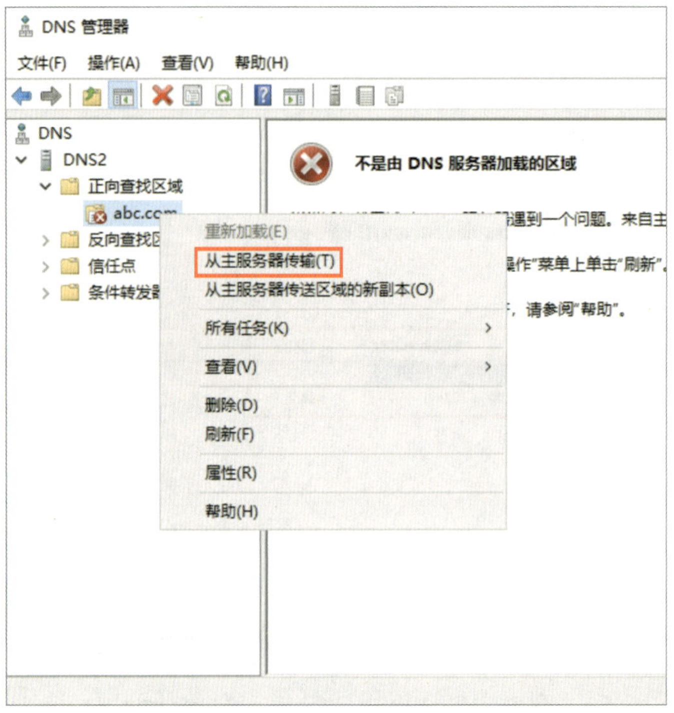

图 5-2-7　选择“从主服务器传输”

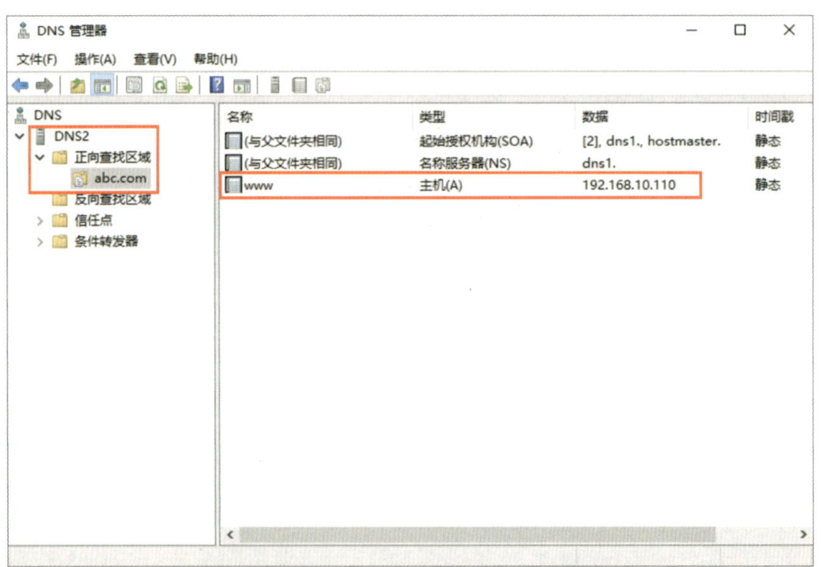

图 5-2-8　辅助 DNS 服务器配置同步成功

三、测试辅助 DNS 服务器

在客户端中正确配置 TCP/IP 信息，如图 5-2-9 所示，配置本机的 IP 地址为“192.168.10.120”，首选 DNS 服务器地址为“192.168.10.100”，备用 DNS 服务器地址为“192.168.10.101”，然后进行如下测试。

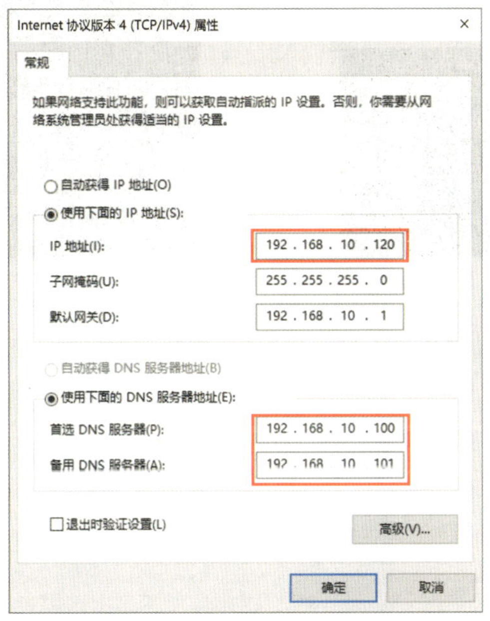

图 5-2-9 客户端 TCP/IP 配置信息

1. 使用 nslookup 命令进行测试，在命令行中输入命令“nslookup www.abc.com”并按 Enter 键，测试结果如图 5-2-10 所示。

2. 将主 DNS 服务器关闭。在命令行中再次输入命令“nslookup www.abc.com”并按 Enter 键，发现首选 DNS 服务器已经无法访问。

3. 使用 ping 命令进行测试，在命令行中输入命令“ping www.abc.com”并按 Enter 键，测试结果如图 5-2-11 所示，在返回的数据中会显示解析 www.abc.com 域名所对应的 IP 地址为 192.168.10.110，结果说明主 DNS 服务器出现故障后，辅助 DNS 服务器开始工作。

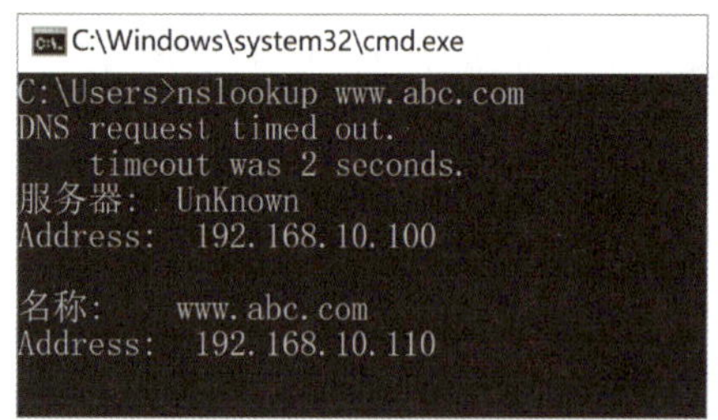

图 5-2-10 nslookup 命令测试结果

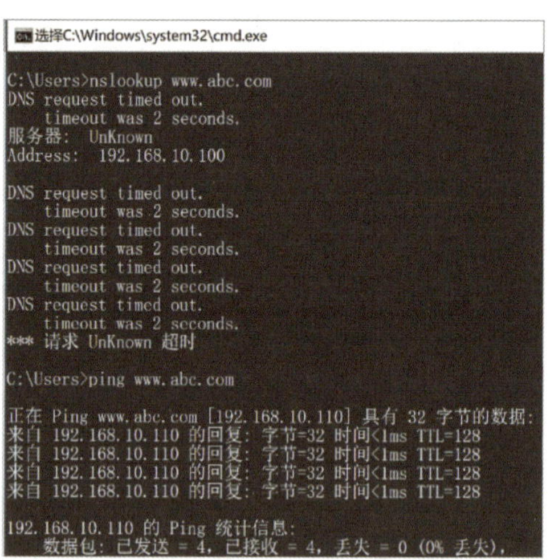

图 5-2-11 ping 命令测试结果

任务验收可参考表 5-2-2。

表 5-2-2 任务验收表

验收内容	验收方法	验收标准	参考图
安装和配置辅助 DNS 服务器	当辅助 DNS 服务器与主 DNS 服务器同步完成后，在客户端中进行域名解析，查看域名解析的结果	主 DNS 服务器出现故障，辅助 DNS 服务器可以代替主 DNS 服务器进行正常的域名解析工作	图 5-2-11

任务 3　委派 DNS 服务器的配置

学习目标

1. 掌握委派 DNS 的作用和工作原理。
2. 了解委派和转发的区别。
3. 能配置委派 DNS 服务器。
4. 能对委派 DNS 服务器进行解析测试。

任务描述

从“项目描述”可知，公司人事部门的业务需求增多，需要在内部网络部署一台操作系统为 Windows Server 2022 服务器的委派 DNS 服务器，专门用于 hr.abc.com 这个子域下的所有解析工作，将 ftp.hr.abc.com 解析到人事部门内部的 FTP 服务器上，网络拓扑图如图 5-3-1 所示，具体的网络参数设置见表 5-3-1。

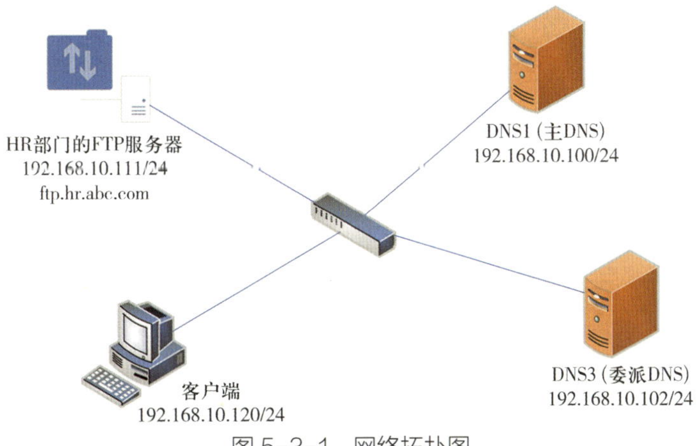

图 5-3-1　网络拓扑图

表 5-3-1 网络参数设置表

计算机	IP 地址	首选 DNS	备选 DNS
DNS1	192.168.10.100	本机	192.168.10.102
DNS3	192.168.10.102	本机	192.168.10.100
FTP 服务器	192.168.10.111	192.168.10.100	192.168.10.102
客户端	192.168.10.120	192.168.10.100	192.168.10.102

一、委派 DNS

委派 DNS 是指一个 DNS 服务器将某些区域的解析委托给其他 DNS 服务器负责。通过在区域中新建委派，可以将子域委派到其他服务器进行维护。

二、转发 DNS

转发 DNS 是一种特殊的递归。如果本地的缓存记录中没有相应的域名解析结果时，转发 DNS 服务器将查询请求转发给另外一台 DNS 服务器，由另外一台 DNS 服务器来完成查询请求。

转发指的是子域对父域的一种操作，而委派则是父域对子域的一种操作，它们的目的均是减轻 DNS 的负担。

一、主 DNS 服务器新建委派子域

主 DNS1 服务器内已经有主域 abc.com，现需将在此区域下的子域 hr.abc.com 委派给另外一台服务器 DNS3（IP 地址为 192.168.10.102）来进行解析，将子域 hr.abc.com 的所有记录都

存储在被委派的服务器 DNS3 中。当 DNS1 收到解析 hr.abc.com 相关的请求时，DNS1 都将向 DNS3 发送解析请求。

在主 DNS1 上打开 DNS 管理器，选中“abc.com”并右击，选择“新建委派”，如图 5-3-2 所示。

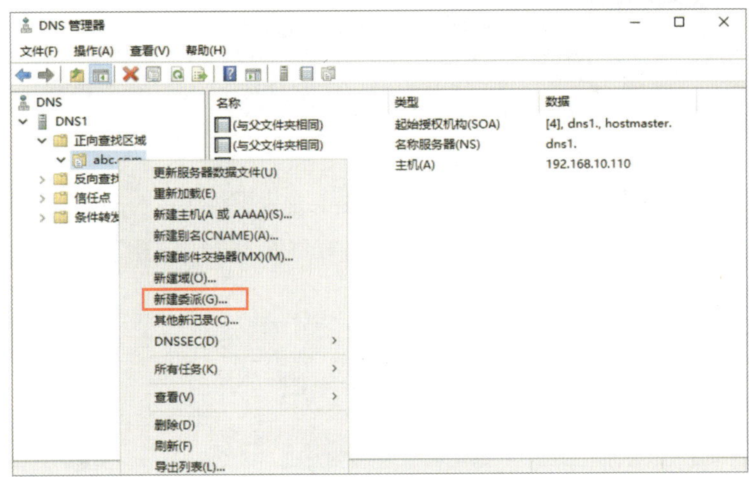

图 5-3-2　新建委派

在弹出的“新建委派向导”对话框中输入需要委派的域“hr.abc.com”，如图 5-3-3 所示。

图 5-3-3　输入“委派的域”

单击“下一步”按钮，单击“添加”，设置委派 DNS 服务器，在弹出的对话框中输入服务器的名称“DNS3”，NS 记录的 IP 地址为 DNS3 服务器的 IP 地址“192.168.10.102”，如图 5-3-4 所示，单击“确定”按钮，下一步默认设置，子域 hr.abc.com 的委派设置完成。

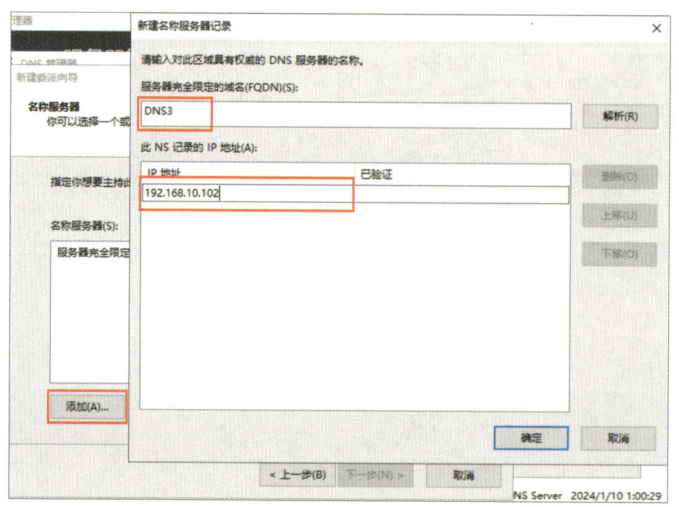

图 5-3-4 设置委派 DNS 服务器

二、安装委派 DNS 服务器

在 DNS3 服务器上安装委派 DNS 服务器的操作步骤为：在“正向查找区域”上右击，选择“新建区域”，选择“主区域”，在“区域名称”这里需要输入与主 DNS1 服务器委派的子域名称一样，即“hr.abc.com”，如图 5-3-5 所示。

“hr.abc.com”域创建完成后，在空白处右击，选择“新建主机（A 或 AAAA）”，添加主机 FTP 服务器的解析记录，如图 5-3-6 所示。

至此，委派 DNS 设置完成。

三、测试 DNS 服务器记录

在客户端中正确配置 TCP/IP 信息，如图 5-3-7 所示。配置本机的 IP 地址为“192.168.10.120”，首选 DNS 服务器地址为“192.168.10.100”，备用 DNS 服务器地址为空。

使用 nslookup 命令进行测试，在命令行中输入命令“nslookup ftp.hr.abc.com”，并按 Enter

键，测试结果如图 5-3-8 所示，出现非权威应答结果说明 DNS 服务器信息配置正确，当前域名 ftp.hr.abc.com 由委派 DNS3“192.168.10.102”进行解析。

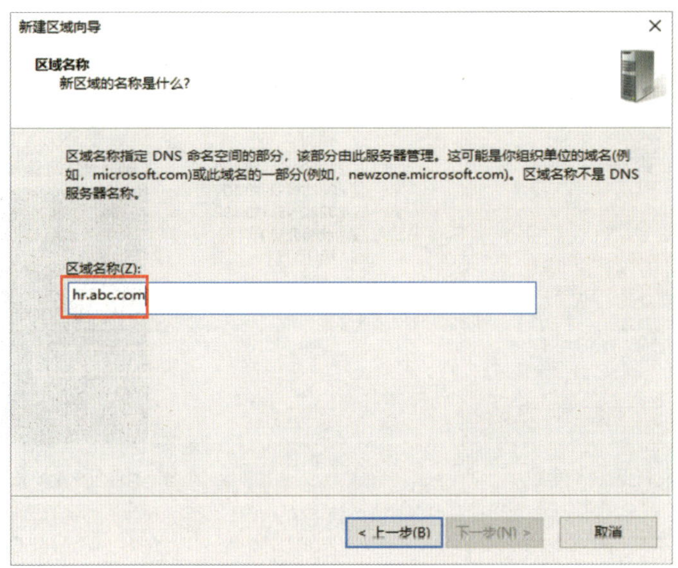

图 5-3-5　输入“区域名称”

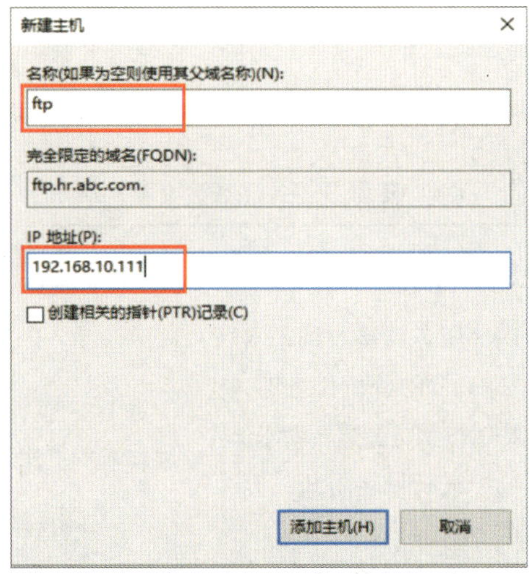

图 5-3-6　添加主机 FTP 服务器的解析记录

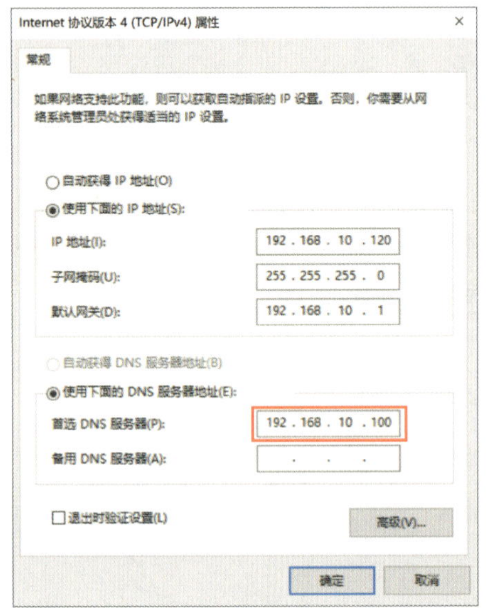

图 5-3-7　配置 TCP/IP 信息

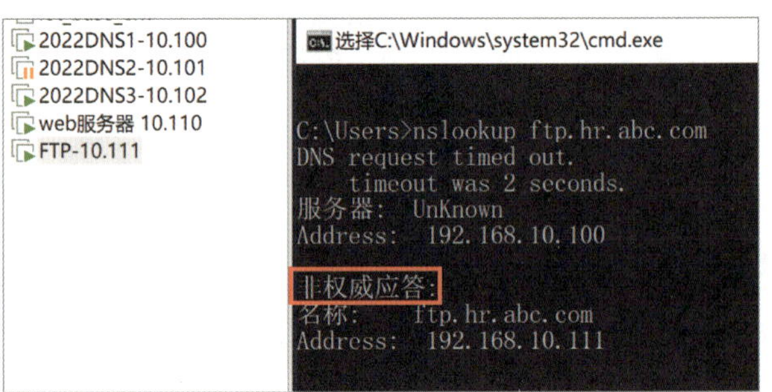

图 5-3-8　nslookup 命令测试结果

任务验收可参考表 5-3-2。

表 5-3-2　任务验收表

验收内容	验收方法	验收标准	参考图
安装委派 DNS 服务器	当主 DNS 服务器接收到来自域名 hr.abc.com 的解析任务时，会向委派 DNS 服务器进行请求。在客户端中进行域名解析，查看域名解析的结果	委派 DNS 服务器能进行正常的域名解析工作	图 5-3-8

项目六　域控制器的安装与管理

小规模的公司内部网络常采用的管理模式是工作组模式，工作组是一群计算机的集合，它仅仅是一个逻辑的集合，其中的计算机还是各自管理各自的，要访问其中的计算机资源，还是要到被访问计算机上进行用户验证的。当公司规模上升时，这种分散管理就不再能满足需要，这时便需要使用域（domain）。在 Windows Server 网络操作系统中，域是一个有安全边界的计算机集合，在同一个域中的计算机彼此之间已经建立了信任关系，在域内访问其他计算机，不再需要被访问计算机的许可，从而实现了统一的管理。

本项目通过完成“域控制器的安装”“域用户账户和组的管理”“多域的管理”三个任务，掌握域、活动目录和组织单位、域用户和组、域的信任关系、域树和域林的基本概念，根据需求完成建立域、构建域的组织单位和建立域与域之间的信任关系等操作来实现对复杂网络的管理。熟练掌握上述最基本的操作后，还可为后续配置网络操作系统的其他服务做好铺垫。

项目描述

某公司建设了内部的办公网络，该网络是基于工作组的对等网络，现公司业务快速发展，计算机等设备大量增加，原有的工作组的分散管理模式，已经无法满足需要，公司准备采用基于 Windows Server 2022 网络操作系统域的网络来统一管理资源。网络具体规划如下。

1. 公司网络规划使用 2 个域树“gs.com”和“de.com”，其中“gs.com”域树下有子域“asia.gs.com”、域控制器 server 1（192.168.60.1/255.255.255.1），域“asia.gs.com”有域控制器 server 2（192.168.60.60/255.255.255.1），域“de.com”有域控制器 server 3（192.168.60.150/255.255.255.1），并能使用全局账户实现跨域访问共享资源，具体如图 6-0-1 所示。

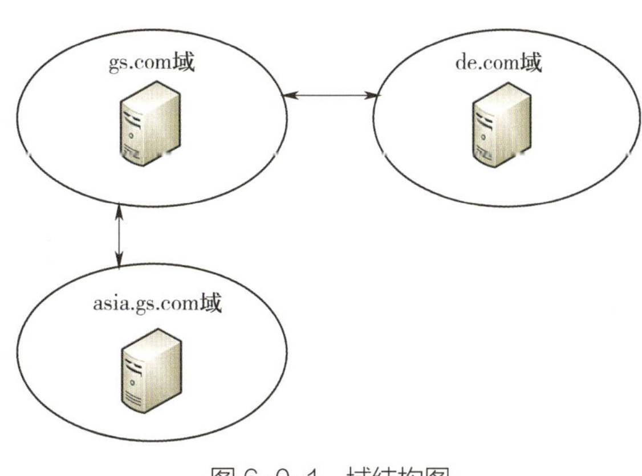

图 6-0-1　域结构图

2. 域“gs.com”内需要根据公司的实际组织架构来规划域的组织单位，公司的具体组织架构（部门人员）见表 6-0-1。

表 6-0-1　公司的具体组织架构（部门人员）

部门	姓名	职位
销售部	张三	销售部经理
销售部	李四	销售部员工
销售部	赵七	销售部员工
财务部	王五	财务部经理
财务部	马六	财务部员工
IT 技术部	孙一	IT 技术部经理
IT 技术部	刘二	IT 技术部员工

任务 1　域控制器的安装

1. 理解域的基本概念。
2. 掌握域控制器的基本功能。
3. 掌握活动目录和组织单位的基本概念。
4. 能创建和卸载域控制器，并能将客户端成功加入域。

从“项目描述”可知，本任务需要在服务器 Server1 上安装域服务，并将该服务器成功提升为域控制器，域名为“gs.com”。域控制器完成后将客户端成功加入域中。

一、域

前面的任务中，主要通过工作组和账户来管理服务器，但工作组是一群计算机的集合，它仅仅是一个逻辑的集合，工作组的特点是分散管理，这意味着每台服务器都要为用户创建一个用户账户。当公司服务器和用户数量变大以后，这种方式管理网络资源需要十分烦琐的操作，如图 6-1-1 所示。工作组这种散漫的管理方式和大型网络所要求的高效率是背道而驰的。

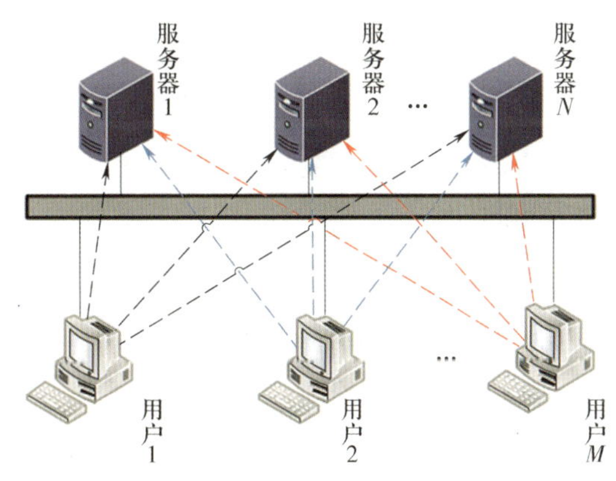

图 6-1-1　工作组模式

如果说工作组是“公园”，那么域就是“学校”；工作组可以随便进出，而域则需要严格控制。域描述了一组用户、系统、应用程序、网络、数据库服务器和其他任何资源，这些资源都受到一组共同的管理规则的控制，如果它们在域内，就处于一个理论上安全和可信的空间，如图 6-1-2 所示。

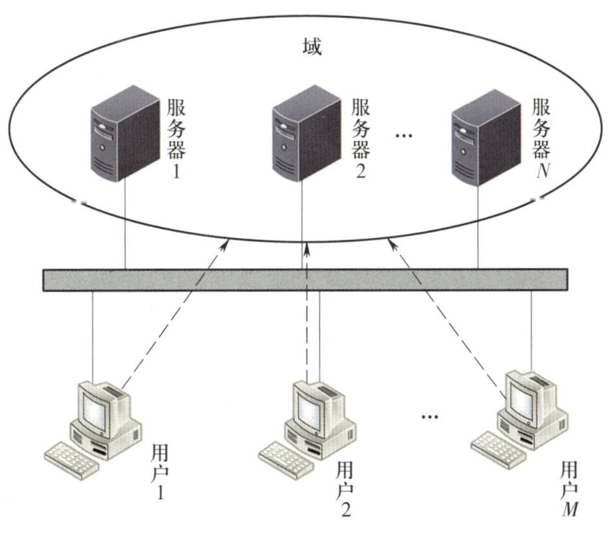

图 6-1-2　域模式

二、域控制器

在域模式下，至少有一台服务器负责每一台连入网络的计算机和用户的验证工作，相当于一个单位的门卫，称为“域控制器（domain controller，DC）”。

域控制器是运行活动目录（active directory，AD）的 Windows Server 2022 服务器。域控制器包含由这个域的账户、密码、属于这个域的计算机等信息构成的数据库。当计算机连入网络时，域控制器首先要鉴别这台计算机是否属于这个域，用户使用的登录账号是否存在、密码是否正确。

域控制器在组织内部起到关键的作用，主要包括以下几个方面。

用户管理：域控制器可以集中管理组织内的用户账户，包括创建、修改、删除和禁用账户等操作。

认证与授权：域控制器可以提供认证和授权的功能，确保只有经过授权的用户可以访问网络资源。

安全性管理：域控制器可以管理密码策略、安全组策略等，提高系统和网络资源的安全性。

资源共享：域控制器可以提供共享文件夹、打印机等资源，方便用户之间的协作和资源共享。

集中管理：域控制器可以集中管理组织内的计算机、服务器和其他网络设备，简化管理工作和提高效率。

日志记录与审计：域控制器可以记录用户和系统的操作日志，方便管理员进行审计和追溯。

一个域可以有一个或多个域控制器。通常单个局域网的用户可能只需要一个域就能够满足要求。由于一个域比较简单，所以整个域也只需要一个域控制器。为了获得高可用性和较强的容错能力，具有多个网络位置的大型网络或组织可能在每个部分都需要配置一个或多个域控制器。这样的设计使得大型组织的管理非常烦琐，而活动目录支持域中的所有域控制器之间目录数据的多宿主复制，从而可以降低管理的复杂程度，提高管理效率。

DNS 服务器主要用于名称解析和查询，域的可靠性和可用性很大程度上依赖于 DNS 服务器的正常运行，如果没有 DNS 服务器，DC 将无法互相查找并复制目录信息，客户端也将无法联系 DC 来进行身份验证。Windows Server 2022 网络操作系统中的 DNS 区域可以与活动目录集成，集成的 DNS 区域数据存放在活动目录中。使用组策略设置 DNS 服务器自动启动，域控制器只归域管理员控制，可以避免 DNS 服务器被未经授权的用户操纵，也可防止管理员因疏忽而禁用该服务。

三、活动目录

活动目录是面向 Windows Server 2022 网络操作系统的目录服务。它存储着本网络上各种对象的相关信息，并使用一种易于用户查找及使用的结构化的数据存储方法来组织和保存数据。在整个目录中，通过登录验证及对目录中对象的访问控制，将安全性集成到活动目录中。通过单点登录（single sign-on，SSO），管理员可管理整个网络中的目录数据和单位，而且获得授权的网络用户可访问网络上所有的资源。这种基于策略的管理模式大大地减轻了复杂网络的管理复杂度和工作量。

活动目录有两方面内容，即目录和目录服务。目录是一个用于存储用户感兴趣的对象的信息库。目录服务其实就是提供了一种按层次结构组织的信息，然后按名称关联检索信息的服务方式。这种服务提供了一个存储在目录中的各种资源的统一管理视图，从而减轻了企业的管理负担。另外，它还为用户和应用程序提供了对其所包含信息的安全访问。活动目录作为用户、计算机和网络服务相关信息的中心，支持现有的行业标准 LDAP（lightweight directory access protocol，轻量目录访问协议）第 3 版，使任何兼容 LDAP 的客户端都能与之相互协作，可访问存储在活动目录中的信息，如安装了 Linux、Novell NetWare 操作系统的计算机等。

活动目录提供对企业网络环境的集中式管理。例如，在域环境中，只需要在活动目录中创建一次 Zs 账户，就可以在域中任意一台计算机上登录 Zs，如果要为 Zs 账户更改密码，只需在活动目录中更改一次即可，也就是说域用户信息保存在活动目录中。如果网络由多个域的集合组成，它们共享相同的架构和配置，安装的第一台域控制器会自动配置为全局编录服务器，该域控制器包含了组合中所有域目录的关键信息。

四、组织单位

组织单位（organizational unit，OU）也是一个逻辑层次的容器对象，用于管理域中的对象，如用户、组、计算机、打印机等，甚至可以包括其他的组织单位，所以可以利用组织单位把域中的对象组成一个完全逻辑上的层次结构。

对于企业来讲，可以按部门把所有的用户和设备组成一个组织单位层次结构，也可以按地理位置形成层次结构，还可以按功能和权限分成多个组织单位层次结构。

一、安装域控制器

1. 首先确认“本地连接”属性中的TCP/IP首选DNS指向了本机（假设IP地址为192.168.60.1），然后单击“任务栏”上的“服务器管理器”图标，打开“服务器管理器 仪表板”窗口，单击“添加角色和功能”，打开“添加角色和功能向导”，进入“开始之前”界面，这是向导开始界面，提示用户在添加服务器角色之前必须完成哪些工作，如果都按要求完成了这些工作，就可以单击“下一步”按钮继续。

2. 进入“选择安装类型”界面，采用默认的“基于角色或基于功能的安装”，单击“下一步”按钮继续，打开“选择目标服务器”界面，采用默认的“从服务器池中选择服务器”，单击“下一步”按钮继续。打开“选择服务器角色”界面，勾选“Active Directory 域服务”复选框，如图6-1-3所示。

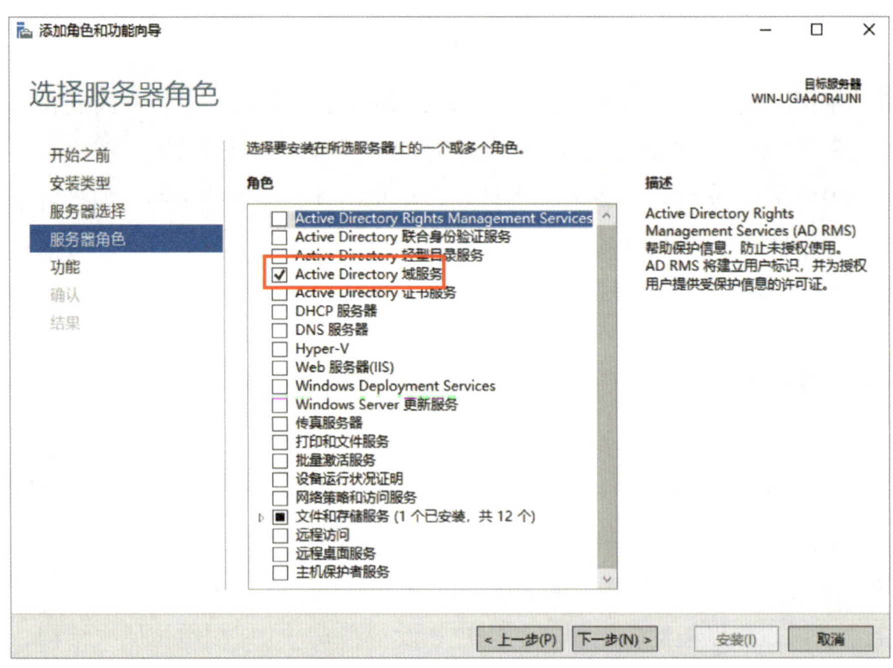

图6-1-3 勾选“Active Directory 域服务”复选框

勾选后，在弹出的对话框中单击“添加功能”按钮，如图 6–1–4 所示，单击“下一步”按钮继续。

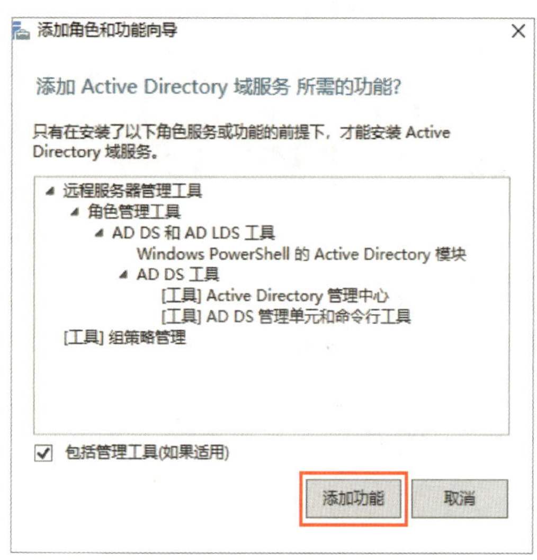

图 6-1-4　“添加功能”按钮

3. 在“Active Directory 域服务”界面中，阅读“Active Directory 域服务简介和注意事项”，单击“下一步”按钮继续，进入“确认安装所选内容”界面，单击“安装”按钮开始安装“Active Directory 域服务”。安装完成后单击“将此服务器提升为域控制器”，如图 6–1–5 所示。

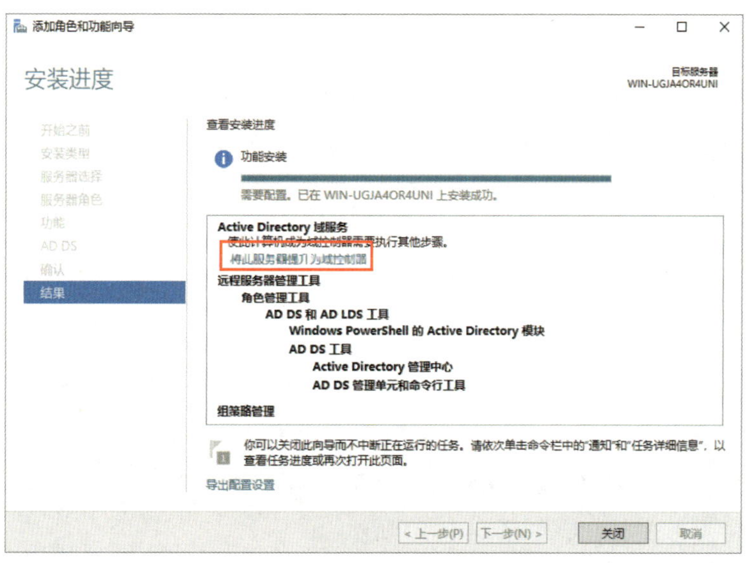

图 6-1-5　“将此服务器提升为域控制器”选项

4. 在“部署配置”界面中选择相应选项，如果是整个组织中的第一个域或者想让该域完全独立于原有的林，则选择“添加新林”；若想让该域成为原来的域中的子域，则选择“将域控制器添加到现有域”；若不想让该域成为现有域的子域，则选择“将新域添加到现有林”。此处选择“添加新林”，在“根域名”处输入“gs.com”，单击“下一步”按钮继续，如图 6-1-6 所示。

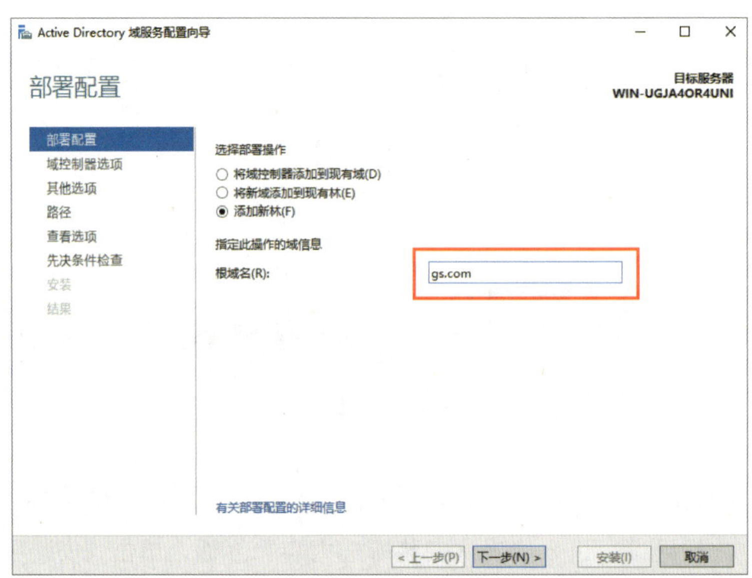

图 6-1-6　添加新林

5. 在“域控制器选项”界面的“密码”和“确认密码”栏中输入密码，单击“下一步”按钮继续，如图 6-1-7 所示。

6. 在“DNS 选项”界面中勾选“创建 DNS 委派”复选框，单击“下一步”按钮，输入拥有委派权限账户的用户名和密码，单击“确定”按钮，如图 6-1-8 所示。该密码在域控制器卸载时会使用到，因此需要保存好。

核对 DNS 选项信息后，单击“下一步”按钮确认，如图 6-1-9 所示。本任务中域控制器和 DNS 服务器可都使用同一台服务器。

7. 在“其他选项”界面中，接受默认设置，将 GS 作为“域 NetBIOS 名称”。单击“下一步”按钮，弹出“数据库、日志文件和 SYSVOL 文件夹”对话框，接受默认设置。单击“下一步”按钮，“查看选项”界面的“检查你的选择”列表中列举了前几步设置的所有信息，确认无误后单击“下一步”按钮，如图 6-1-10 所示。

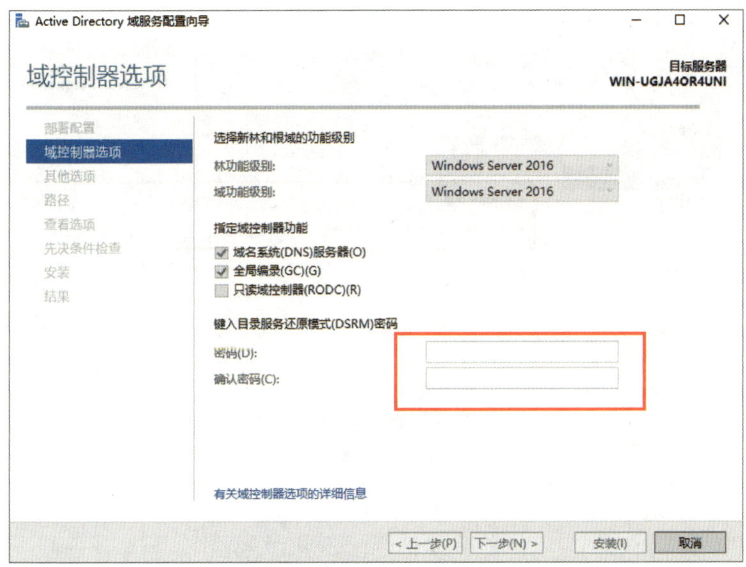

图 6-1-7　输入密码

图 6-1-8　输入拥有委派权限账户的用户名和密码

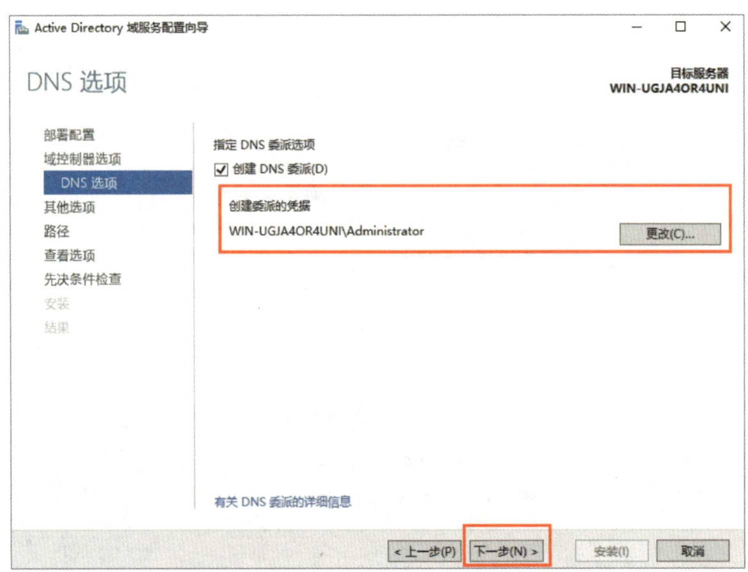

图 6-1-9　确认 DNS 选项信息

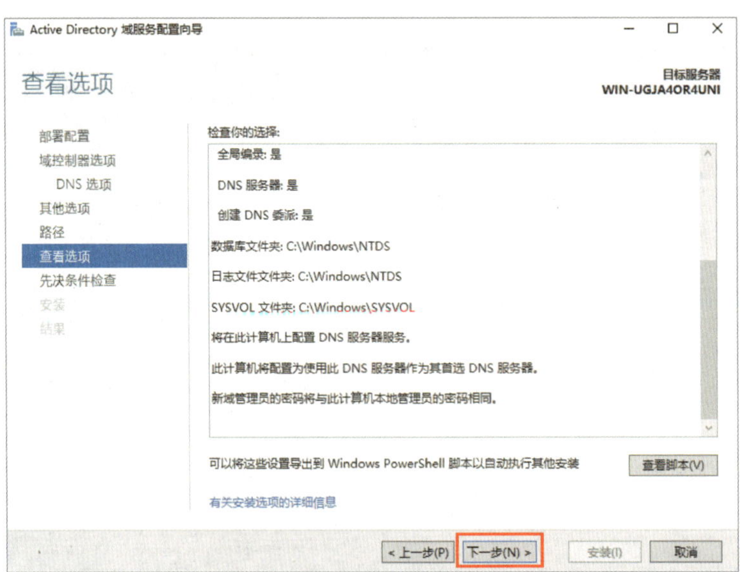

图 6-1-10　确认设置信息

进入“先决条件检查”界面，如果检查成功通过则单击“安装”按钮，否则根据窗口提示信息先排除问题，然后安装。安装完成后会自动重新启动。

安装完成后，需要检查域控制器是否已经将其主机名与 IP 地址注册到 DNS 服务器内，如图 6-1-11 所示。

图 6-1-11　检查 DNS 服务器信息

二、将客户端加入域

网络中的计算机必须先加入域，在域控制器注册计算机账户后，才可以登录到域中，管理人员需使用具有域管理器权限的账户登录域控制器。本任务使用域管理员账户来尝试登录域控制器。

为了解析域名，需要设置客户端 DNS 服务器的地址，本任务中 DNS 服务器和域控制器使用同一台服务器，所以将客户端 DNS 服务器地址设置为“192.168.60.1”。

将客户端加入域的具体步骤如下。

1. 打开客户端的服务器管理器，选择“本地服务器”，单击计算机名，如图 6-1-12 所示，打开“系统属性”对话框。

2. 选择“计算机名”选项卡，单击“更改”按钮，如图 6-1-13 所示。

3. 选择隶属于“域”，输入域名“gs.com”，并单击“确定”按钮，如图 6-1-14 所示。

4. 输入域管理员账户名称和密码，单击“确定”按钮，如图 6-1-15 所示。单击“确定”按钮加入域，如图 6-1-16 所示。

5. 计算机重新启动后输入账户“gs.com\administrator”和密码，登录域“gs.com”，如图 6-1-17 所示。

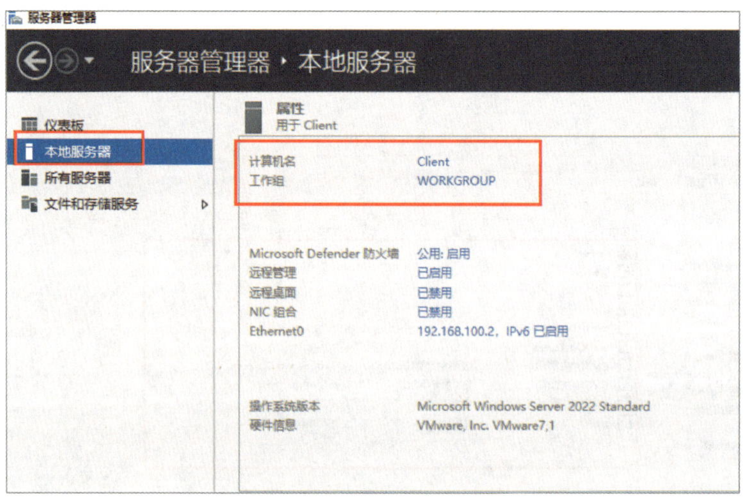

图 6-1-12　单击计算机名

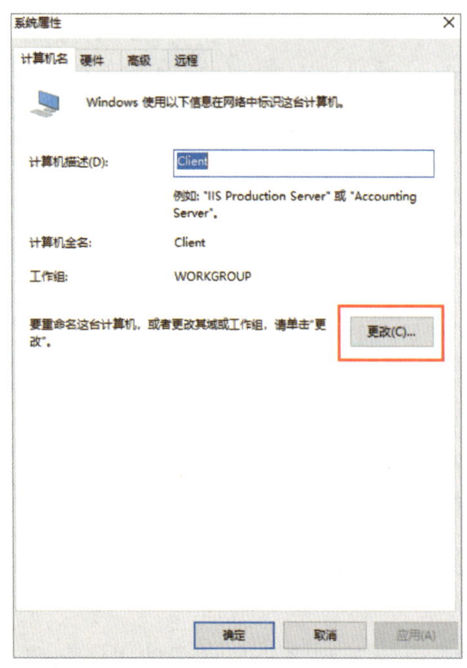

图 6-1-13　更改计算机名

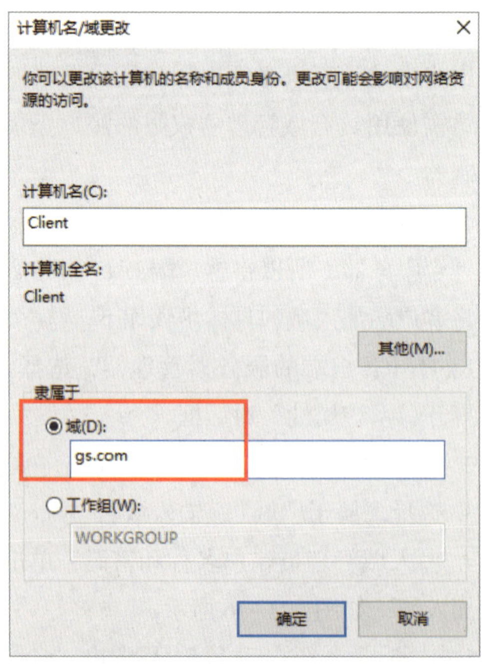

图 6-1-14　输入域名

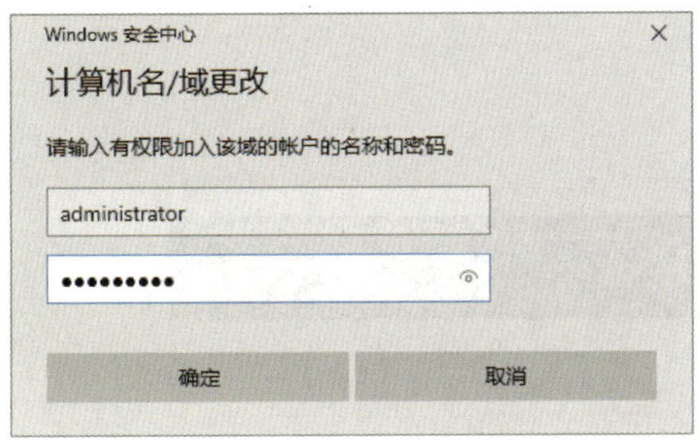

图 6-1-15　输入域的账户名称和密码

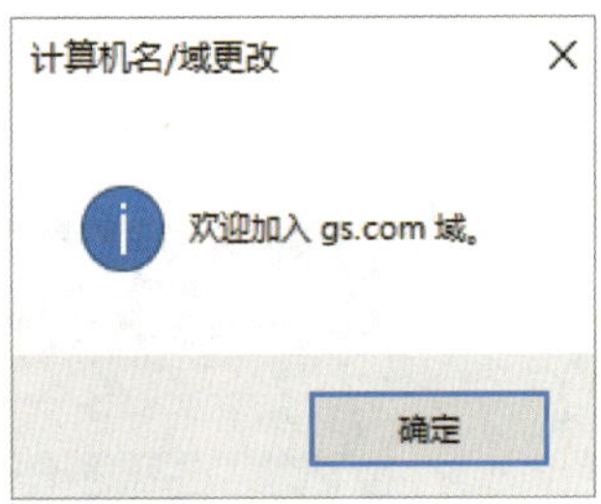

图 6-1-16　加入域

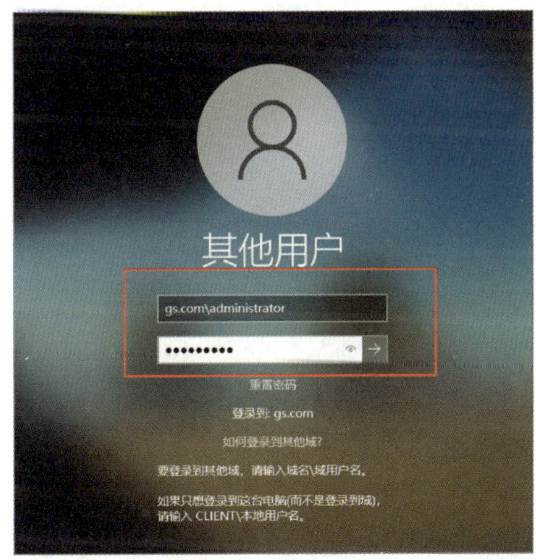

图 6-1-17　登录域

任务验收可参考表 6-1-1。

表 6-1-1　任务验收表

验收内容	验收方法	验收标准	参考图
域控制器的安装	查看服务器的“服务器管理器”	计算机属性中的域是“gs.com”	图 6-1-18
将客户端加入域	查看客户端的“服务器管理器”	计算机属性中的域是“gs.com”	图 6-1-19

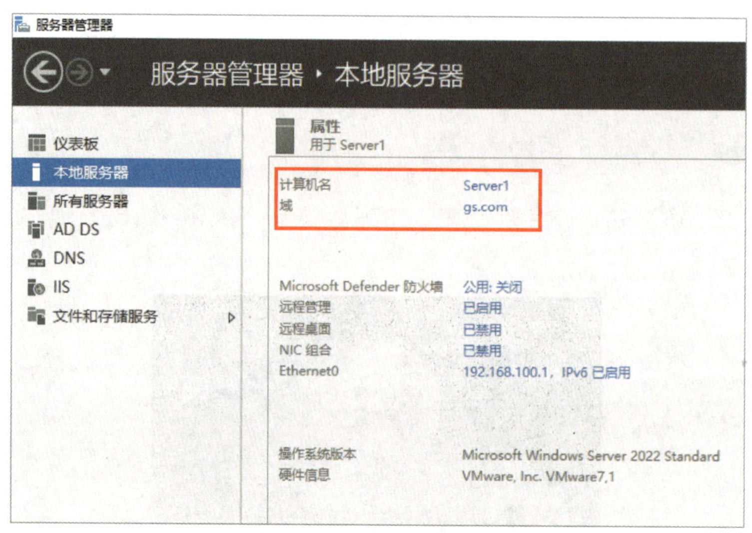

图 6-1-18　服务器所在域查看结果参考图

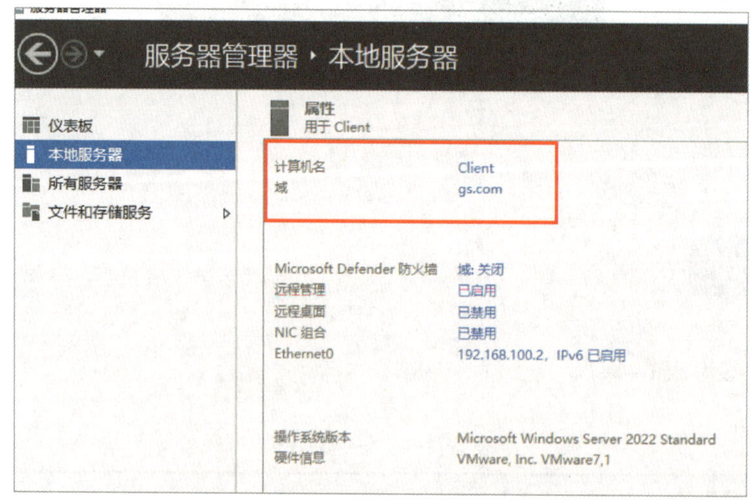

图 6-1-19　客户端所在域查看结果参考图

任务 2　域用户账户和组的管理

1. 理解域用户账户的基本概念。
2. 掌握域用户组的类型、作用域，了解系统内置的域组基本功能。
3. 能根据需求在活动目录中对域用户账户和域组进行规划和操作。

从“项目描述”可知，前面的任务已经成功安装域控制器，建立域“gs.com”，本任务需要根据公司的实际架构来配置域的组织单位，具体规划见表 6–2–1 和表 6–2–2。

表 6-2-1　域用户规划

部门	姓名	用户账户名	职位	初始密码	域组
销售部	张三	Zs	销售部经理	Zhangsan123	Sales Department、Manager
销售部	李四	Ls	销售部员工	Lisi123	Sales Department
销售部	赵七	Zq	销售部员工	Zhaoqi123	Sales Department
财务部	王五	Ww	财务部经理	Wangwu123	Finance Department、Manager
财务部	马六	Ml	财务部员工	Maliu123	Finance Department
IT 技术部	孙一	Sy	IT 技术部经理	Sunyi123	IT Technology Department、Manager
IT 技术部	刘二	Le	IT 技术部员工	Liuer123	IT Technology Department

表 6-2-2　域组规划

组名	组类型	作用域	成员
Sales Department	安全组	本地域组	张三、李四、赵七
Finance Department	安全组	本地域组	王五、马六
IT Technology Department	安全组	本地域组	孙一、刘二
Manager	安全组	全局域组	张三、王五、孙一

一、域用户账户

和本地用户账户不同，域用户账户保存在活动目录中。在域的活动目录数据库中，管理员可以为每个用户创建一个用户账户，由于这种用户账户只存在于域中，因此被称为“域用户账户”。由于所有的用户账户都集中保存在活动目录中，因此使得集中管理变成可能。同时，一个域用户账户可以在域中的任何一台计算机上登录（域控制器除外），用户可以不再使用固定的计算机。当某台计算机出现故障时，用户可以使用域用户账户登录到另一台计算机上继续工作，这样也使对账户的管理变得简单。

二、域用户组

域用户组，也称为域组，它是在域中注册的一组用户，这些用户共享相同的访问权限和资源访问控制。域用户组可以用于管理文件、目录和其他系统资源的权限，以控制不同用户之间的访问和操作。域用户组通常由域管理员创建和维护，可以通过域用户账户的属性来指定用户所属的组。

活动目录中的域组分为安全组和通信组两种类型。安全组可以被用来分配权限与权利，如可以指定安全组对文件具备读取的权限。它也可以用在与安全（权限与权利设置等）无关的工作上，如可以给安全组发送电子邮件。通信组被用在与安全无关的工作上，如可以给通信组发送电子邮件，但是无法被分配权限与权利。

从使用范围来看，活动目录域内的组可以分为三种：本地域组、全局组和通用组。本地域组主要被用来分配其所属域内的访问权限，以便可以访问该域内的资源。本地域组的成员可以包含任何一个域内的用户、全局组、通用组，也可以包含相同域内的本地域组，但无法包含其他域内的本地域组。本地域组只能访问该域内的资源，无法访问其他不同域内的资源。换句话说，当设置权限时，只可以设置相同域内的本地域组的权限，无法设置其他不同域内的域本地组的权限。

全局组主要用来组织用户，可以将多个即将被赋予相同权限（权利）的用户账户加入同一个全局组内。全局组的成员只能包含相同域内的用户与全局组，它可以访问任何一个域内的资源，可以在任何一个域内设置全局组的权限，以便具备权限访问该域内的资源。

通用组可以在所有域内被分配访问权限，访问所有域内的资源。通用组可以包含域树（按一定规则连接在一起的域的集合）或域林（按一定规则连接在一起的域树的集合）中任何一个域内的用户、全局组、通用组，但是无法包含任何一个域内的本地域组。三种类型的域组具体可查看表 6-2-3。

表 6-2-3　三种不同类型的域组

特点	类型		
	本地域组	全局组	通用组
可包含的成员	所有域内的用户、全局组、通用组；相同域内的本地域组	相同域内的用户与全局组	所有域内的用户、全局组、通用组
可以在哪一个域内被设置权限	同一个域	所有域	所有域
组转换	可以被转换成通用组（只要原组内的成员不包含本地域组即可）	可以被转换成通用组（只要原组不隶属于任何一个全局组即可）	可以被转换成本地域组；可以被转换成全局组（只要原组内的成员不包含通用组即可）

域控制器安装后有许多默认内置组，它们分别隶属于本地域组、全局组、通用组，通常这些组是为区分系统管理工作的权限所设立的，具体可查看表 6-2-4 ~ 表 6-2-6。

表 6-2-4　系统内置本地域组

本地域组	描述
Access Control Assistance Operators	此组成员可以远程查询此计算机上资源的授权属性和权限
Account Operators	此组成员可以管理域用户和组的账户

续表

本地域组	描述
Administrators	此组成员为管理员，对计算机 / 域有不受限制的完全访问权
Backup Operators	此组成员为备份操作员，为了备份或还原文件可以替代安全限制
Cryptographic Operators	此组成员可执行加密操作
Distributed COM Users	此组成员允许启动、激活和使用此计算机上的分布式 COM 对象
Event Log Readers	此组成员可以从本地计算机中读取事件日志
Guests	此组成员为来宾账户，按默认值，与 Users 组的成员访问权类似，但来宾账户的限制更多
Network Configuration Operators	此组成员有部分管理权限来管理网络功能的配置
Performance Log Users	此组成员可以计划进行性能计数器日志记录、启用跟踪记录提供程序，以及在本地或通过远程访问此计算机来收集事件跟踪记录
Performance Monitor Users	此组成员可以从本地和远程访问性能计数器数据
Pre-Windows 2000 Compatible Access	此组成员可以使用 Windows 2000 设备在域中访问和控制资源
Print Operators	此组成员可以管理在域控制器上安装的打印机
Remote Desktop Users	此组成员被授予远程登录的权限
Remote Management Users	此组成员可以通过管理协议（例如，通过 Windows 远程管理服务实现的 WS-Management）访问 WMI 资源。这仅适用于授予用户访问权限的 WMI 命名空间
Replicator	此组成员支持域中的文件复制
Server Operators	此组成员可以管理域控制器
Users	此组用户不能进行系统范围的更改，但是可以运行大部分应用程序
Windows Authorization Access Group	此组成员可以访问 User 对象上经过计算的 Token-Groups-Global-and-Universal 属性

表 6-2-5　系统内置全局组

全局组	描述
Cloneable Domain Controllers	此组为可克隆的域控制器的成员
DnsUpdateProxy	此组为允许替其他客户端（如 DHCP 服务器）执行动态更新的 DNS 客户端

续表

全局组	描述
Domain Admins	此组为指定的域管理员
Domain Computers	此组为加入域中的所有工作站和服务器
Domain Controllers	此组为域中的所有域控制器
Domain Guests	此组为域中的所有来宾
Domain Users	此组为所有域用户
Group Policy Creator Owners	此组成员可以修改域的组策略
Key Admins	此组成员可以对域中的密钥对象执行管理操作
Protected Users	此组成员将受到针对身份验证安全威胁的额外保护
Read-only Domain Controllers	此组成员是域中的只读域控制器

表 6-2-6　系统内置通用组

通用组	描述
Enterprise Admins	此组成员为企业的指定系统管理员
Enterprise Key Admins	此组成员可以对林中的密钥对象执行管理操作
Enterprise Read-only Domain Controllers	此组成员是企业中的只读域控制器
Schema Admins	此组成员为架构的指定系统管理员

一、构建组织单位

1. 依次单击“开始”按钮→“服务器管理器”→“工具”→“Active Directory 用户和计算机”，在弹出的“Active Directory 用户和计算机”窗口中，右击“gs.com”，选择“新建”→“组织单位”，如图 6-2-1 所示。

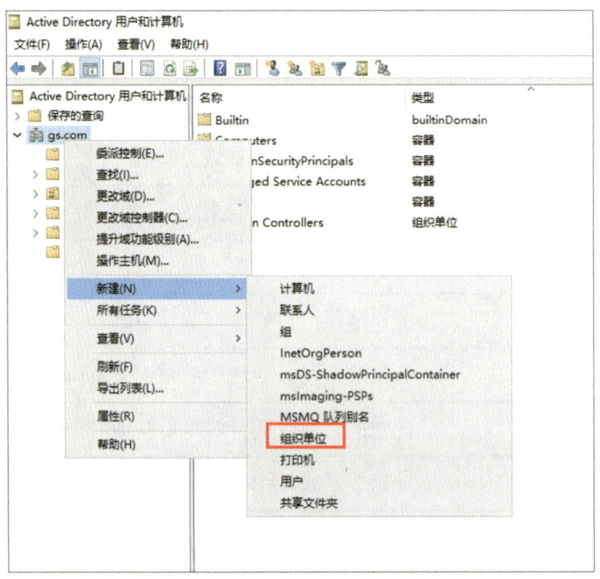

图 6-2-1　新建组织单位

2. 输入组织单位名称“销售部”，如图 6-2-2 所示。

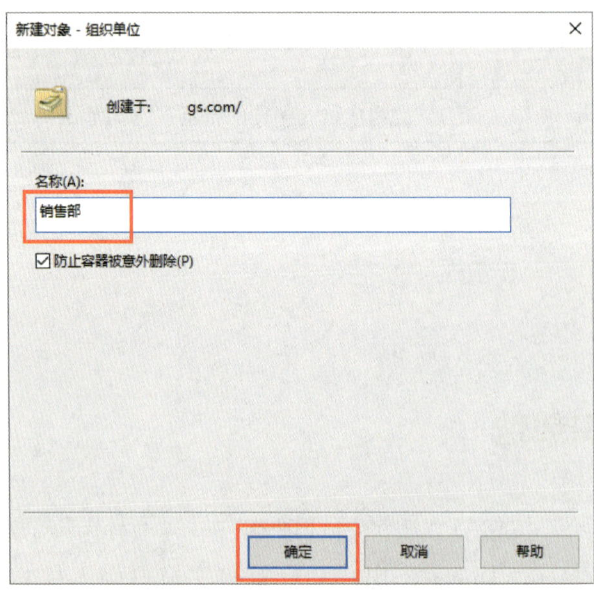

图 6-2-2　输入组织单位名称

3. 和前面的操作类似，根据任务要求，继续完成建立组织单位，如图 6–2–3 所示。

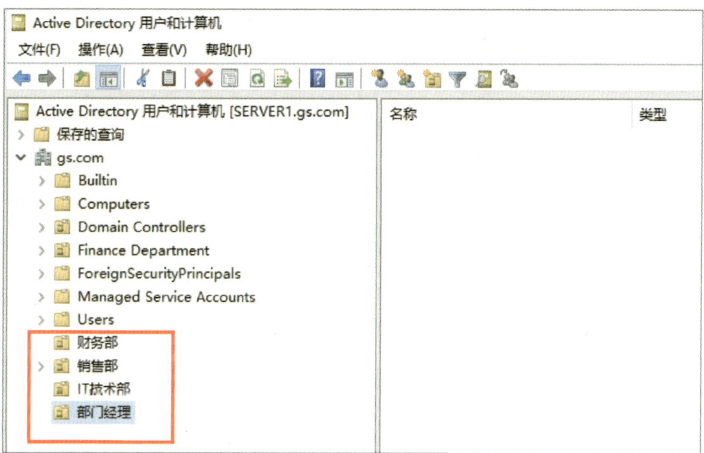

图 6-2-3　完成组织单位的建立

二、建立和管理域用户账户

1. 依次单击“开始”按钮→“服务器管理器”→“工具”→“Active Directory 用户和计算机”，在弹出的“Active Directory 用户和计算机”窗口中，单击“gs.com”，右击组织单位“财务部”，选择“新建”→“用户”，新建域用户，如图 6–2–4 所示。

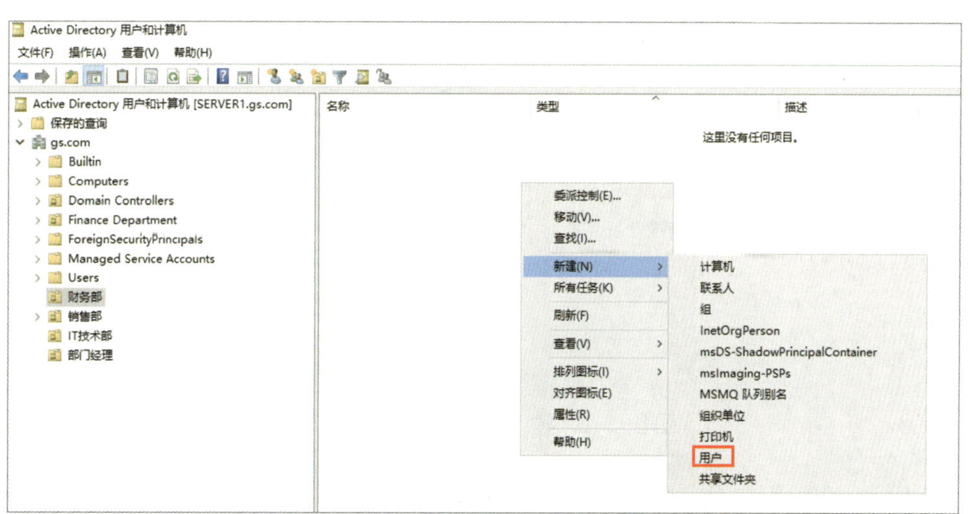

图 6-2-4　新建域用户

2. 依次输入“姓”“名”和“用户登录名”等用户信息，单击“下一步”按钮，如图 6-2-5 所示。

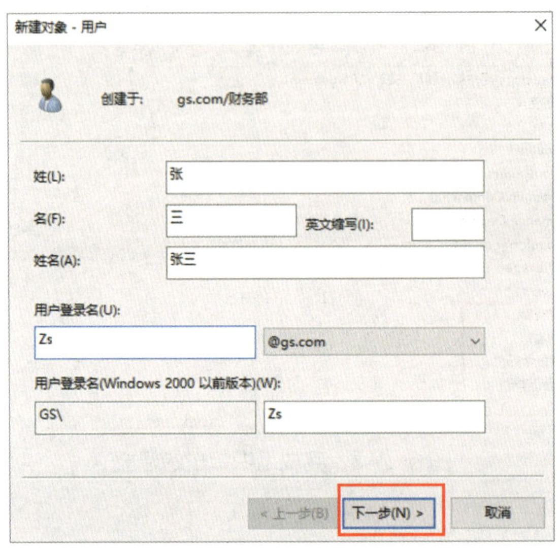

图 6-2-5　输入用户信息

3. 输入账户密码并确认密码，单击“下一步”按钮，如图 6-2-6 所示。

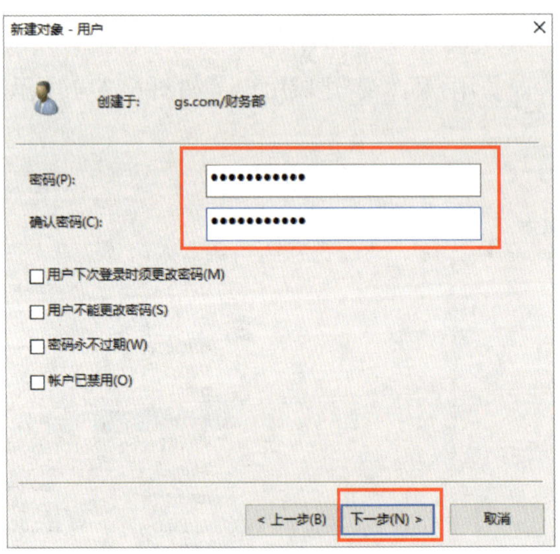

图 6-2-6　输入账户密码并确认密码

4. 完成后，在组织单元“财务部”中会增加用户账户“张三”，如图 6-2-7 所示。继续完成其他域用户账户的创建。

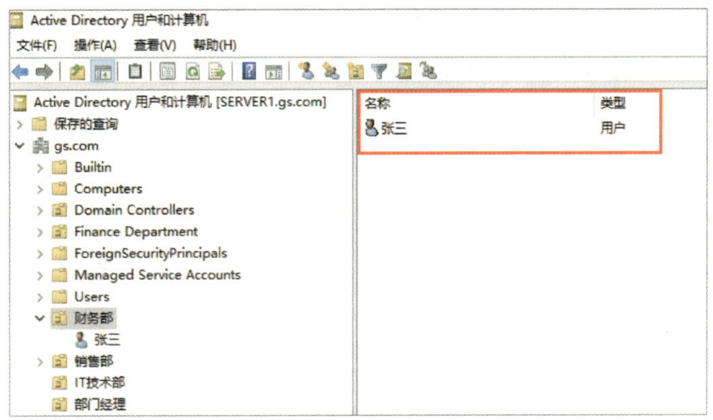

图 6-2-7　新增加的用户账户“张三”

三、建立域组

1. 依次单击“开始”按钮→“服务器管理器”→“工具”→“Active Directory 用户和计算机”，在弹出的“Active Directory 用户和计算机”窗口中，单击“gs.com”，右击组织单元“财务部”，选择“新建”→“组”，新建域组，如图 6-2-8 所示。

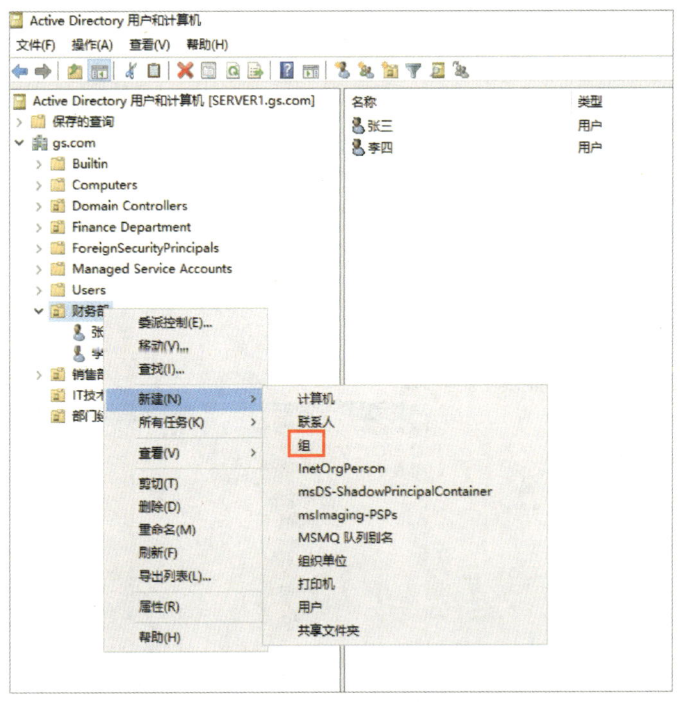

图 6-2-8　新建域组

2. 输入“组名”，根据任务要求，组作用域选择“本地域”，组类型选择“安全组”，单击“确定”按钮，如图 6-2-9 所示。根据任务要求，继续完成其他组的建立。

图 6-2-9 输入及选择组信息

四、将域用户加入域组

1. 打开“Active Directory 用户和计算机”窗口，选中准备添加成员的组，右击组名，选中“属性”，如图 6-2-10 所示。

2. 选择“成员”选项卡，单击“添加”按钮，弹出如图 6-2-11 所示“选择用户、计算机、服务账户或组”对话框。

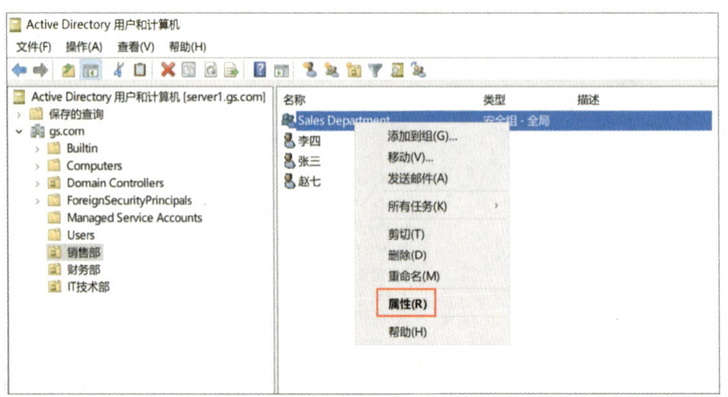

图 6-2-10 设置待添加成员的组的属性

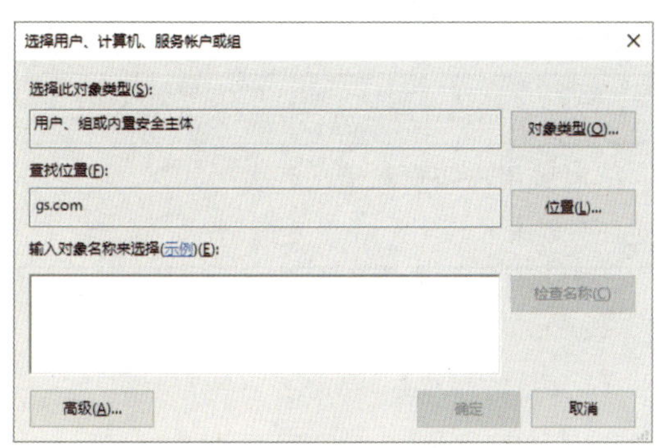

图 6-2-11 “选择用户、计算机、服务账户或组”对话框

可以直接输入准备添加到域组的成员名称，也可以通过“高级”来查找添加成员，单击“立即查找”按钮，选中准备添加到组的成员，并单击“确定”按钮，如图 6-2-12 所示。

3. 查看输入对象名称，单击“确定”按钮。核对域组成员并单击“确定”按钮，如图 6-2-13 所示。

参考上面添加成员的操作，完成其他域组成员的添加。

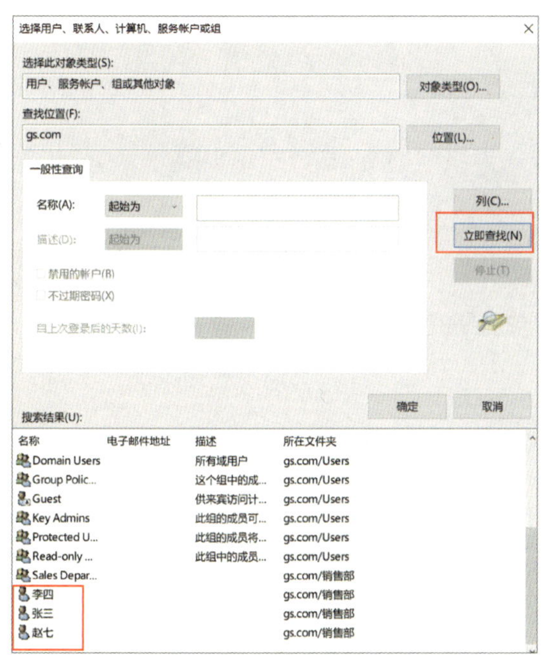

图 6-2-12　选择准备添加到组的成员

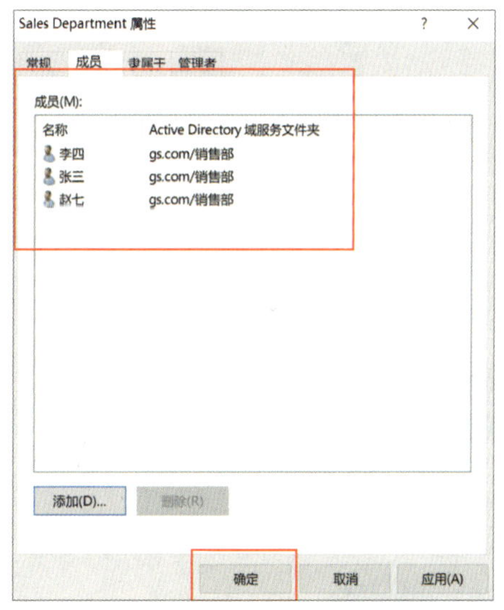

图 6-2-13　核对域组成员

任务验收可参考表 6-2-7。

表 6-2-7　任务验收表

验收内容	验收方法	验收标准	参考图
域用户账户和域组的建立	查看域控制器活动目录信息	核对域用户账户和组是否满足任务要求	图 6-2-14

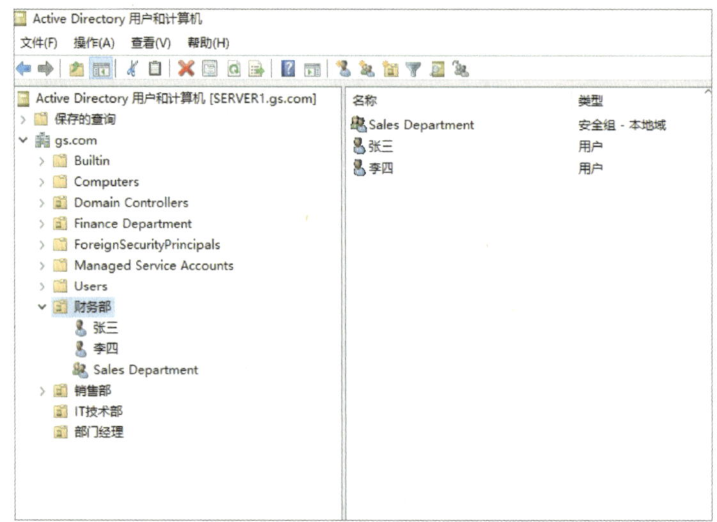

图 6-2-14　域控制器活动目录信息参考图

任务 3　多域的管理

1. 掌握域的信任关系。
2. 理解域树和域林的基本概念。
3. 能根据需求建立域与域之间的关系。

从“项目描述”可知，本任务需要建立两个域树，分别是“gs.com”和“de.com”，其中域“gs.com”有子域“asia.gs.com”，域树“gs.com”和域树“de.com”之间建立双向信任关系，并能使用全局账户实现跨域访问共享资源。

一、域的信任关系

随着网络的不断发展，有的企业网络变得大得惊人。当网络有十万个用户甚至更多时，域控制器存放的用户数据量会很大，更为关键的是如果用户频繁登录，域控制器可能会不堪重负。单域模式已不能满足要求，这时需要增加其他的域。

在实际的应用中，根据管理的要求，通常在网络中划分多个域，每个域的规模控制在一定的范围内，也就是将大的网络划分成小的网络，每个小的网络管理员管理自己所属的账户，如图 6-3-1 所示。

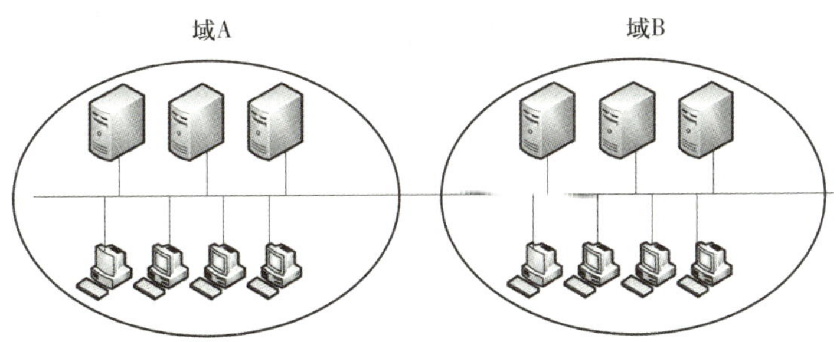

图 6-3-1　域的划分

信任关系是域与域之间建立的连接关系。它可以执行对经过委托的域内用户的登录审核工作。Windows Server 2022 网络操作系统中域之间的信任关系建立在 Kerberos 安全协议上，Kerberos 信任是可传递的、分层次和结构化的。

域之间经过委托后，用户只要在某一个域内有一个用户账户，就可以使用其他域内的网络资源。例如，若域 A 信任委托域 B，则域 B 的用户可以访问域 A 的资源，而域 A 的用户则不能访问域 B 的资源，这就是单向委托。若域 A 的用户也想访问域 B 的资源，那么必须再建立域 B 信任域 A 的委托关系，这就是双向委托，如图 6-3-2 所示。

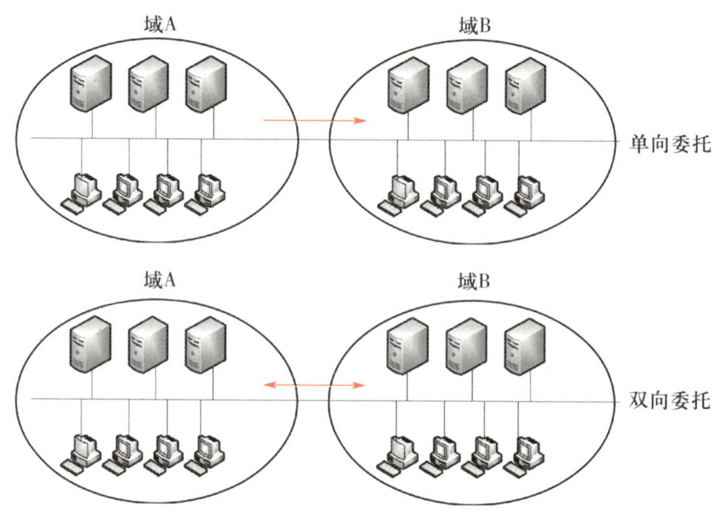

图 6-3-2　域的信任关系

在 Windows Server 2022 网络操作系统的域控制器环境中，用户和应用程序的身份验证默认使用 Kerberos V5 协议，要求所有参与方均为域成员且满足 Kerberos 技术要求。若事务中涉及的任何一方（客户端或服务端）因协议不兼容、配置错误或使用非域名访问资源等而无法支持 Kerberos V5 协议，系统将自动回退至 NTLM 协议完成验证。建议优先使用 Kerberos V5 以提升安全性，并仅在必要时保留 NTLM 作为备用方案。

默认情况下，当使用“Active Directory 安装向导”在域树或林根域中添加新域时，系统会自动创建双向的可传递信任关系，有两种默认的信任类型，当使用“新建信任向导”时，会创建 4 种其他信任类型，见表 6-3-1。

表 6-3-1　信任关系

信任类型	传递性	方向	说明
父子	可传递	双向	默认情况下，当在现有域树中添加新的子域时，将建立一个新的父子信任。来自子域的身份验证请求将通过其父向上传递到信任域中
树根	可传递	双向	默认情况下，当在现有林中创建新的域树时，将建立一个新的树根信任

续表

信任类型	传递性	方向	说明
外部	不可传递	单向或双向	使用外部信任可访问域中的资源，或单独（未经林信任连接）的林内某个域中的资源
领域	可传递或不可传递	单向或双向	使用领域信任可建立非 Windows Kerberos 领域和 Windows Server 2022 域之间的信任关系
林	可传递	单向或双向	使用林信任可在各个林之间共享资源。如果林信任是双向信任，则任意一个林中的身份验证请求都可以到达另一个林
快捷	可传递	单向或双向	使用快捷信任可缩短 Windows Server 2022 林内的两个域之间的用户登录时间。当两个域被两个域树分隔开时，这是很有用的

二、域树

Windows Server 网络操作系统是为大型企业构建网络和扩展网络的需要而设计的。在一个企业中可能会有分布在世界各地的分公司，分公司下又有各个部门存在，资源的访问常常可能跨过许多域，如图 6-3-3 所示。

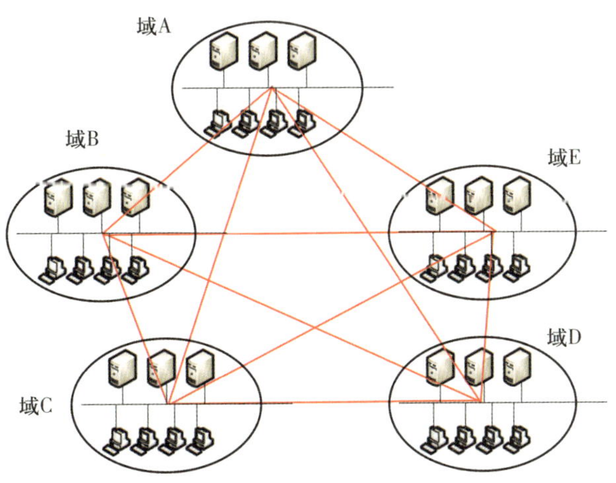

图 6-3-3　跨多域资源访问

为了解决多域之间的资源互相访问问题，其中的域以树的形式出现，即域树（domaintree），例如，某企业最上层的域名为“gs.com”，是这个域树的根域，根域下有“js.gs.com”和“gd.gs.com”两个子域，子域下又有自己的子域，如图 6-3-4 所示。在域树中，父域和子域的信任关系是双向可传递的，因此域树中的一个域隐含地信任域树中所有的域。从概念上讲，一个域树中也可以只包含一个域而没有子域。

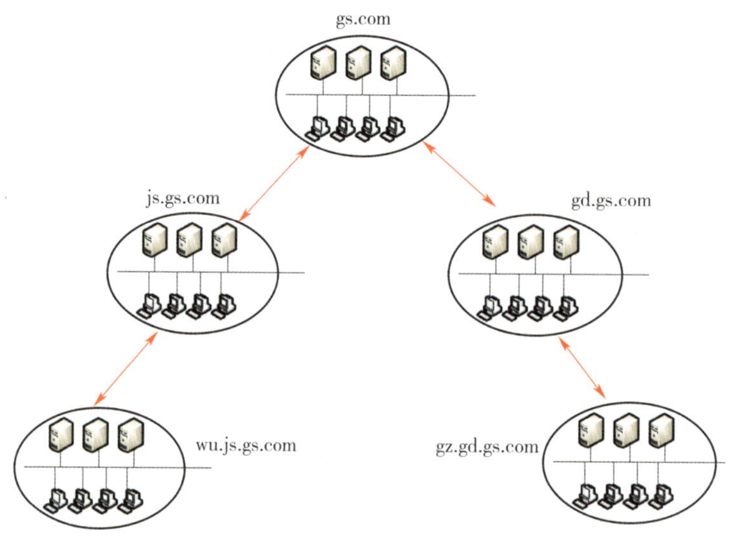

图 6-3-4　域树

三、域林

域和 DNS 域的关系非常密切，因为域中的计算机使用 DNS 来定位域控制器和服务器，以及其他计算机、网络服务等，实际上域的名字就是 DNS 域名。例如，某企业向 Internet 组织申请了一个 DNS 域名“gs.com”，所以根域就采用了该名。然而，企业可能同时拥有“gs.com”和“gs.cn”两个域名，如果某个域用“gs.cn”作为域名，“gs.cn”将无法挂在“gs.com”域树中，这时只能单独创建另一个域树，新的域树根域为“gs.cn”，这两个域树共同构成了域林（domain forest），如图 6-3-5 所示。

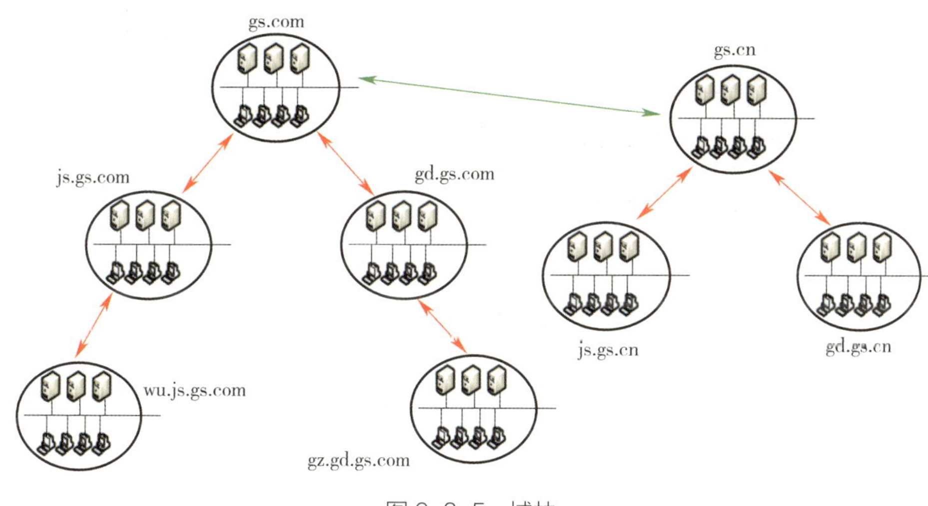

图 6-3-5　域林

一、建立子域

1. 与前面的操作相同，先为服务器安装域服务，然后将此服务器提升为域控制器，再进入“Active Directory 域服务配置向导”的“部署配置”界面，选择“将新域添加到现有林”，在“父域名”处输入“gs.com”，在“新域名”处输入“asia”。单击“下一步”按钮继续，如图 6-3-6 所示。

2. 进入“域控制器选项”界面，设置“选择新域的功能级别”，在“键入目录服务还原模式（DSRM）密码”的“密码”栏和“确认密码”栏输入相同的密码，单击“下一步”按钮继续，如图 6-3-7 所示。

3. 在“DNS 选项”界面中勾选“创建 DNS 委派”复选框，单击“更改”按钮设置委派的凭据（账户），子域“asia.gs.com”和“gs.com”使用同一个 DNS 服务器，此处输入有权限添加 DNS 信息的域控制器账户（gs\administrator）与密码，如图 6-3-8 所示，单击“下一步”按钮。

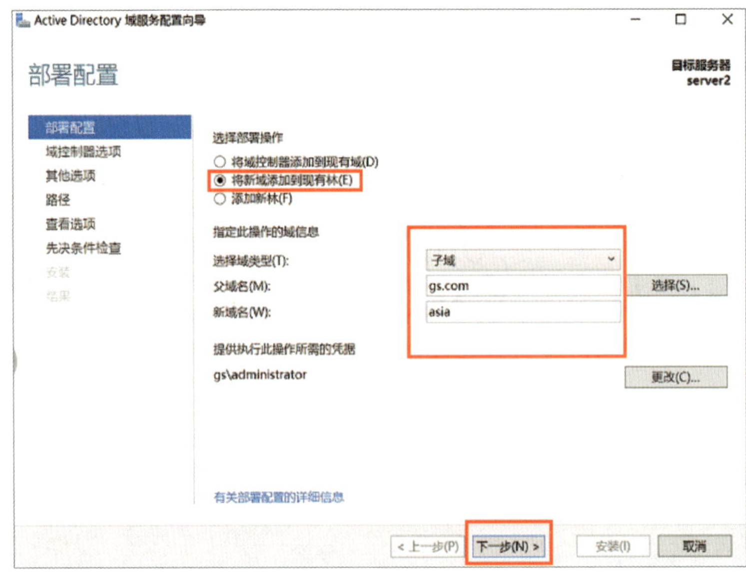

图 6-3-6　将新域添加到现有林

图 6-3-7　选择新域的功能级别和设置目录服务还原模式密码

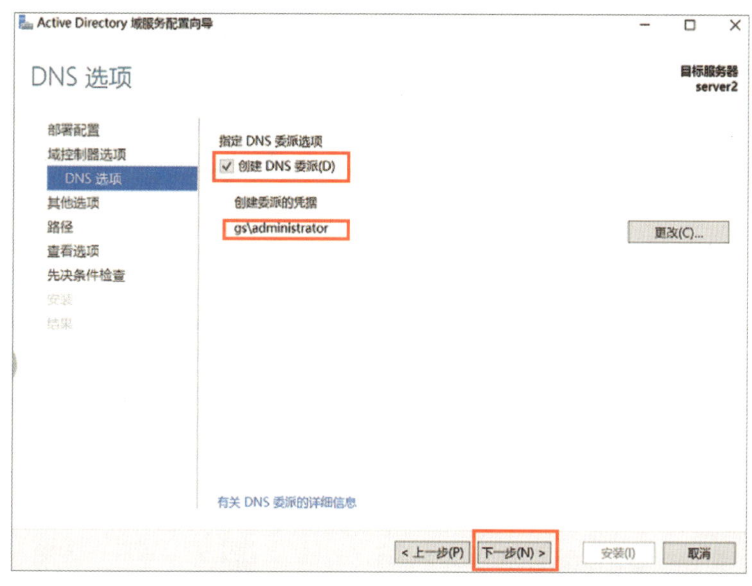

图 6-3-8　设置 DNS 委派

4. 在“其他选项”界面中接受默认设置，将“ASIA”作为“域 NetBIOS 名”，单击“下一步”按钮。在“数据库、日志文件和 SYSVOL 文件夹”界面中接受默认设置，单击“下一步”按钮。

5.“查看选项”界面中的“检查你的选择”列表中列举了前几步设置的所有信息，检查无误后单击“下一步”按钮。

6. 进入“先决条件检查”界面，如果检查成功通过，单击“安装”按钮；否则，根据窗口提示信息先排除问题，然后安装。安装完成后会自动重新启动。系统重启后，可使用管理员账户“ASIA\Administrator”登录，如图 6-3-9 所示。

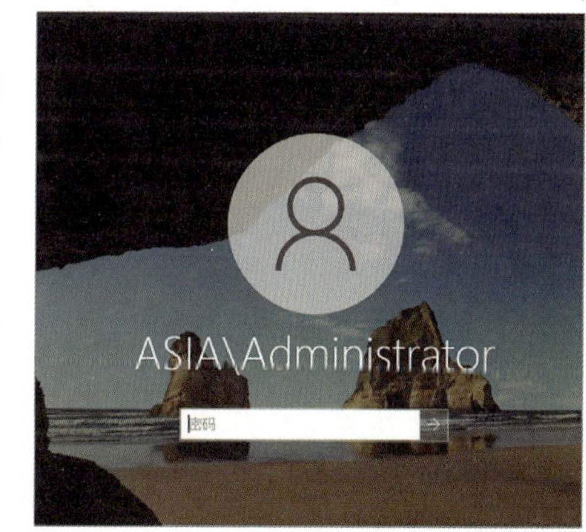

图 6-3-9　使用管理员账户登录

二、创建第二棵域树

1. 建立和配置域与前面的操作相同，先为服务器安装域服务，然后将此服务器提升为“de.com”域控制器，通过“服务器管理器 仪表板”窗口中的“工具”选项打开“Active Directory 域和信任关系”对话框。在“Active Directory 域和信任关系”中选择“de.com”并右击，选择“属性”，如图 6-3-10 所示。

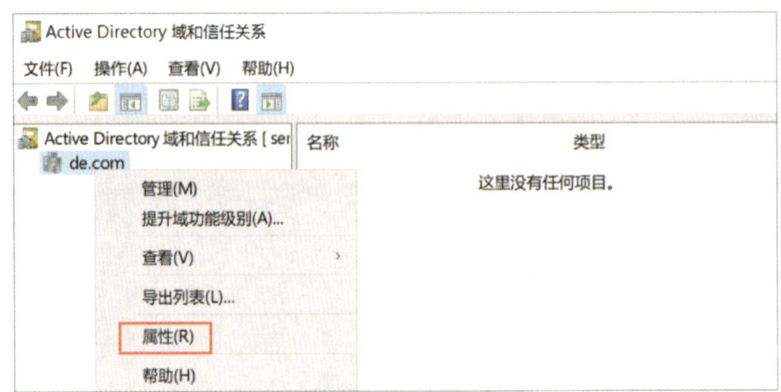

图 6-3-10 打开域的属性

2. 选择“信任”选项卡，单击“新建信任”按钮，如图 6-3-11 所示。

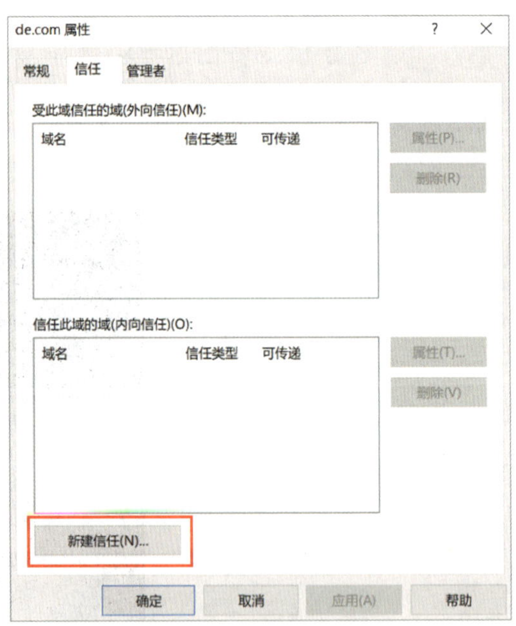

图 6-3-11 新建信任

3. 打开“新建信任向导”对话框，单击“下一步”按钮，选择适当的信任类型，本任务要求选择“与一个 Windows 域建立信任”，输入域名“gs.com”，单击“下一步”按钮，如图 6-3-12 所示。

4. 将创建信任类型设为“林信任”，单击“下一步”按钮，如图 6-3-13 所示。

5. 将两个域的信任方向设为“双向”，单击“下一步”按钮，如图 6-3-14 所示。

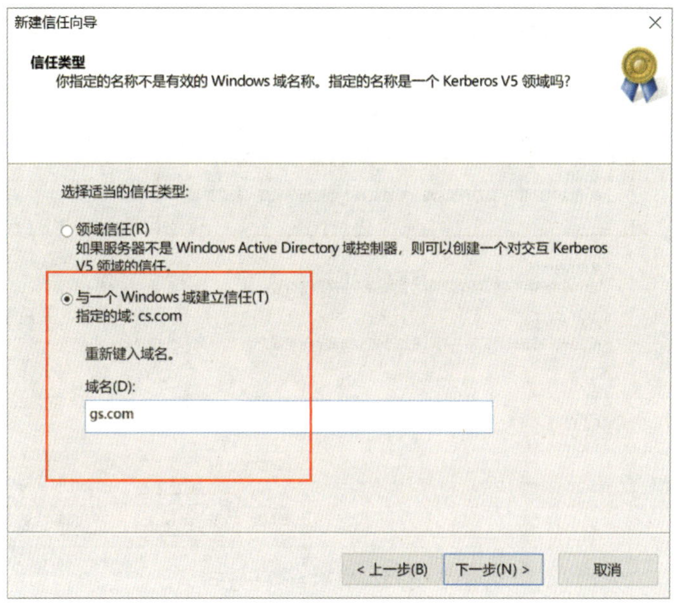

图 6-3-12　输入建立信任关系的域名

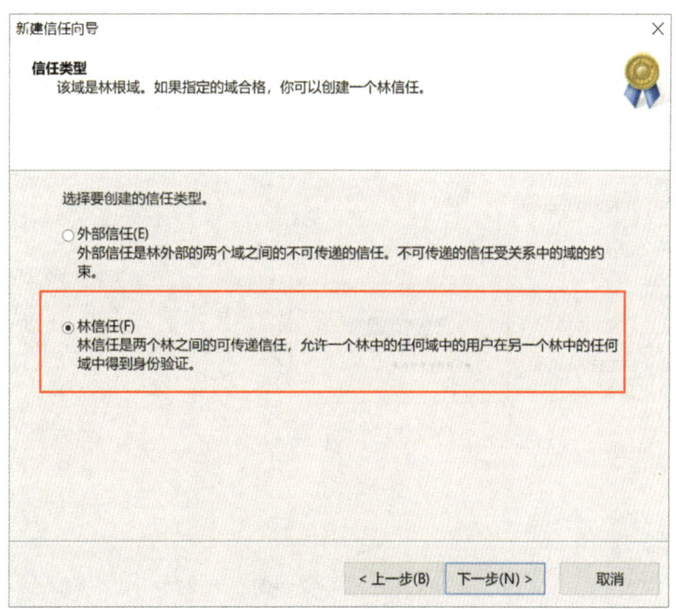

图 6-3-13　选择信任类型

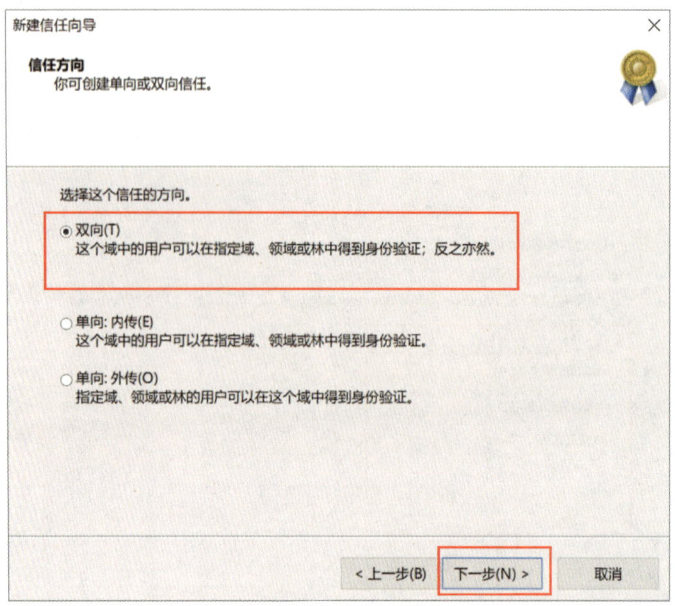

图 6-3-14　选择信任方向

6. 要构建双向信任关系，必须使用有指定域管理权限的账户，输入域“gs.com”的管理员用户名“gs\administrator”和密码，如图 6-3-15 所示。

图 6-3-15　输入指定的域账户用户名和密码

7. 将“gs.com”林用户的身份验证范围设为“全林性身份验证”，如图 6-3-16 所示。

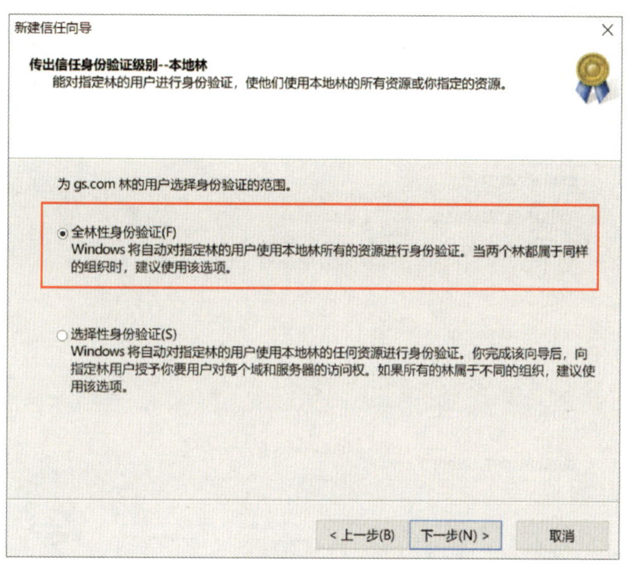

图 6-3-16　选择指定林用户身份验证范围

8. 本地林用户的身份验证范围也设为“全林性身份验证”，如图 6-3-17 所示。

9. 信任创建完毕，单击“下一步”按钮，到“gs.com”域控制器的“Active Directory 域和信任关系”查看信任关系是否创建，如果成功，选择“是，确认传入信任”，然后单击“下一步”按钮，如图 6-3-18 所示。

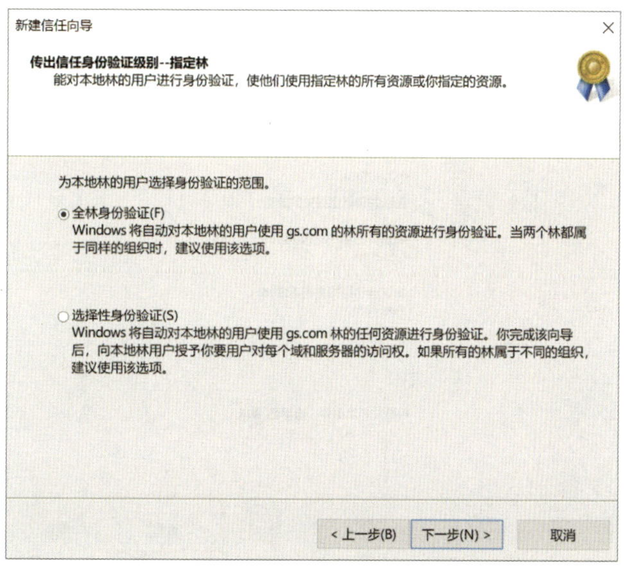

图 6-3-17　选择本地林用户身份验证范围

图 6-3-18　确认传入信任

10. 单击"完成"按钮，完成域树"gs.com"和域树"de.com"信任关系的建立，如图 6-3-19 所示。

图 6-3-19　完成双方域信任关系的建立

11. 在域“de.com”和域“gs.com”的“Active Directory 域和信任关系”属性中可查看信任的域，如图 6-3-20 所示。

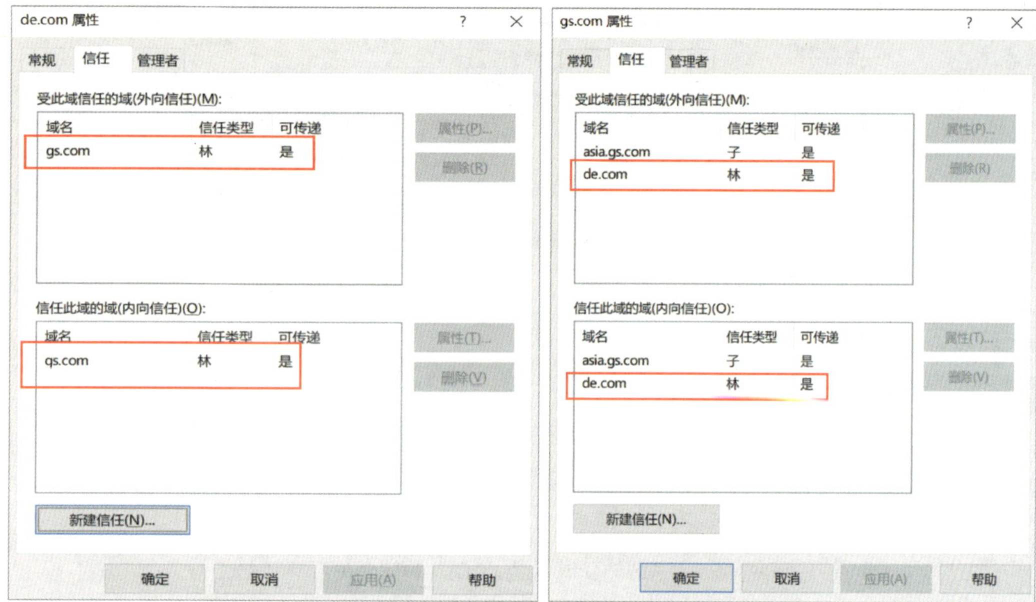

图 6-3-20　域“de.com”和域“gs.com”信任的域

任务验收可参考表 6-3-2。

表 6-3-2　任务验收表

验收内容	验收方法	验收标准	参考图
子域的创建	打开子域“asia.gs.com”域控制器的“Active Directory 域和信任关系”属性	与域“gs.com”的信任关系为“父”，并可以进行验证	图 6-3-21 和图 6-3-22
两个域树的信任关系	1. 在域“de.com”控制器上建立共享文件夹 2. 打开域“gs.com”控制器的资源管理器，输入“\\de.com”	能打开域“de.com”的共享文件夹	图 6-3-23

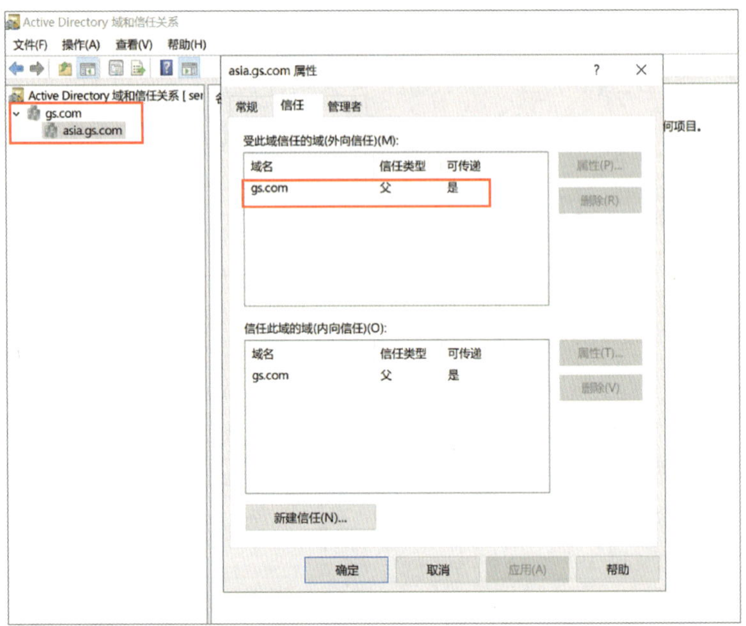

图 6-3-21　子域与父域“gs.com”的信任关系参考图

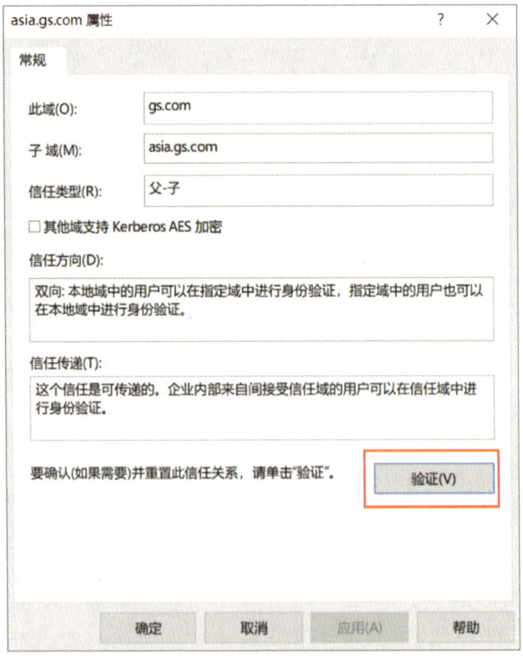

asia.gs.com 属性
常规
此域(O): gs.com
子 域(M): asia.gs.com
信任类型(R): 父-子
☐ 其他域支持 Kerberos AES 加密
信任方向(D):
双向: 本地域中的用户可以在指定域中进行身份验证，指定域中的用户也可以在本地域中进行身份验证。
信任传递(T):
这个信任是可传递的。企业内部来自间接受信任域的用户可以在信任域中进行身份验证。
要确认(如果需要)并重置此信任关系，请单击"验证"。 验证(V)
确定 取消 应用(A) 帮助

图 6-3-22　验证信任关系参考图

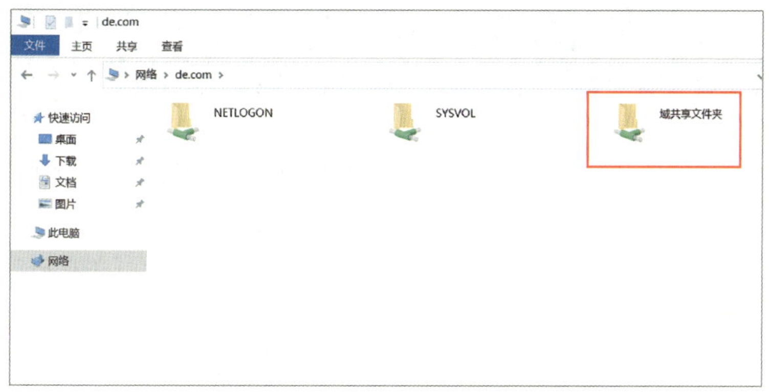

图 6-3-23　跨域访问共享资源参考图

项目七　DHCP 服务器的安装与配置

网络中的每一台计算机都必须有一个唯一的 IP 地址，并且通过此 IP 地址来与网络中的其他主机通信。在大型企业的网络中，会有大量的主机或设备需要获取 IP 地址等网络参数，采用手工配置，工作量大且不好管理。如果有用户擅自修改网络参数，还有可能会造成 IP 地址冲突等问题。使用动态主机配置协议（dynamic host configuration protocol，DHCP）来分配 IP 地址等网络参数，可以减少管理员的工作量，避免用户手工配置网络参数时可能造成的 IP 地址冲突。

本任务通过“DHCP 服务器的安装”“DHCP 中继代理的配置”“DHCP 超级作用域的配置”3 个任务，理解 DHCP 的工作原理，掌握使用 DHCP 进行网络管理的基本方法。DHCP 是网络服务的一种，其他网络服务的安装配置与 DHCP 有许多相同之处，通过完成这些任务，可以进一步理解网络服务的概念，掌握在 Windows Server 2022 操作系统中安装配置网络服务的一般方法。

某公司组建单位内部的局域网，计算机在接入网络时需要分配 IP 地址。随着计算机数量的增加，网络管理员在客户端的 TCP/IP 维护上花费了不少时间。在这种情况下，需要在局域网内部安装并配置 DHCP 服务器，为公司内除服务器以外的所有计算机自动配置 IP 地址（192.168.10.2 ~ 192.168.10.250，但不使用 192.168.10.200 ~ 192.168.10.210）、子网掩码、默认网关、DNS 服务器地址（192.168.10.100）等网络参数，保留 Web 服务器地址（192.168.10.110）。为应对计算机数量的增加，新增网段 192.168.20.0，DHCP 服务仍由原服务器提供，并考虑解决单个作用域地址耗尽的问题。网络拓扑图如图 7-0-1 所示。

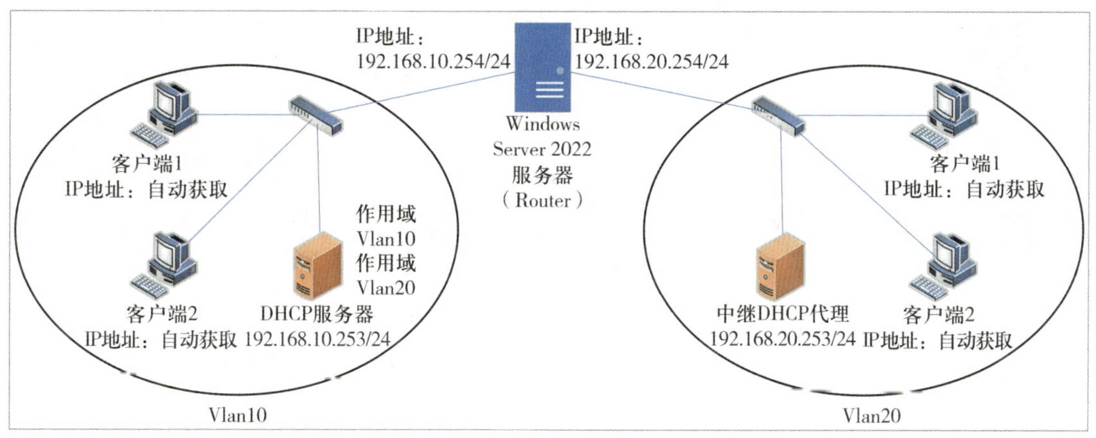

图 7-0-1　网络拓扑图

任务 1　DHCP 服务器的安装

学习目标

1. 了解 TCP/IP 网络中 IP 地址的分配方式和特点。
2. 理解 DHCP 的基本概念和工作原理。
3. 能完成 DHCP 服务器的安装和配置。
4. 能完成 DHCP 作用域的配置。
5. 能完成 DHCP 客户机的设置。

任务描述

从“项目描述”可知，公司内部安装并配置一台运行 Windows Server 2022 网络操作系统

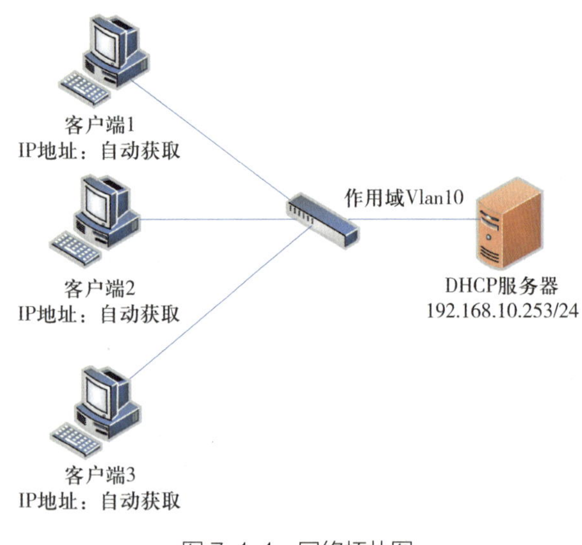

图 7-1-1 网络拓扑图

的 DHCP 服务器，为公司内除服务器以外的所有计算机自动配置 IP 地址、子网掩码、默认网关、DNS 服务器地址等网络参数，配置 DHCP 的 IP 地址分配范围为 192.168.10.2 ~ 192.168.10.250，在 DHCP 服务器中排除 IP 地址范围 192.168.10.200 ~ 192.168.10.210 和 DNS 服务器 IP 地址 192.168.10.100，配置 DHCP 服务器分配的默认网关为 192.168.10.254，保留 Web 服务器地址 192.168.10.110。公司内部网络拓扑图如图 7-1-1 所示，具体网络参数见表 7-1-1。

表 7-1-1 网络参数

计算机	IP 地址	子网掩码	默认网关	首选 DNS
客户端	自动获取	—	—	自动获取
DHCP	192.168.10.253	255.255.255.0	192.168.10.254	192.168.10.100

一、DHCP 的概念

IP 地址的分配方式有两种。一种是静态 IP，即根据网络中的 IP 分配规则手动配置一个固定的 IP 地址，长期不变。另一种是动态 IP，由专门的服务器自动分配一个临时 IP 地址，该地址到期后可能会发生变化。实现 IP 地址自动分配功能的服务器就是 DHCP 服务器。

DHCP 的全称为 dynamic host configuration protocol，中文含义为“动态主机配置协议”，它通常被应用在大型的局域网络环境中，主要作用是集中地管理、分配 IP 地址，使网络环境中的主机动态地获得 IP 地址、默认网关、DNS 服务器地址等信息，并能够提升 IP 地址的使用率。

DHCP 服务器的主要功能包括以下几方面。

自动分配：DHCP 服务可以根据客户端的请求自动分配 IP 地址，这样可以减少人工干预，简化网络管理。

动态管理：DHCP 服务器支持网络的动态扩展，因为它可以在需要时分配新的 IP 地址，并且在不再需要时可以释放这些地址。

更新网络参数：DHCP 服务器还能管理网络参数的更新，如当路由器或交换机上的配置更改时，DHCP 服务器会自动通知所有客户端更新网络参数。

在使用 DHCP 服务时，整个网络至少有一台服务器上安装了 DHCP 服务，其他要使用 DHCP 服务功能的客户端则必须设置为利用 DHCP 服务获得 IP 地址。客户端在向服务器请求一个 IP 地址时，如果服务器上还有 IP 地址没有使用，则在其数据库中登记该 IP 地址已被该客户端使用，然后回应这个 IP 地址及相关的选项给客户端，如图 7-1-2 所示。

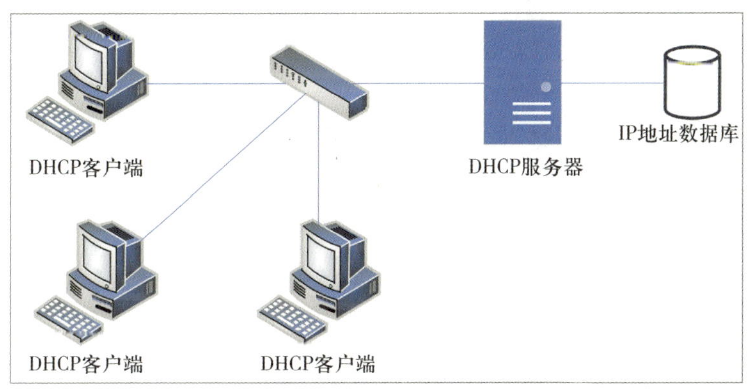

图 7-1-2　DHCP 的网络示意图

二、DHCP 服务的主要术语

1. 作用域

作用域是用于网络的 IP 地址的完整连续范围。作用域通常定义为提供 DHCP 服务的网络上的单独物理子网。作用域还为服务器提供管理 IP 地址的分配和指派，以及与网上客户相关的任何配置参数的主要方法。

2. 超级作用域

超级作用域是可用于支持相同物理子网上多个逻辑 IP 子网的作用域的管理性分组。

3. 排除范围

排除范围是作用域内从 DHCP 服务器中排除的有限 IP 地址序列。在这些范围中的任何地址都不会由网络上的服务器提供给 DHCP 客户端。

4. 地址池

在定义 DHCP 作用域并应用排除范围之后，剩余的地址在作用域内形成可用地址池。

5. 租约

租约是 DHCP 服务器分配给客户端的完整协议，包括 IP 地址、子网掩码、默认网关、DNS 服务器地址以及该配置的有效使用权限等。

6. 租期

租期指 DHCP 客户端从 DHCP 服务器获得完整的 TCP/IP 配置后，可使用该 TCP/IP 配置的最大时长。

7. 保留

保留是指通过 DHCP 服务器为特定客户端永久分配固定的 IP 地址。

8. 选项类型

选项类型是 DHCP 服务器在向 DHCP 客户端提供租约服务时指派的其他客户端配置参数。例如，某些公用选项包含用于默认网关（路由器）、WINS 服务器和 DNS 服务器的 IP 地址。

9. 选项类别

选项类别是一种可供服务器进一步管理并提供给客户的选项类型的方式。当选项类别被添加到服务器时，可为该类别的客户端提供用于其配置的类别特定选项类型。

三、DHCP 服务地址的分配方式

DHCP 服务允许 3 种地址分配方式。

1. 自动分配方式

当 DHCP 客户端第一次成功地从 DHCP 服务器端租用到 IP 地址之后，就永久性地占用这个地址，如同被分配了专属 IP 地址。

2. 动态分配方式

当 DHCP 客户端第一次从 DHCP 服务器端租用到 IP 地址之后，并非永久地使用该地址，只要租约到期，客户端就要释放这个 IP 地址，以让给其他客户端使用。但原客户端可以比其他客户端更优先地更新租约，或是租用其他 IP 地址。

3. 手动分配方式

DHCP 客户端的 IP 地址是由网络管理员指定的，DHCP 服务器只是把指定的 IP 地址告诉 DHCP 客户端。

四、DHCP 的工作原理

当 DHCP 客户端第一次启动时，会通过一系列步骤获得其 TCP/IP 配置信息，并得到 IP 地址的租期。DHCP 客户端从 DHCP 服务器上获得完整的 TCP/IP 配置需要经过以下几个过程，如图 7-1-3 所示。

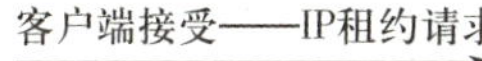

图 7-1-3　DHCP 服务的工作过程

1. 客户端请求

当客户端首次加入网络或者需要重新获取 IP 地址时，它会向网络发出一个包含自身 MAC 地址的 DHCP Discover（发现）广播报文。

2. 服务器响应

DHCP 服务器接收到客户端的广播报文后，会选出一个未使用的 IP 地址，连同其他必要的 TCP/IP 设置，通过 DHCP Offer（提供）报文反馈给客户端。

3. 客户端接受

客户端接收到 DHCP 服务器的报文后，如果需要这个 IP 地址，它会回应一个 ACK（确认）

报文，表示接受这个 IP 地址及其相关的网络参数。

4. IP 地址分配

客户端确认接受后，服务器就会为其分配 IP 地址，并将相应的记录保存在数据库中。

DHCP 的设计旨在提高网络效率和可靠性，同时降低网络管理的复杂度。此外，为了保证兼容性和安全性，DHCP 还包括一些额外的功能和安全措施，如租约机制和对未知客户端的安全检查。

五、常用的 DHCP 选项

DHCP 服务器除了可以为 DHCP 客户端提供 IP 地址外，还可以设置 DHCP 客户端启动时的工作环境，如客户端登录的域名称、DNS 服务器、WINS 服务器、路由器、默认网关等。

在客户端启动或更新租约时，DHCP 服务器可以自动设置客户端启动后的 TCP/IP 环境。在实际应用中，需要对常用的 DHCP 选项进行配置。常用的 DHCP 选项见表 7–1–2。

表 7-1-2　常用的 DHCP 选项

选项代码	选项名称	说明
003	路由器	DHCP 客户端所在 IP 子网的默认网关的 IP 地址
006	DNS 服务器	DHCP 客户端解析 FQDN（fully qualified domain name，完全限定域名，即设备的完整域名）时需要使用的首选和备用 DNS 服务器的 IP 地址
015	DNS 域名	DHCP 客户端在解析只包含主机但不包含域名的不完整 FQDN 时应使用的默认域名
044	WINS 服务器	DHCP 客户端解析 NetBIOS 名称时需要使用的首选和备用 WINS 服务器的 IP 地址
046	WINS NetBIOS 节点类型	DHCP 客户端使用的 NetBIOS 名称解析方法

按照作用范围优先级不同，这些选项又包括 4 种类型。

1. 默认服务器选项

这些选项的设置影响 DHCP 窗口中相应服务器的所有作用域中的客户和类选项。

2. 作用域选项

这些选项的设置只影响相应作用域中的地址租约。

3. 类选项

这些选项的设置只影响被指定使用相应 DHCP 类 ID 的客户端。

4. 保留客户选项

这些选项的设置只影响指定的保留客户。

它们的优先级由高到低依次是保留客户选项、类选项、作用域选项、默认服务器选项。

一、安装 DHCP 服务器

在 DHCP 服务器（192.168.10.253）上安装 DHCP 服务。

依次单击“开始”按钮→“服务器管理器”→“管理”，选择“添加角色和功能”，启动“添加角色和功能向导”，在“开始之前”中单击“下一步”按钮，进入“安装类型”界面，选中“基于角色或基于功能的安装”，单击“下一步”按钮，在“服务器选择”界面中选中当前服务器（默认值），单击“下一步”按钮，在“服务器角色”界面中勾选“DHCP 服务器”，如图 7–1–4 所示，单击“下一步”按钮，在弹出的窗口中单击“添加功能”按钮。

依次在“功能”“DHCP 服务器”“确认”界面中单击“下一步”按钮，最后单击“安装”按钮，开始安装 DHCP 服务器角色，安装完成后关闭“添加角色和功能向导”对话框。

二、创建 DHCP 作用域

1. 创建名为“10 段子网”的 DHCP 作用域。在“服务器管理器 仪表板”窗口依次选择“工具”→“DHCP”。若DHCP服务器是域成员，需要在DHCP安装完成后管理授权的服务器，右击“DHCP”，选择“管理授权的服务器”，如图7-1-5所示，输入DHCP的IP地址。

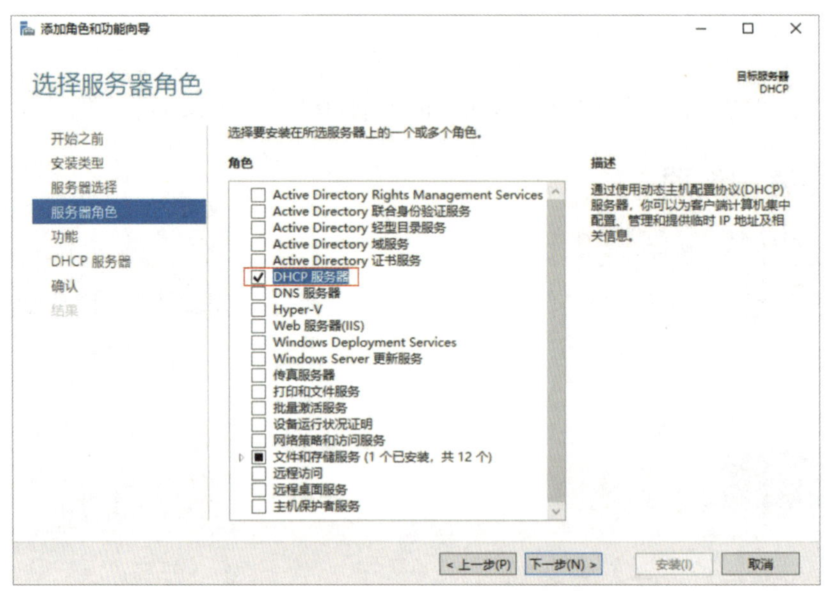

图 7-1-4　勾选 DHCP 服务器

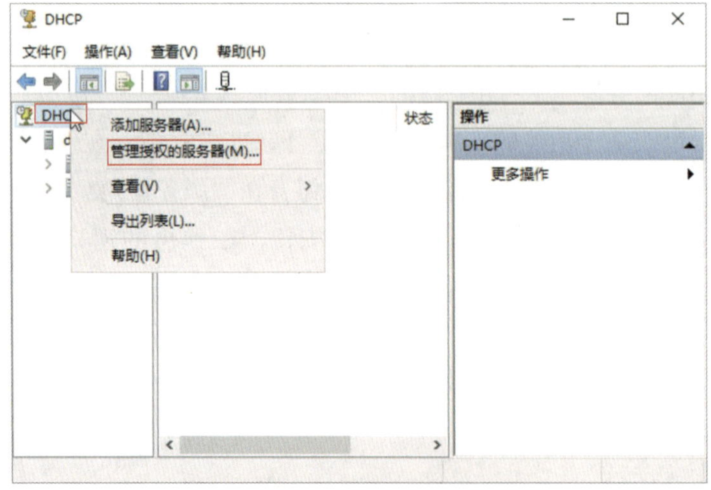

图 7-1-5　管理授权的服务器

2. 对于非域成员，右击“IPv4”，选择“新建作用域”，直接新建 DHCP 作用域，如图 7-1-6 所示。

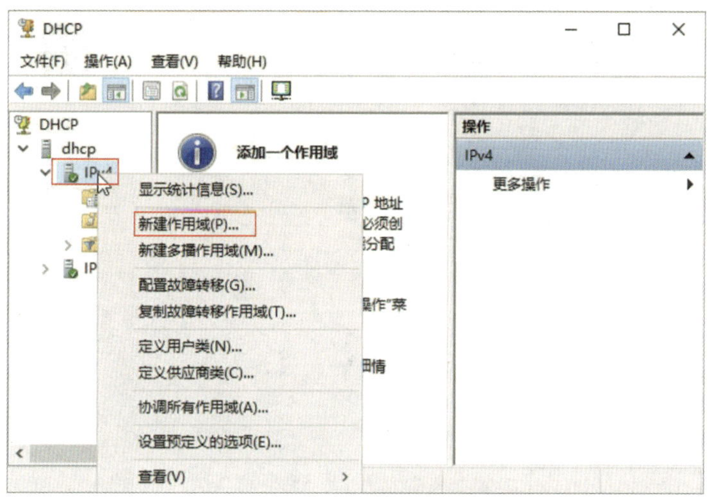

图 7-1-6　新建作用域

3. 单击“下一步”按钮，在名称处输入“10 段子网”，如图 7-1-7 所示。

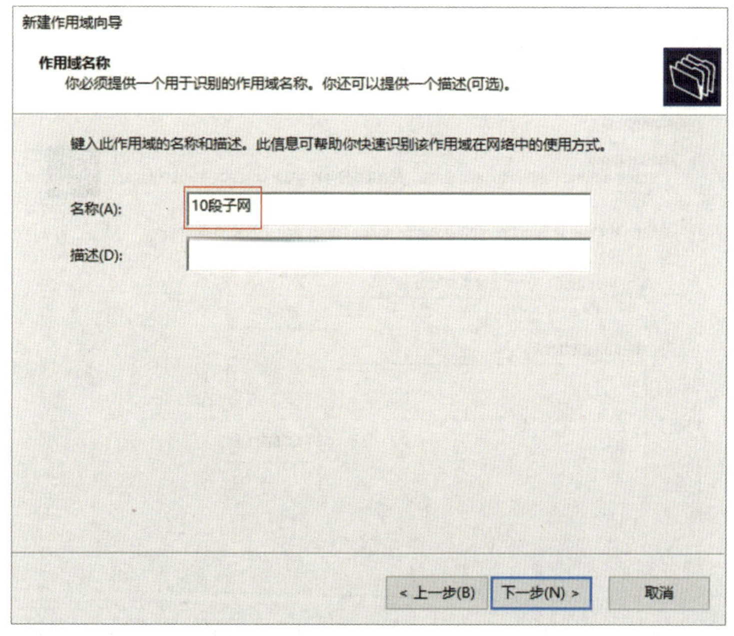

图 7-1-7　输入作用域名称

4. 在图 7–1–8 所示对话框中，按项目要求设置 IP 地址范围，起始 IP 地址为 192.168.10.2，结束 IP 地址为 192.168.10.250。

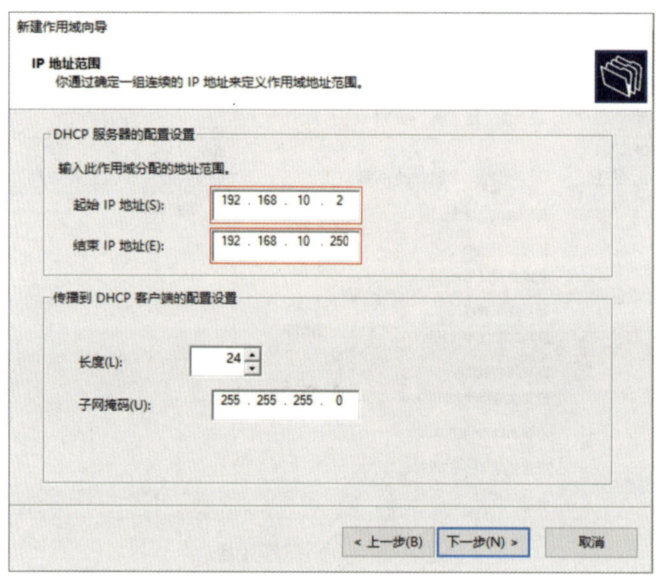

图 7–1–8　设置 IP 地址范围

5. 在图 7–1–9 所示的界面中，按项目要求添加要排除的 IP 地址，排除单个 IP 地址的写法，如图 7–1–10 所示，输入完成后单击“添加”按钮。

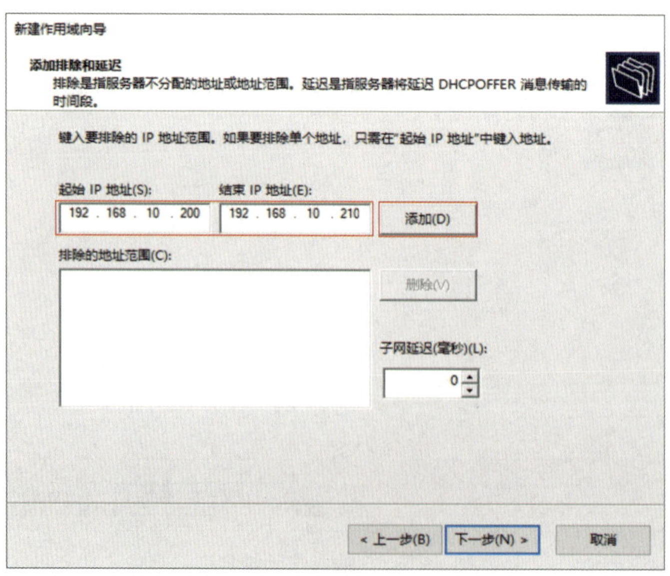

图 7–1–9　添加要排除的 IP 地址

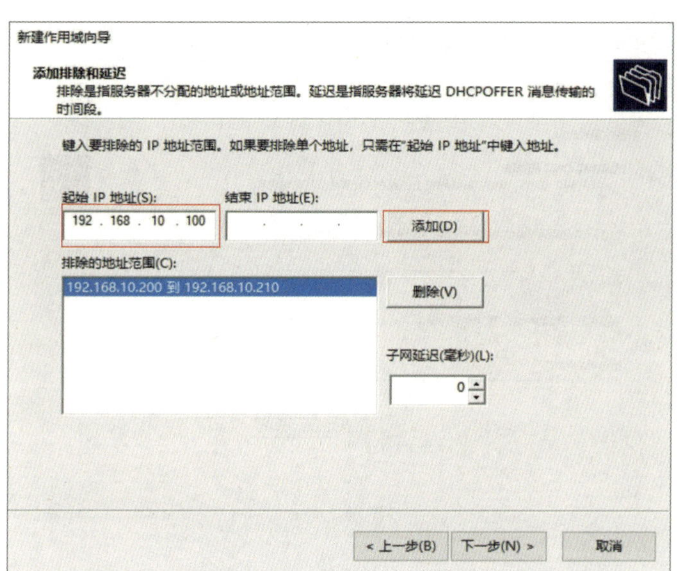

图 7-1-10　排除单个 IP 地址

6. 租用期限默认设置为 8 h。进入“配置 DHCP 选项”界面，选择“是，我想现在配置这些选项”，单击“下一步”按钮。在图 7-1-11 所示对话框中，按项目要求设置路由器（默认网关），单击“添加”完成设置，单击“下一步”按钮。

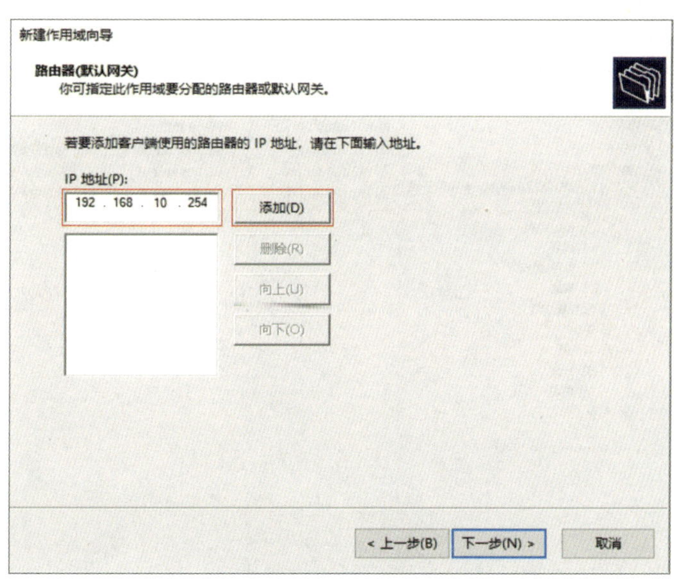

图 7-1-11　默认网关

7. 在图 7-1-12 所示对话框中，按项目要求设置 DNS 服务器的 IP 地址为 192.168.10.100，单击“下一步”按钮。

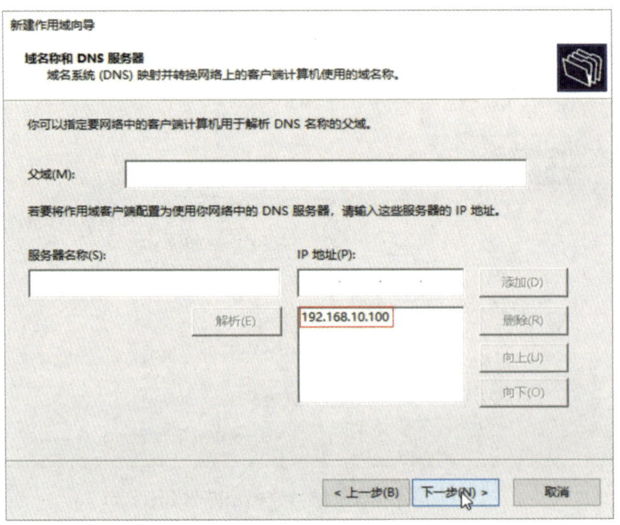

图 7-1-12　设置 DNS 服务器

8. 进入“激活作用域”对话框，选择“是，我想现在激活此作用域”，单击“下一步”按钮开始配置。

9. 配置完成后，展开 DHCP 服务器，在地址池中可以看到 DHCP 的设置项，如图 7-1-13 所示。

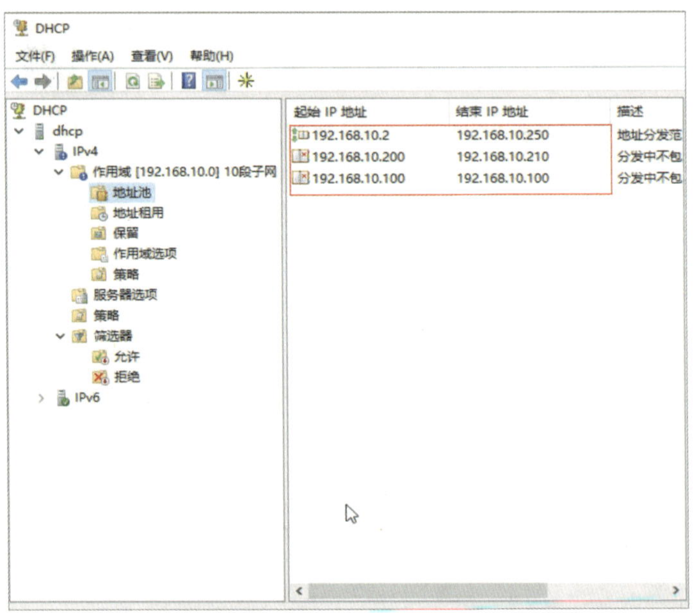

图 7-1-13　DHCP 地址池

三、配置 DHCP 选项

1. 常用的 DHCP 作用域选项可以通过右击“作用域选项”后选择“配置选项”进行配置，如图 7-1-14 所示。

2. 根据项目要求，要在 DHCP 服务器作用域中保留 Web 服务器，在“保留”选项上右击，选择“新建保留”，如图 7-1-15 所示。

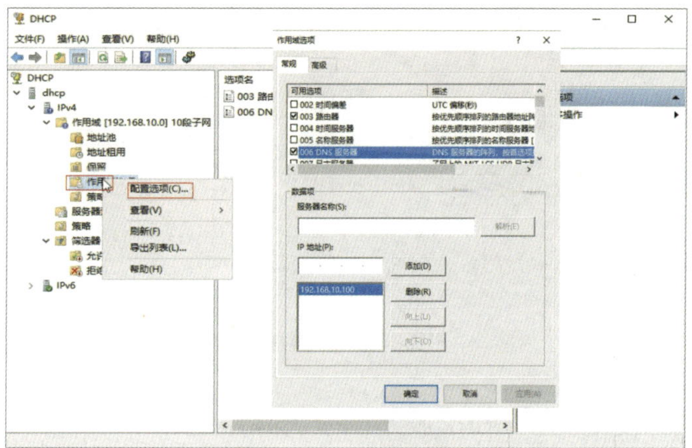

图 7-1-14　配置选项

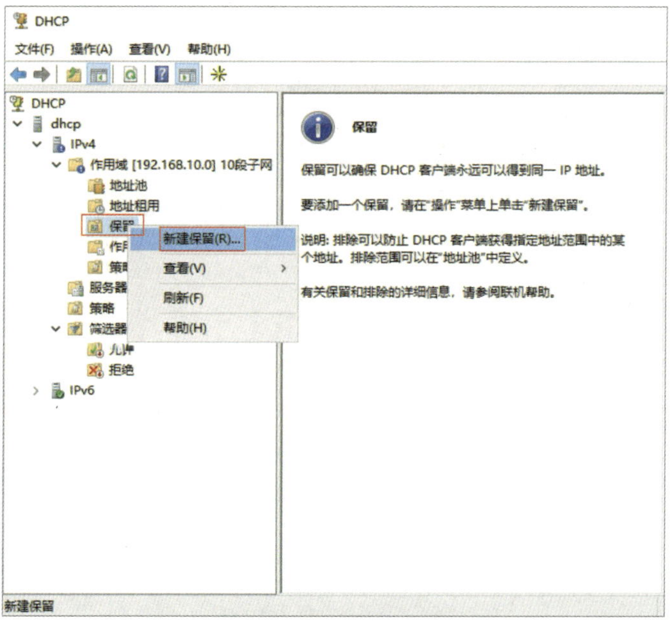

图 7-1-15　新建保留

3. 在弹出的设置对话框中输入保留名称“Web”、IP 地址“192.168.10.110”及 Web 服务器的 MAC 地址，如图 7-1-16 所示，输入完成后单击“添加”按钮。

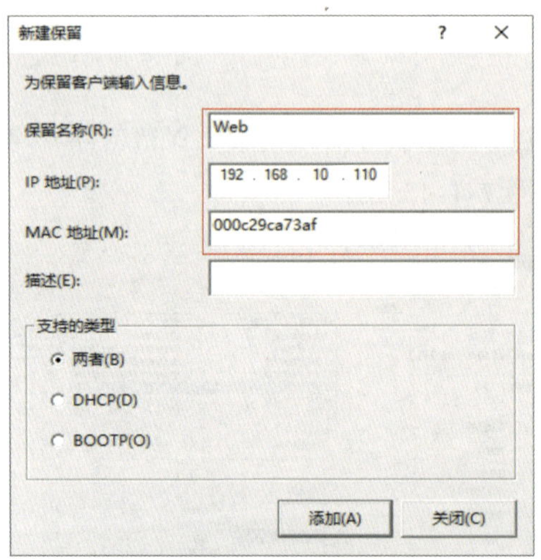

图 7-1-16　输入保留客户端信息

4. 配置完成后的信息，可在 DCHP 服务器的“保留”选项中查看，如图 7-1-17 所示。

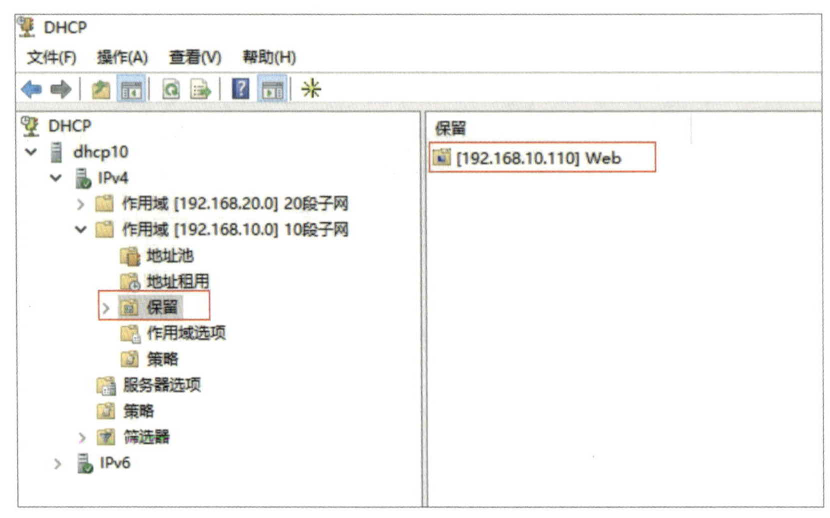

图 7-1-17　“保留”选项

四、测试 DHCP 结果

将 DHCP 客户端的 IP 地址设置方式设置为“自动获取 IP 地址”和“自动获取 DNS 服务器地址”，在本地连接的详细信息中可以看到 DHCP 客户端从 DHCP 服务器中获得的 IP 地址信息，如图 7-1-18 所示。

在 DHCP 服务器中“地址租用”选项中，也可以查看当前已经分配的客户端 IP 地址情况。

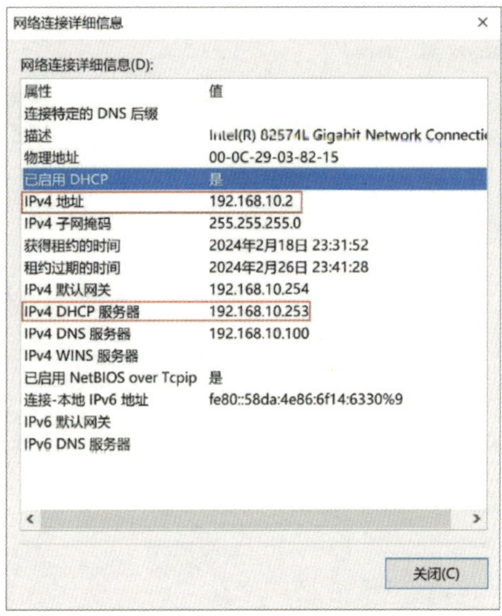

图 7-1-18　IP 地址信息

任务验收可参考表 7-1-3。

表 7-1-3　任务验收表

验收内容	验收方法	验收标准	参考图
DHCP 服务器安装	在 DHCP 客户端上将 IP 地址设置方式设为自动获取 IP 地址	在 DHCP 服务器中能够查看当前 IP 地址的分配情况，是否和 DHCP 客户端上一致	图 7-1-19

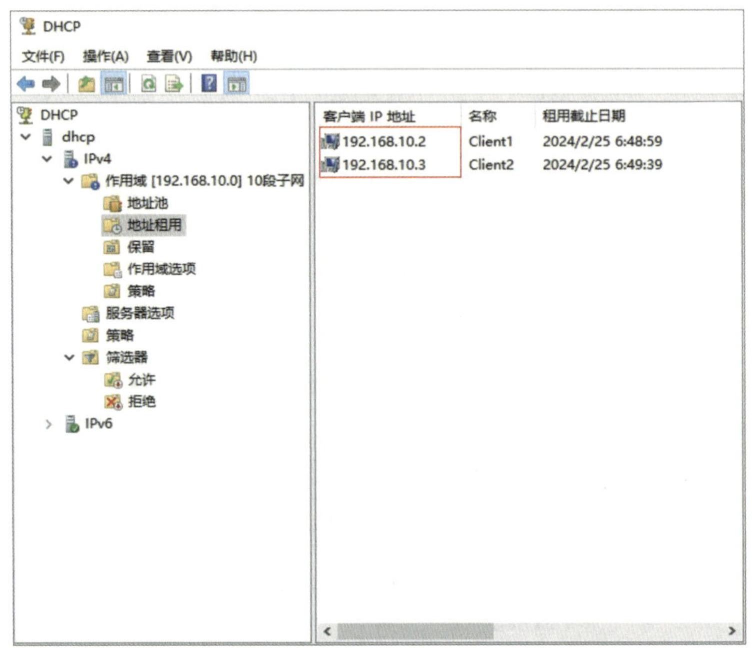

图 7-1-19　查看 IP 地址分配情况参考图

任务 2　DHCP 中继代理的配置

1. 了解 DHCP 中继代理的功能和应用。
2. 能在 Windows Server 2022 操作系统下配置 DHCP 中继代理。

由“项目描述”可知，随着内网中计算机数量的增加，原有的 IP 地址池已经不能支撑现有需求，需要对 IP 地址池进行扩大，这需要 IT 部门进行方案设计和处理。

根据需求，在原有的 192.168.10.0 段网络不变的情况下增加一个网段 192.168.20.0，同时 DHCP 服务由原有的 192.168.10.253 提供。

方案网络拓扑图如图 7-2-1 所示，网络参数详情见表 7-2-1。

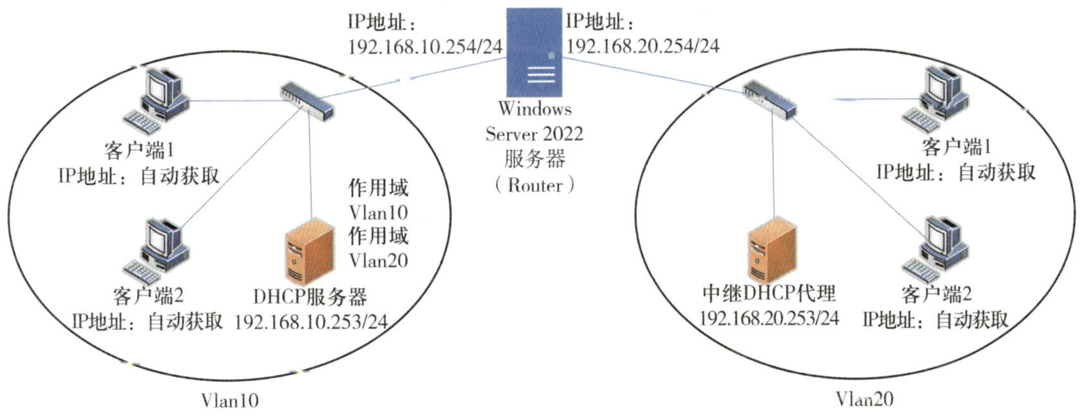

图 7-2-1　网络拓扑图

表 7-2-1　网络参数详情

主机	IP 地址	子网掩码	默认网关	首选 DNS
10 段客户端	自动获取	—	—	自动获取
20 段客户端	自动获取	—	—	自动获取
Windows Server 2022 服务器网卡 1	192.168.10.254	255.255.255.0	192.168.10.1	192.168.10.100
Windows Server 2022 服务器网卡 2	192.168.20.254	255.255.255.0	192.168.20.1	192.168.10.100
DHCP	192.168.10.253	255.255.255.0	192.168.10.254	192.168.10.100
中继 DHCP	192.168.20.253	255.255.255.0	192.168.20.254	192.168.20.100

一、DHCP 中继代理

DHCP 中继代理主要负责将 DHCP 消息从一个子网中继到另一个子网。在跨越多个子网的网络环境中，中继代理的作用非常重要。它能够帮助不同子网内的客户端设备获取 IP 地址，而无须在每个子网都部署 DHCP 服务器。中继代理通过广播 DHCP 消息，将来自客户端的请求转发给定义好的 DHCP 服务器，并将服务器的响应再次转发回请求的客户端，从而实现了不同网络间的 DHCP 消息传递。

二、跨网络 DHCP 服务器的使用方法

DHCP 服务器需要为不同网段的 DHCP 客户端分配 IP 地址，而 DHCP 信息以广播的方式发送信息，信息不能穿越到不同的网段，这时可以采用以下 3 种方法来为不同网段的 DHCP 客户端分配 IP 地址。

1. 在每一个网段都安装一个 DHCP 服务器。

2. 选用符合 RFC1542 规范的路由器，此路由器可以将 DHCP 广播转发到不同的网段。

3. 若路由器不符合 RFC1542 规范，则利用 DHCP 中继代理来为不在同一网段的 DHCP 客户端分配 IP 地址。

三、符合 RFC1542 规范的路由器的转发步骤

符合 RFC1542 规范的路由器可以将 DHCP 消息转发到不同的网络。如图 7–2–2 所示为左侧 DHCP 客户端 A 通过路由器转发 DHCP 消息的步骤，图中的数字就是其工作顺序。

1. DHCP 客户端 A 利用 DHCP Discover 广播报文查找 DHCP 服务器。

2. 路由器收到此消息后，将此消息转发到另一个网络。

3. 另一个网络内的 DHCP 服务器收到此消息后，直接向服务器发送一个 DHCP Offer 报文。

4. 路由器将此消息发送给 DHCP 客户端 A。

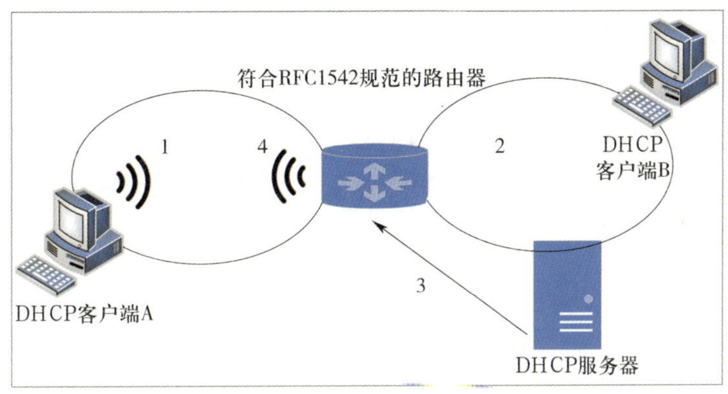

图 7-2-2　符合 RFC1542 规范的路由器的转发步骤

5. 之后由客户端发出的 DHCP Request（请求）报文及由服务器发出的 DHCP ACK 报文也都是通过路由器来转发的。

四、不符合 RFC1542 规范的路由器的转发步骤

如果路由器不符合 RFC1542 规范，则可用 Windows Server 2022 服务器做路由器，将其设为 DHCP 中继代理（DHCP relay agent），Windows Server 2022 服务器也具备转发 DHCP 消息的功能。

图 7-2-3 所示上方的 DHCP 客户端 A 通过 DHCP 中继代理的工作步骤如下。

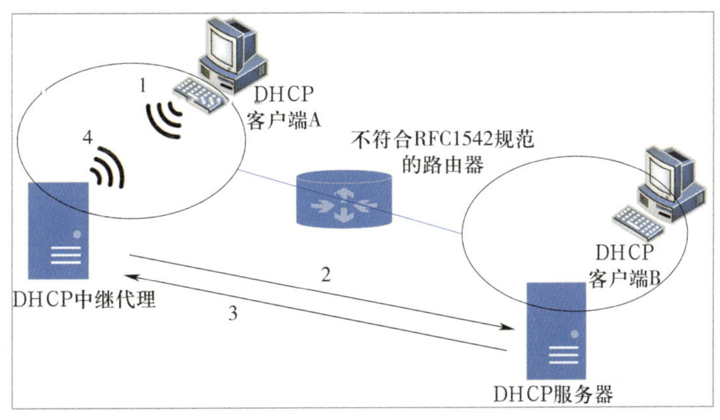

图 7-2-3　不符合 RFC1542 规范的路由器的转发步骤

1. DHCP 客户端 A 利用 DHCP Discover 广播报文查找 DHCP 服务器。

2. DHCP 中继代理收到此消息后，通过路由器将其直接发送给另一个网络内的 DHCP 服务器。

3. DHCP 服务器通过路由器向 DHCP 中继代理发出 DHCP Offer 报文。

4. DHCP 中继代理将此报文发送给 DHCP 客户端 A。

之后由客户端发出的 DHCP Request 报文及由服务器发出的 DHCP ACK 报文也都是通过 DHCP 中继代理来转发的。

一、创建两个 DHCP 作用域

DHCP 服务器（192.168.10.253）需要创建两个作用域，目前已经拥有 192.168.10.0 网段子网作用域，需要再添加 192.168.20.0 网段子网作用域。

1. 在 DHCP 服务器管理界面右击“IPv4”，选择“新建作用域”，如图 7-2-4 所示。

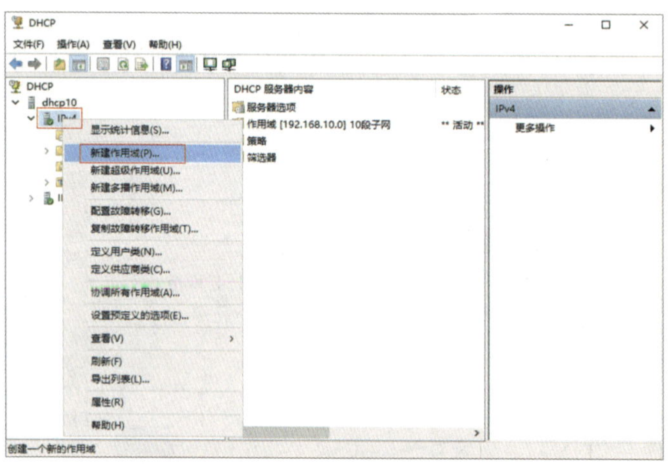

图 7-2-4　选择“新建作用域”

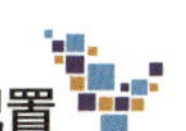

2. 设置子网名称“20 段子网”，如图 7-2-5 所示。

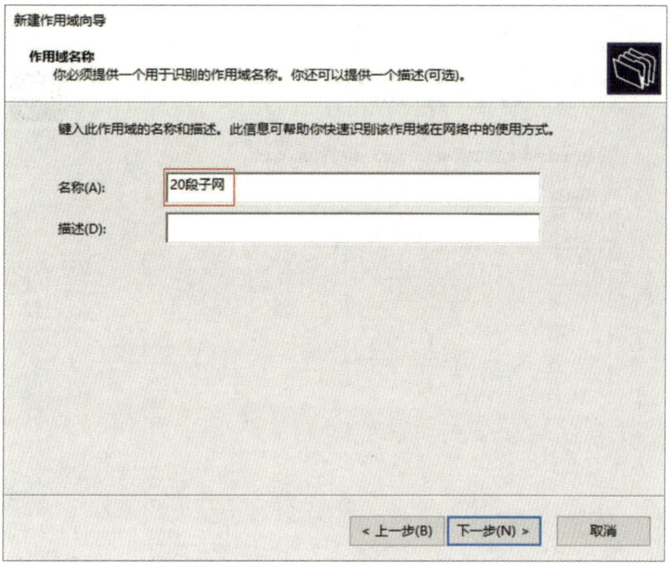

新建作用域向导
作用域名称
你必须提供一个用于识别的作用域名称。你还可以提供一个描述(可选)。
键入此作用域的名称和描述。此信息可帮助你快速识别该作用域在网络中的使用方式。
名称(A):
20段子网
描述(D):
< 上一步(B)
下一步(N) >
取消

图 7-2-5　设置子网名称

3. 如图 7-2-6 所示，设 IP 地址的分配范围为 192.168.20.2 ~ 192.168.20.250，其他设置采用默认值，单击“下一步”按钮。

新建作用域向导
IP 地址范围
你通过确定一组连续的 IP 地址来定义作用域地址范围。
DHCP 服务器的配置设置
输入此作用域分配的地址范围。
起始 IP 地址(S):
192 . 168 . 20 . 2
结束 IP 地址(E):
192 . 168 . 20 . 250
传播到 DHCP 客户端的配置设置
长度(L):
24
子网掩码(U):
255 . 255 . 255 . 0
< 上一步(B)
下一步(N) >
取消

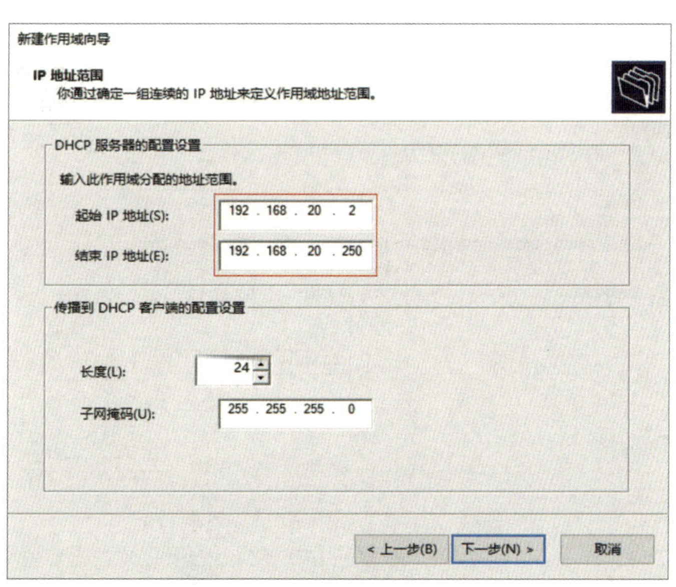

图 7-2-6　设置 IP 地址范围

4. 设置默认网关为 192.168.20.254，如图 7–2–7 所示，依次单击“添加”和“下一步”按钮。

图 7–2–7 设置默认网关

5. 如图 7–2–8 所示，设置 DNS 服务器的 IP 地址为 192.168.10.100，单击“下一步”按钮。

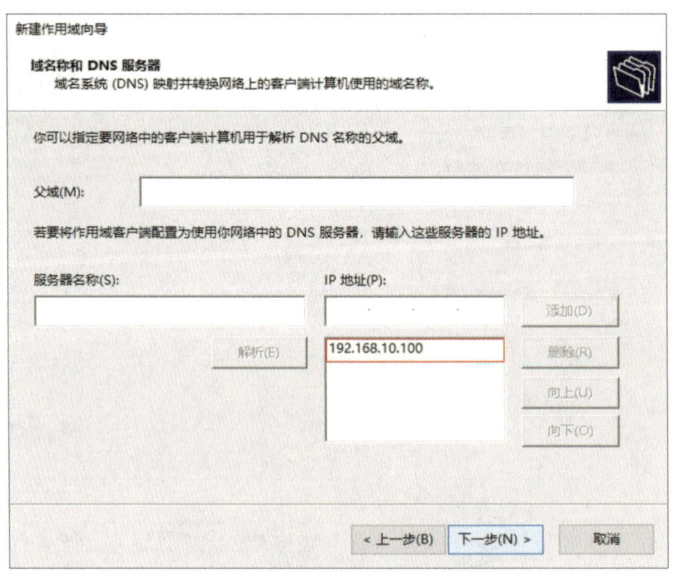

图 7–2–8 设置 DNS 服务器 IP 地址

6. 其他设置采用默认值，完成“20 段子网”作用域的创建后，在 DHCP 服务器管理界面可以看到两个作用域，如图 7-2-9 所示。

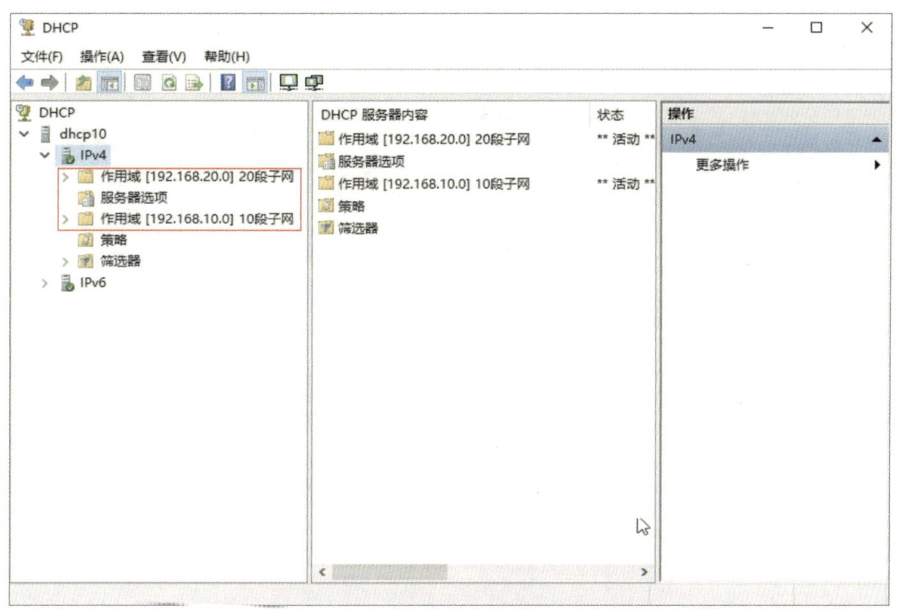

图 7-2-9　创建完成后的两个作用域

二、配置路由和远程访问

为服务器 Router 配置路由和远程访问功能，将两张网卡的 IP 地址按要求设置，在 Router 中安装远程访问功能。

1. 选择目标服务器，在图 7-2-10 中可以看到两张网卡的 IP 地址信息，单击“下一步”按钮。

2. 勾选“远程访问”，单击“下一步”按钮，如图 7-2-11 所示。

3. 勾选“DirectAccess 和 VPN（RAS）”功能，单击“下一步”按钮，如图 7-2-12 所示。

4. 如图 7-2-13 所示，单击“安装”按钮开始安装远程访问功能，安装完成后关闭窗口。

5. 在“服务器管理器”中单击“工具”选择“路由和远程访问”，打开“路由和远程访问”界面。

6. 如图 7-2-14 所示，在“路由和远程访问”界面中右击“ROUTER（本地）”，选择“配置并启用路由和远程访问”。

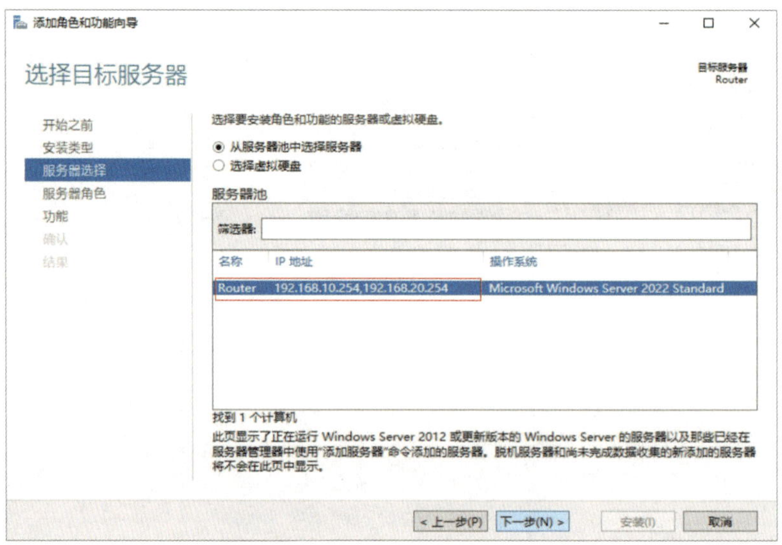

图 7-2-10　选择目标服务器

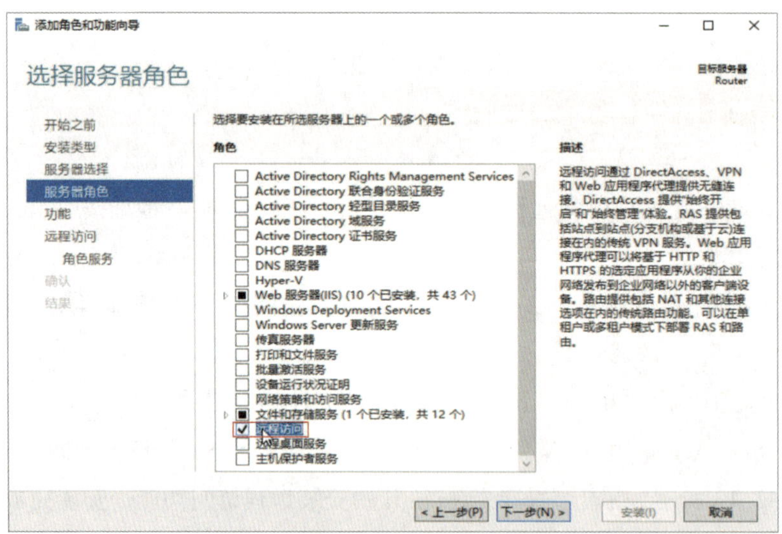

图 7-2-11　勾选“远程访问”

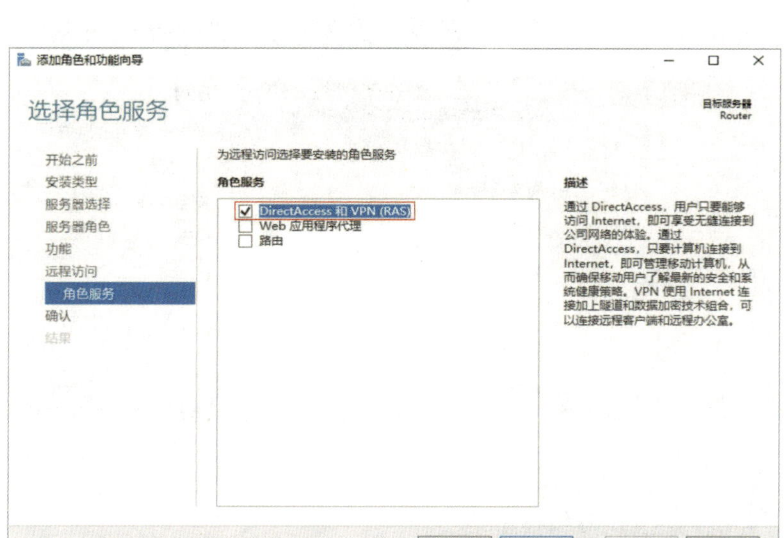

图 7-2-12　勾选“DirectAccess 和 VPN（RAS）”功能

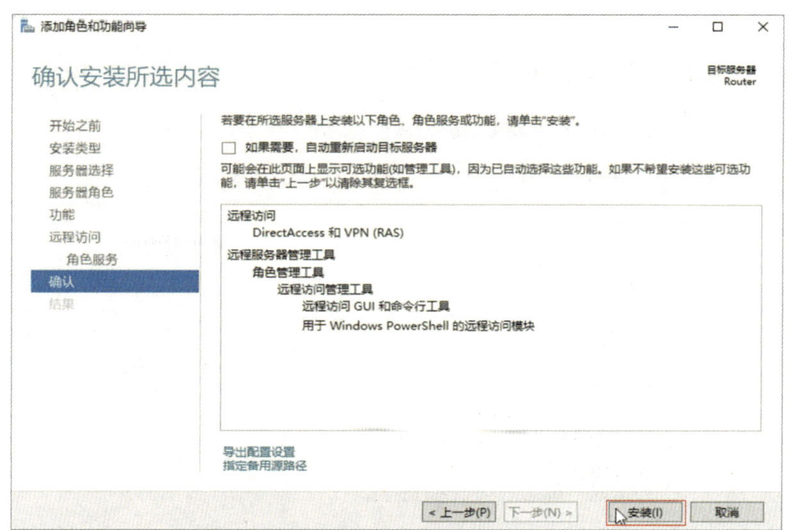

图 7-2-13　开始安装

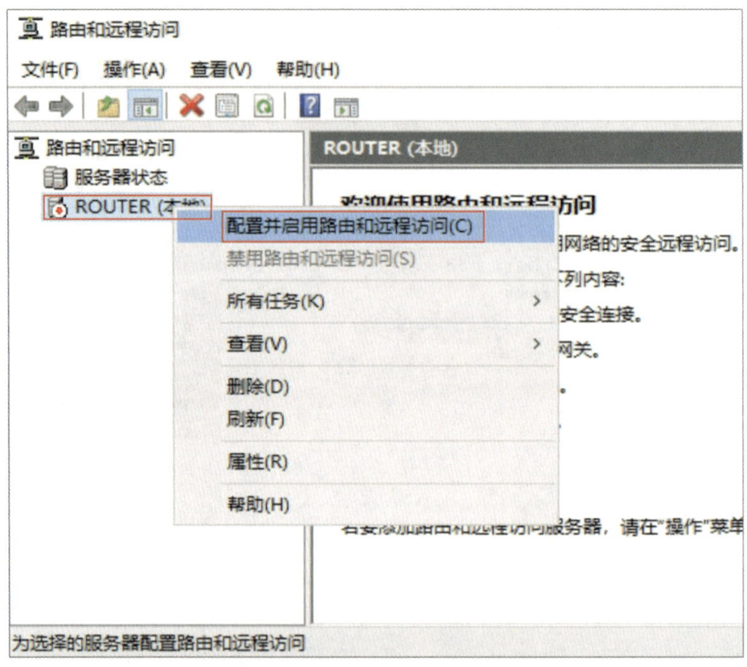

图 7-2-14　选择“配置并启用路由和远程访问”

7. 如图 7-2-15 所示，选择“自定义配置”，单击“下一步”按钮。

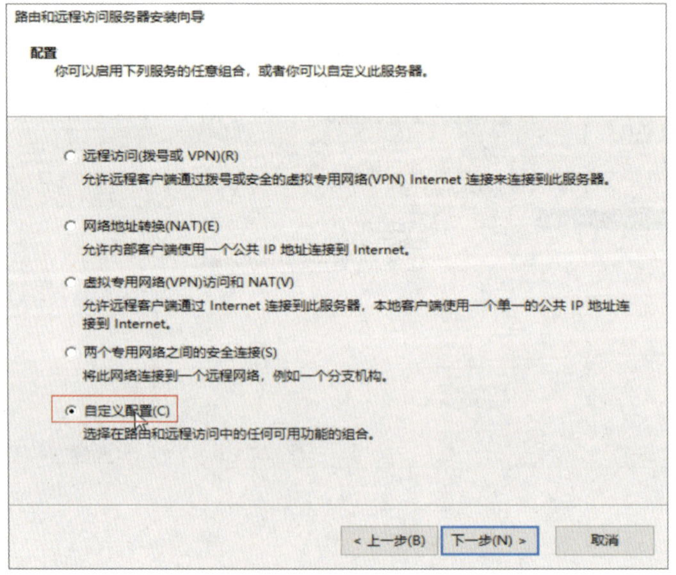

图 7-2-15　选择“自定义配置”

8. 如图 7-2-16 所示，勾选“LAN 路由”，单击“下一步”按钮。

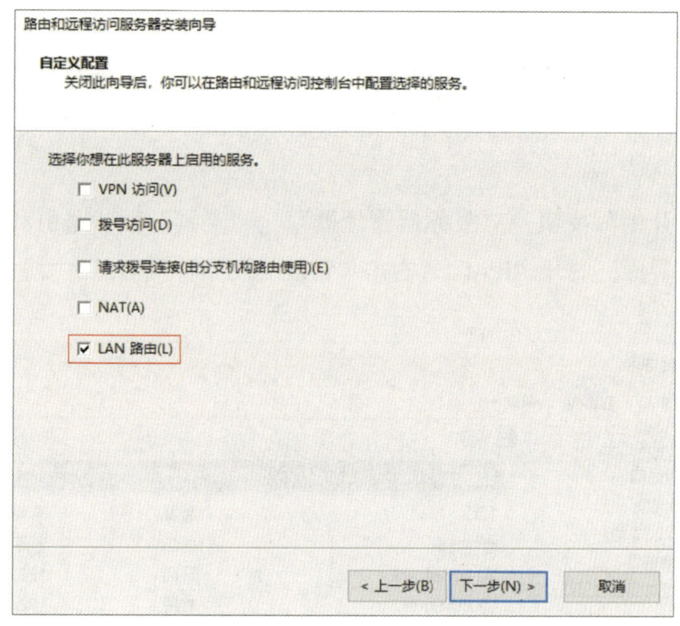

图 7-2-16　勾选“LAN 路由”

9. 完成路由和远程访问服务配置，启动服务。在“路由和远程访问”界面的“常规”选项中，可以查看到两张网卡的 IP 地址信息，如图 7-2-17 所示。

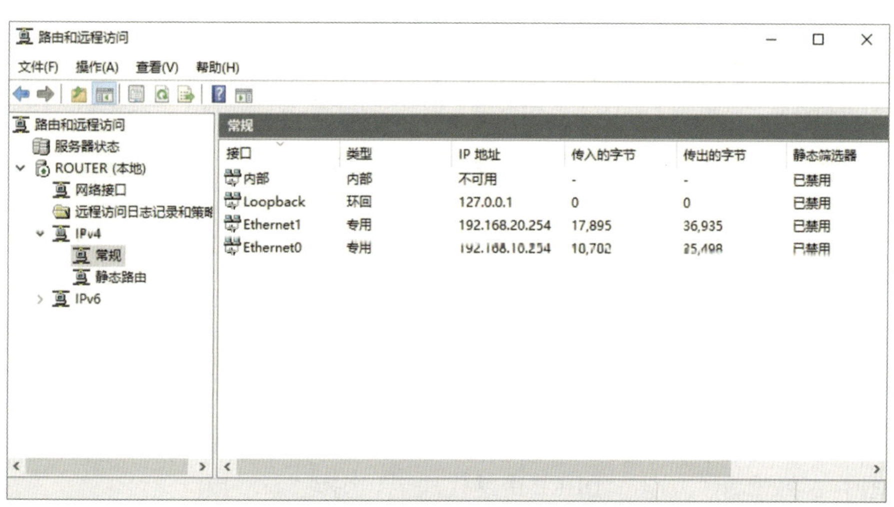

图 7-2-17　两张网卡的 IP 地址信息

三、配置中继代理

在 DHCP 中继代理服务器（192.168.20.235）上同样安装远程访问功能，如图 7-2-18 所示，具体步骤与在 Router 上安装远程访问功能相似。完成后，在 DHCP 中继代理服务器上继续进行配置。

1. 依次单击“开始”按钮→“服务器管理器”→“工具”→“路由和远程访问”，进入“路由和远程访问”界面。展开“IPv4”，右击“常规”，选择“新增路由协议”。

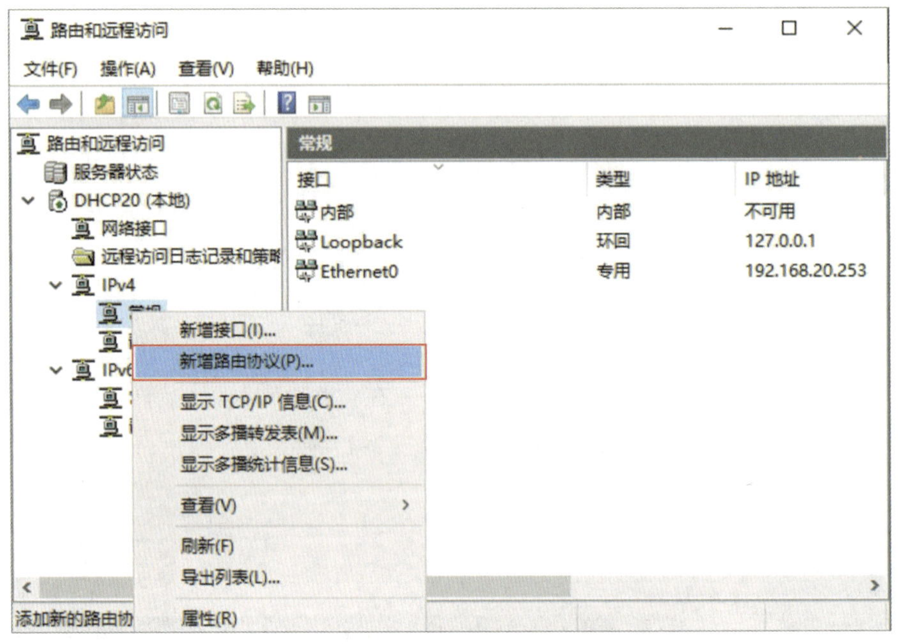

图 7-2-18　选择“新增路由协议”

2. 在弹出的“新路由协议”对话框中选择“DHCP Relay Agent”协议，单击“确定”按钮，如图 7-2-19 所示。

3. 右击“DHCP 中继代理”，选择“属性”，如图 7-2-20 所示。

4. 在弹出的“DHCP 中继代理 属性”对话框中输入 DHCP 服务器的 IP 地址“192.168.10.253”，单击“添加”按钮，如图 7-2-21 所示。单击“确定”按钮。

5. 如图 7-2-22 所示，右击“DHCP 中继代理”，选择“新增接口”。

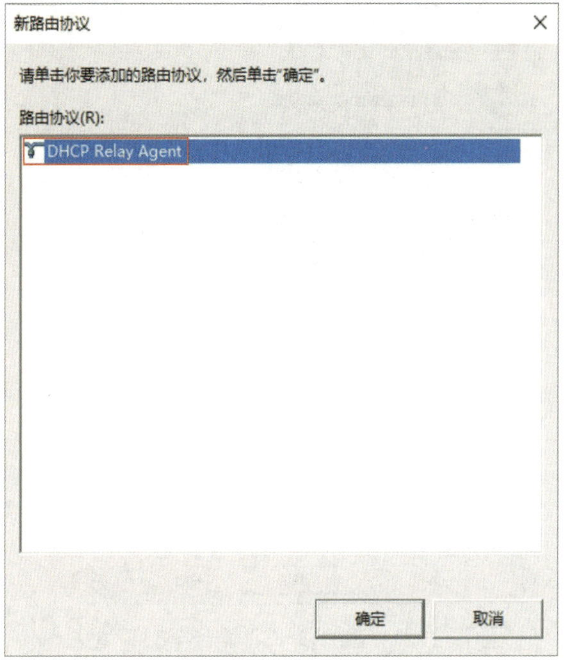

图 7-2-19　选择“DHCP Relay Agent”协议

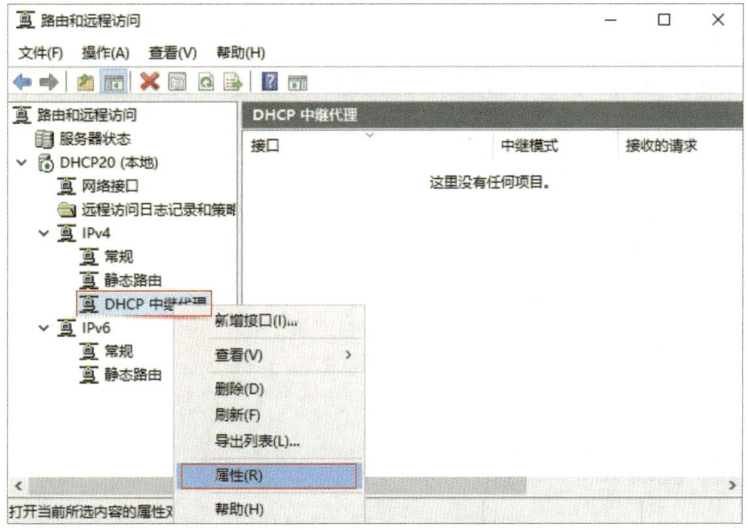

图 7-2-20　选择“DHCP 中继代理”下的“属性”

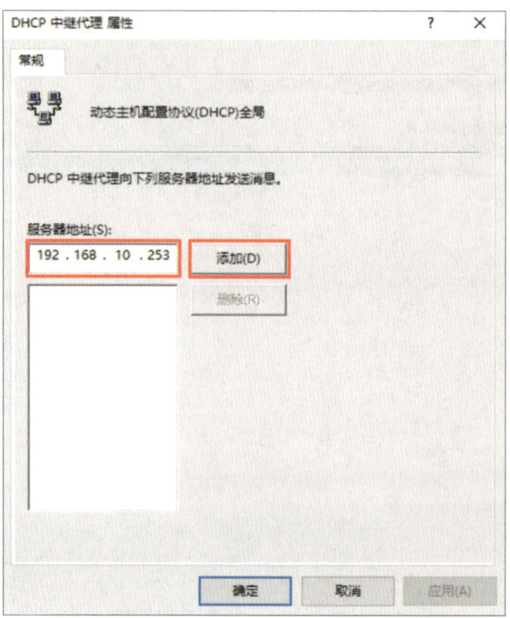

图 7-2-21　输入 DHCP 服务器的 IP 地址

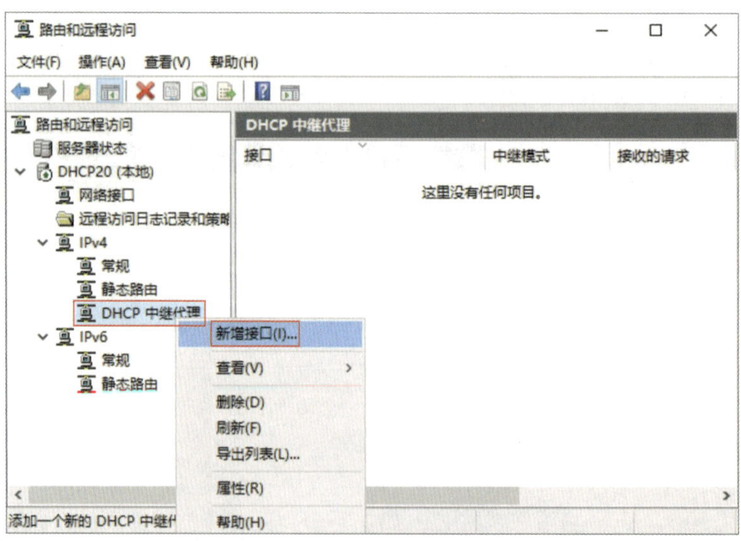

图 7-2-22　选择“新增接口”

6. 在弹出的“DHCP Relay Agent 的新接口”对话框中，选择“Ethernet0”接口，如图 7-2-23 所示，单击“确定”按钮。

7. 在弹出的“DHCP 中继属性 -Ethernet0 属性”对话框中，保留默认值，如图 7-2-24 所示，单击“确定”按钮，中继 DHCP 代理设置完成。

图 7-2-23　选择“Ethernet0”接口

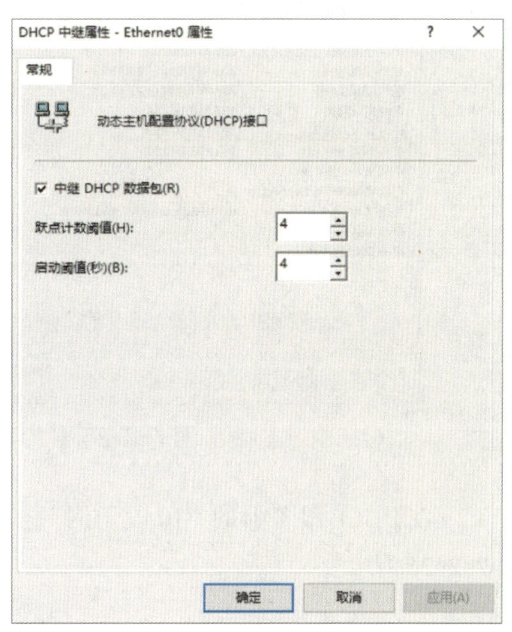

图 7-2-24　DHCP 中继属性 - Ethernet0 属性

8. 对话框中的“跃点计数阈值”表示 DHCP 广播信息最多只能经过多少个 RFC1542 路由器来转发。“启动阈值（秒）”表示在 DHCP 中继代理收到 DHCP 信息后，必须等此处所配置的时间过后，才会将信息转发给远程的 DHCP 服务器。如果本地和远程都有 DHCP 服务器，则此处的设置可以延迟将信息发送给远程的 DHCP 服务器，而让同一网络内的本地 DHCP 服务器有机会先响应客户的请求。

四、测试 DHCP 中继代理

1. 将“10 段子网”中的客户端设置为“自动获取 IP 地址”，应能够正常分配 IP 地址，如图 7-2-25 所示。

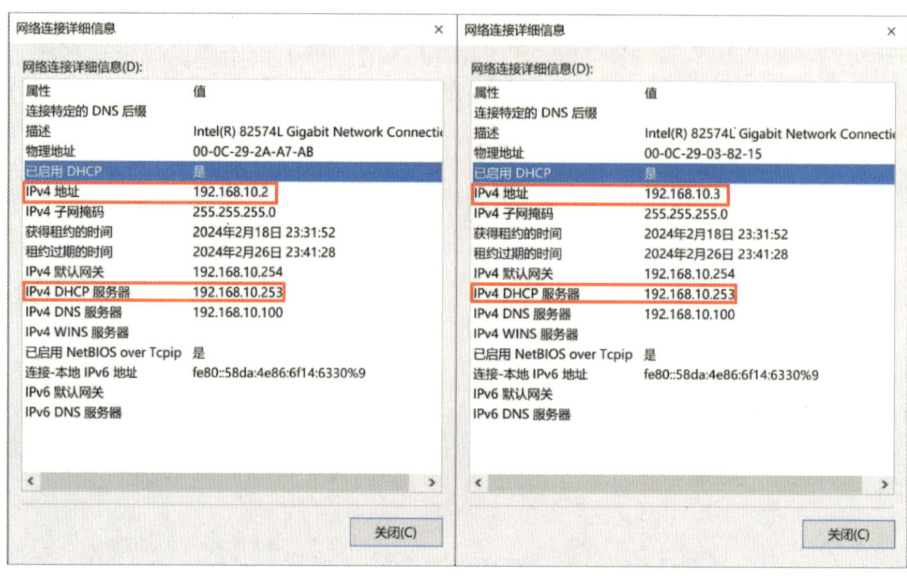

图 7-2-25 “10 段子网”正常分配 IP 地址

2. 在 DHCP 服务器的“10 段子网”作用域中可以看到已经分配 IP 地址的客户端，如图 7-2-26 所示。

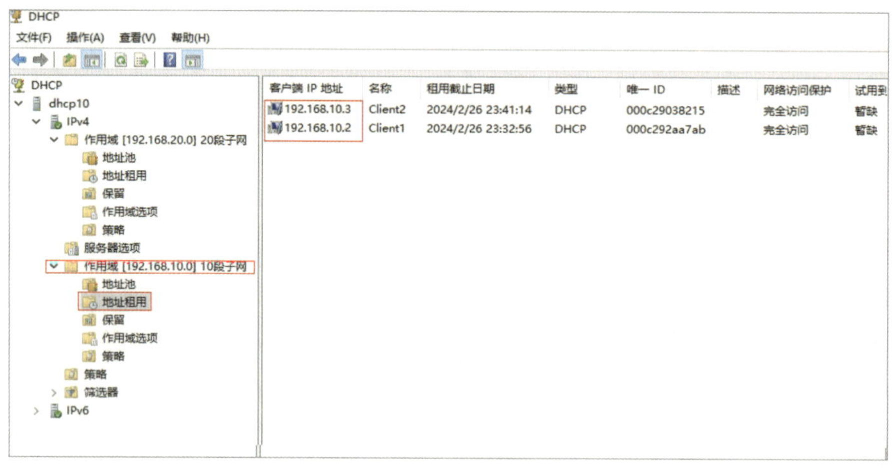

图 7-2-26 “10 段子网”中已经分配 IP 地址的客户端

3. 将“20 段子网”中的客户端设置为“自动获取 IP 地址”，应能够正常分配 IP 地址，如图 7-2-27 所示。

4. 在 DHCP 服务器的“20 段子网”作用域中可以看到已经分配 IP 地址的客户端，如图 7-2-28 所示。

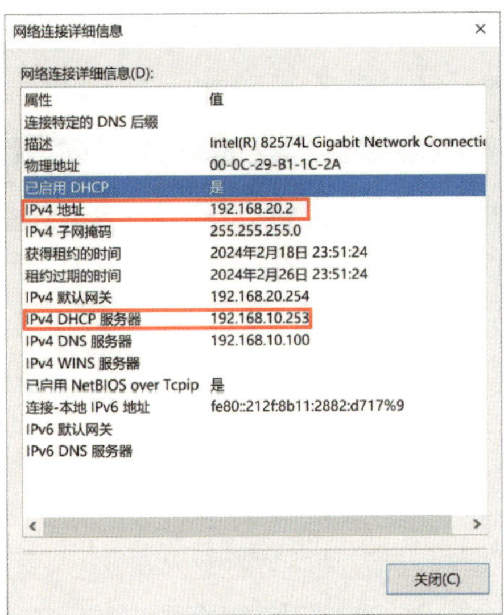

图 7-2-27　“20 段子网”正常分配 IP 地址

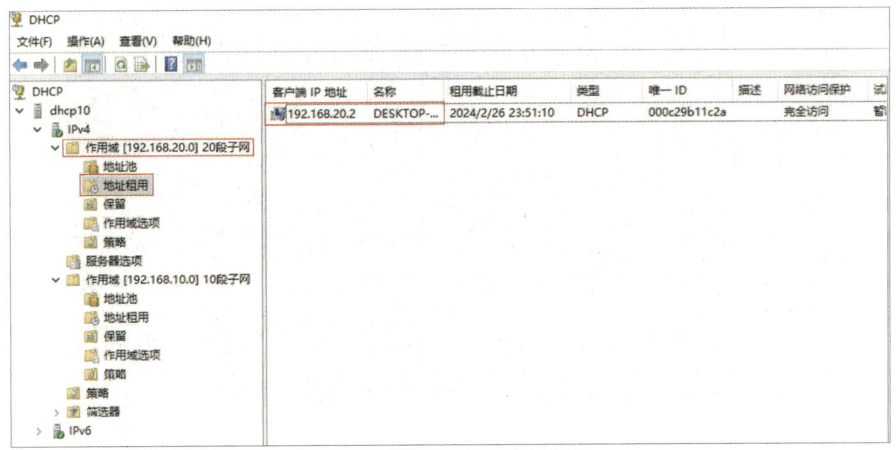

图 7-2-28　“20 段子网”中已经分配 IP 地址的客户端

5. 在 DHCP 中继代理服务器中可以看到已经接收到的请求数据，如图 7-2-29 所示。

6. 在“10 段子网”中的客户端 192.168.10.2 上使用 ping 命令测试与“20 段子网”中客户端的连通情况。若结果如图 7-2-30 所示，对 192.168.20.2 测试有正确的返回数据，则说明网络正常。

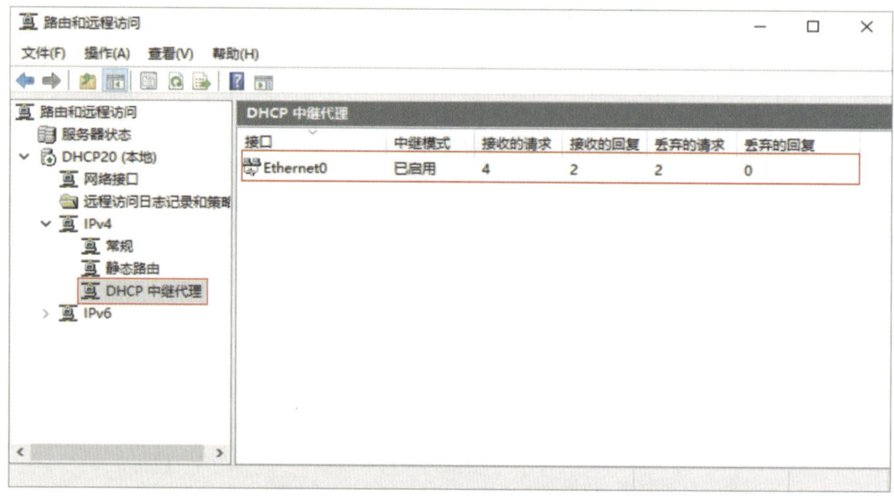

图 7-2-29 DHCP 中继代理服务器中接收到的请求数据

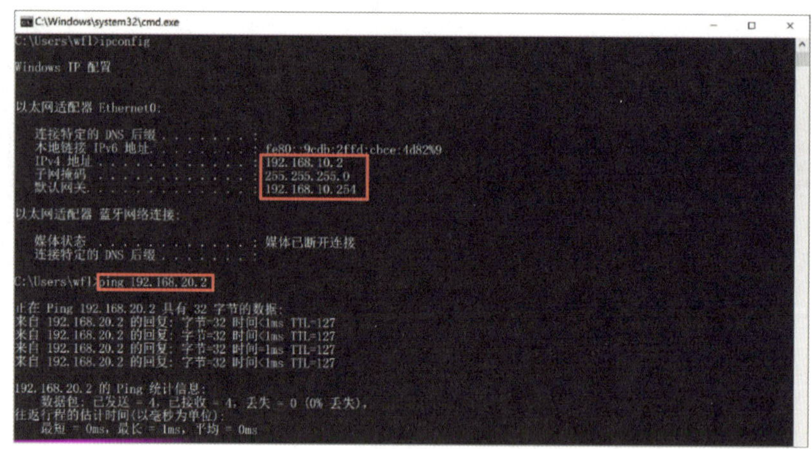

图 7-2-30 ping 测试结果

任务验收可参考表 7-2-2。

表 7-2-2　任务验收表

验收内容	验收方法	验收标准	参考图
正确配置 DHCP 中继代理服务	不同网段的客户端可以正确获取到 IP 地址，分别可以在对应的 DHCP 作用域中查看对应的信息	跨网段客户端之间连通性测试通过（俗称“能够相互 ping 通”）	图 7-2-30

任务 3　DHCP 超级作用域的配置

1. 了解超级作用域的功能特点。
2. 能完成 DHCP 超级作用域的配置。

由“项目描述”可知，随着计算机数量的增加，以及公司信息化建设的发展，计算机数量增加（单个子网计算机数量将超过 254 台），面临地址耗尽的问题，需要通过配置 DHCP 超级作用域加以解决。网络拓扑图如图 7-3-1 所示，具体的网络参数见表 7-3-1。

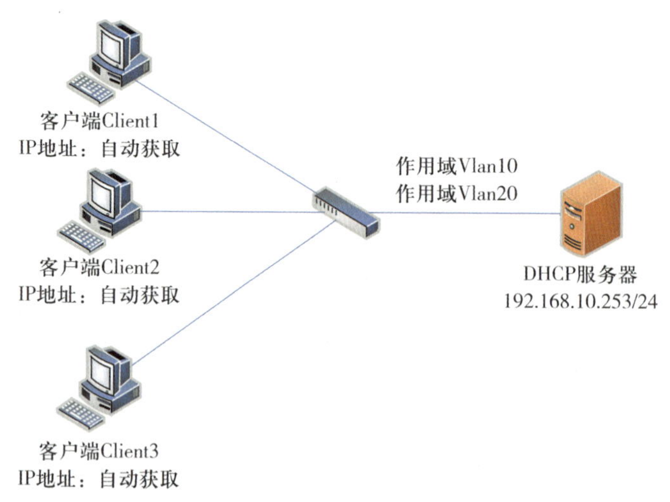

图 7-3-1 网络拓扑图

表 7-3-1 网络参数

DHCP 网络	网段	子网掩码	默认网关
网络 1	192.168.10.0	255.255.255.0	192.168.10.254
网络 2	192.168.20.0	255.255.255.0	192.168.20.254

超级作用域（super scope）是由多个作用域组合而成的，它可以被用来支持 MultiNets 网络环境。所谓 MultiNets，就是在一个实体网络内有多个逻辑网络，也就是在同一个实体网络内让不同的计算机有不同的网络标识，从实体上看这些计算机在同一个网段内，但逻辑上却分别隶属于不同的网络。Windows Server 2022 的 DHCP 服务器可以通过“超级作用域”将 IP 地址分配给 MultiNets 内的 DHCP 客户端。

当网络中的计算机数量越来越多，需要用到第 2 个网络标识的 IP 地址时，可以在 DHCP 服务器内建立第 2 个作用域，然后将第 1 个作用域与第 2 个作用域组成一个超级作用域。当网络中的 DHCP 客户端向 DHCP 服务器申请 IP 地址时，DHCP 服务器会从超级作用域中的任何一个一般作用域中选择一个 IP 地址。

概括起来，超级作用域的作用主要有以下几点。

1. 当单个作用域中的可用地址几乎耗尽，或者需要扩展同一物理网段的地址空间时，它允许为客户端分配来自多个作用域的 IP 地址。

2. 在网络规划发生变化，例如需要重新对网络编号或迁移到新作用域时，它可以帮助客户端自动获取新的 IP 地址。

3. 在同一物理网段上使用两个或多个 DHCP 服务器以管理分离的逻辑网络时，超级作用域可以确保客户端的 IP 地址分配更加灵活和高效。

一、配置 DHCP 超级作用域

1. 在配置 DHCP 超级作用域之前，为了测试配置是否成功，可先修改 IP 地址池范围，如图 7-3-2 所示，右击作用域“10 段子网”，选择“属性”，将“10 段子网”的 IP 地址分配范围修改为 192.168.10.2 ~ 192.168.10.3，如图 7-3-3 所示。

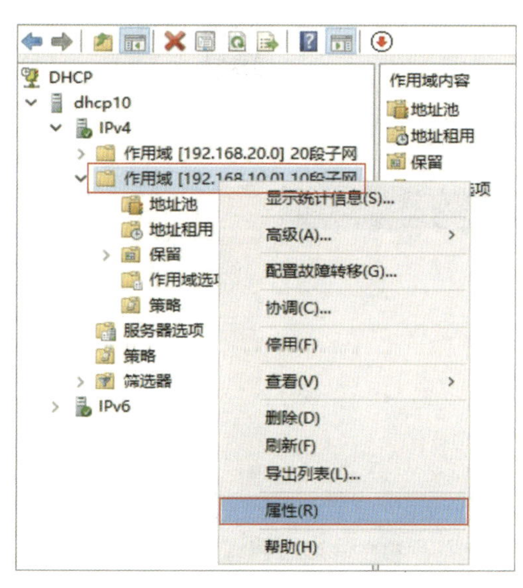

图 7-3-2　选择“作用域”的“属性”

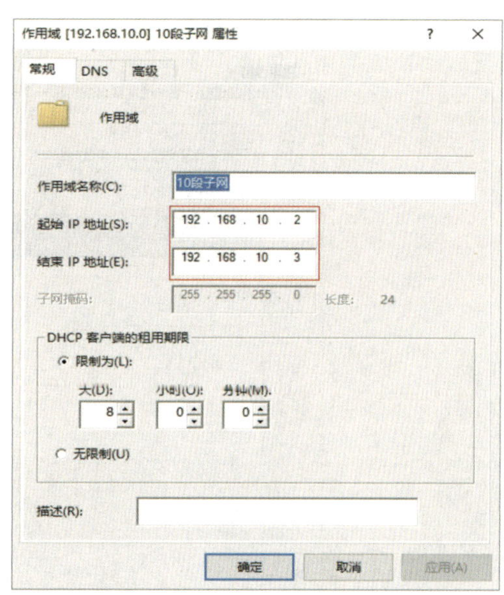

图 7-3-3　修改 IP 地址分配范围

2. 如图 7–3–4 所示，展开 DHCP 服务器，在“IPv4”选项上右击，选择“新建超级作用域”，弹出“新建超级作用域向导”对话框，单击“下一步”按钮。

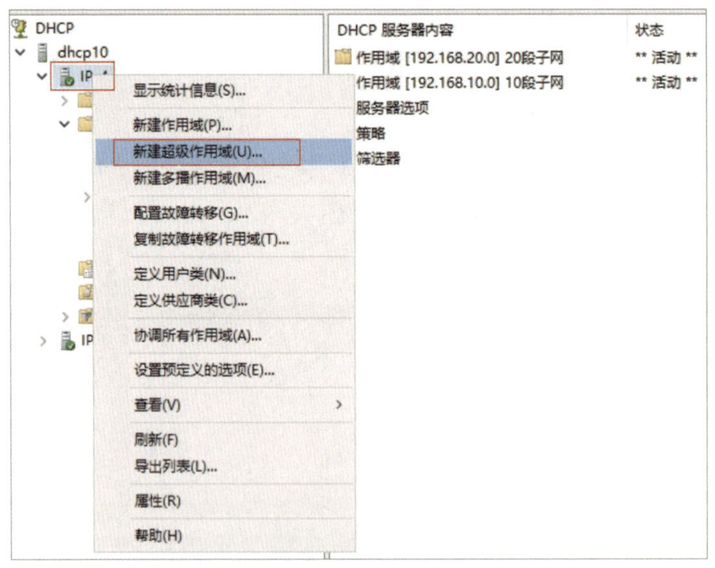

图 7-3-4　新建超级作用域

3. 在“超级作用域名”界面中，输入超级作用域的名称“网络”，单击“下一步”按钮。如图 7–3–5 所示，在“选择作用域”界面中，选择“10 段子网”和“20 段子网”两个作用域，单击“下一步”按钮。

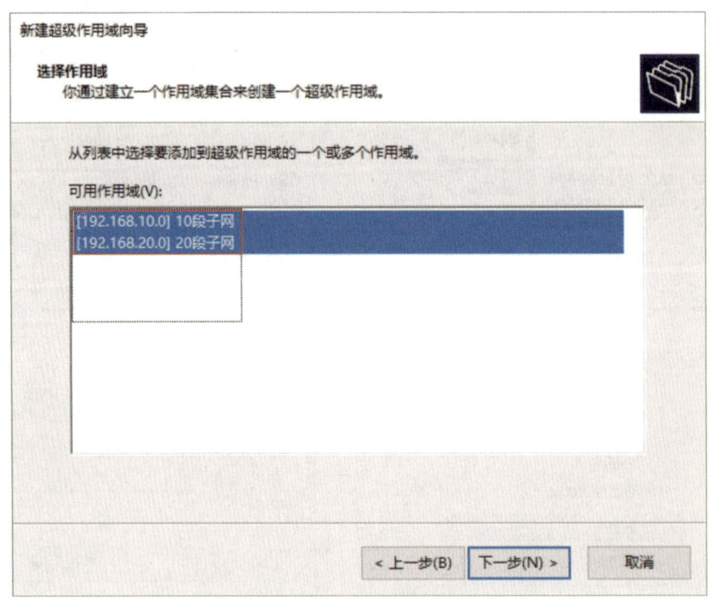

图 7-3-5　选择作用域

4. 在新进入的界面中单击“完成”按钮，包含两个子网的超级作用域创建完成。

二、测试 DHCP 超级作用域

1. 将“10 段子网”客户端 Client1、Client2 的 IP 地址获取方式都设置为“自动获取 IP 地址”，获得的 IP 地址信息如图 7-3-6 所示。

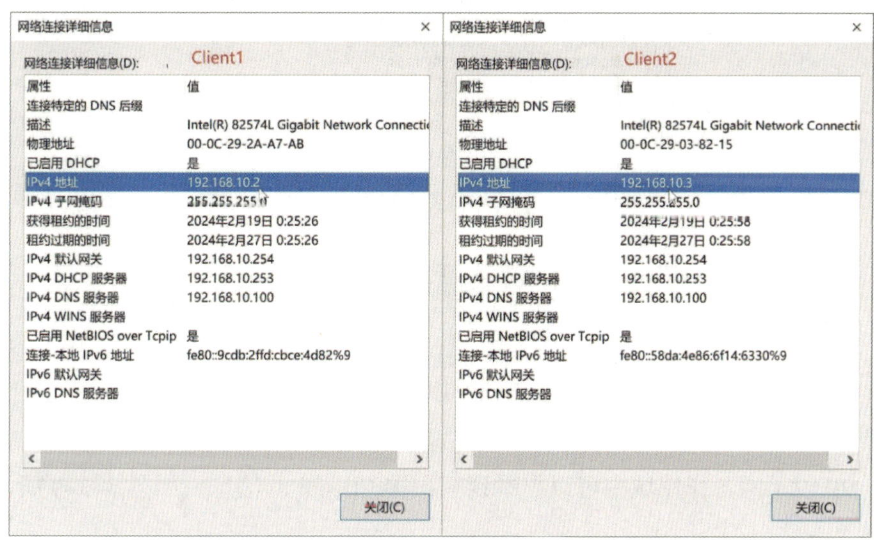

图 7-3-6　客户端在“10 段子网”获得的 IP 地址信息

2. 在 DHCP 服务器的“10 段子网”作用域中可以看到客户端信息，如图 7-3-7 所示。

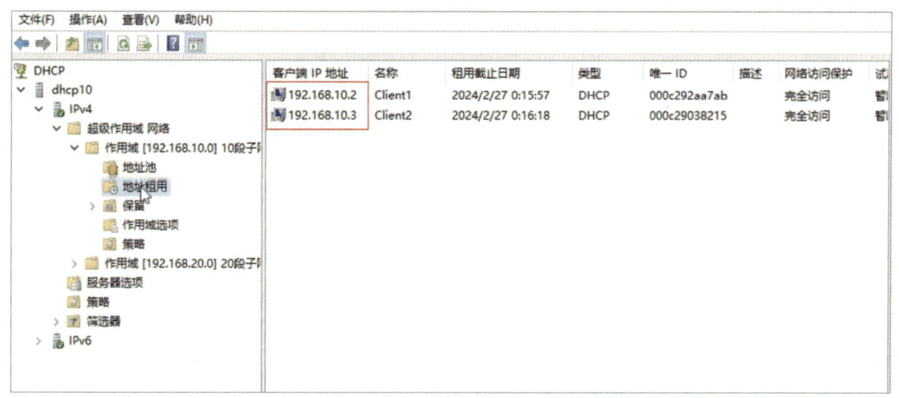

图 7-3-7　“10 段子网”作用域中的客户端信息

3.“10 段子网”可分配的 IP 地址仅有 2 个，当超出范围的客户端启动时，超级作用域将启用“20 段子网”进行 IP 地址分配，如图 7-3-8 所示。

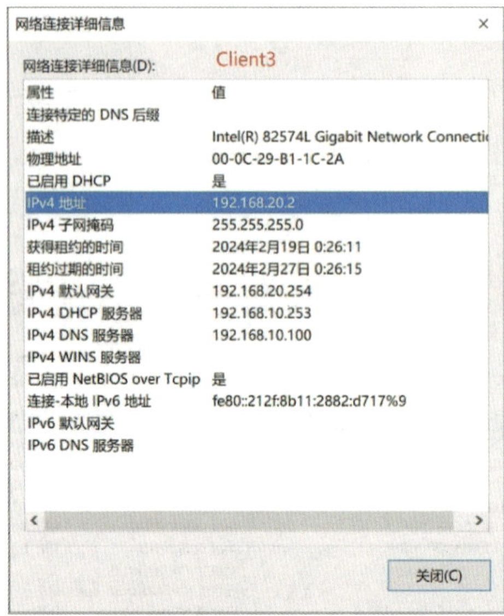

图 7-3-8 客户端在“20 段子网”获得的 IP 地址信息

4. 在“20 段子网”作用域中可以查看到客户端 Client3 的信息，如图 7-3-9 所示。

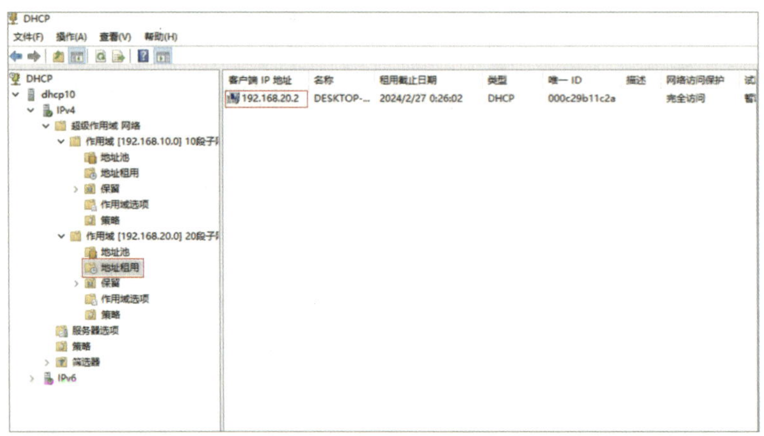

图 7-3-9 “20 段子网”作用域中的客户端信息

任务验收可参考表 7-3-2。

表 7-3-2　任务验收表

验收内容	验收方法	验收标准	参考图
配置超级作用域	“10 段子网”全部分配完成后，“20 段子网”开始工作	“20 段子网”正常分配 IP 地址	图 7-3-9

项目八　Web 服务器的安装与管理

在互联网时代，网站中的网页已经成为人们获取信息、进行交流和实现商业目标的重要途径之一。简单来说，网页就是一种基于浏览器的文档，可以包含文字、图片、音频、视频等多种媒体形式，它通过互联网传输和交互，为用户提供各种服务和信息。Web 服务器也称为 WWW 服务器，一般是指网站服务器，是驻留于 Internet 上的某种类型的计算机程序，可以处理浏览器等 Web 客户端的请求并返回响应。

本项目通过“Web 服务器的安装”“Web 站点的创建与管理”两个任务，掌握统一资源定位符（URL）、超文本传输协议（HTTP）、万维网 WWW 的基本概念，根据需求完成建立 IIS（internet information services，互联网信息服务）服务器并部署网站，同时熟练管理 Web 站点。

某公司内部局域网要在 Windows Server 2022 网络操作系统上提供 IIS 服务，以便用户能够通过 IIS 服务器的 IP 地址访问 OA 系统，管理员对网站进行维护管理，网络拓扑图如图 8-0-1 所示。

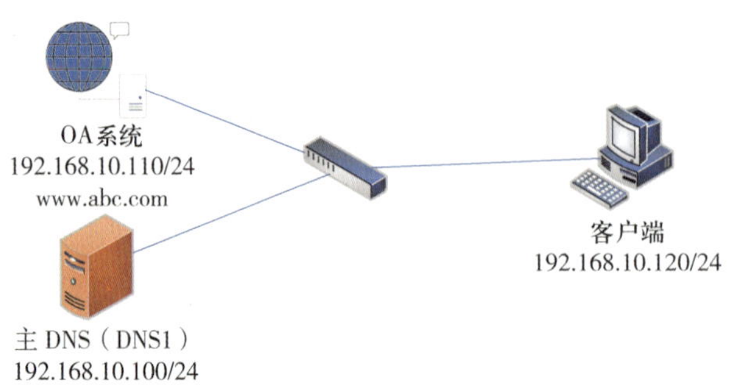

图 8-0-1　网络拓扑图

任务 1　Web 服务器的安装

学习目标

1. 熟悉 Web 服务的工作原理。
2. 掌握 HTTP 和 URL 的工作原理和应用特点。
3. 能完成 IIS 服务器的安装。
4. 能测试 IIS 是否安装成功。

任务描述

从“项目描述”可知，本任务需要在 Windows Server 2022 服务器上提供 IIS 服务，在服务器（192.168.10.110）上安装 IIS 服务，网络拓扑如图 8-1-1 所示，具体的网络参数见表 8-1-1。

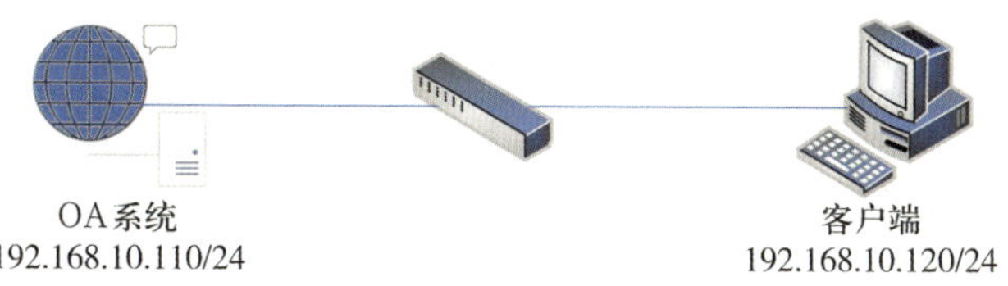

图 8-1-1　网络拓扑

表 8-1-1　网络参数

计算机	IP 地址	子网掩码	默认网关	首选 DNS
DNS1	192.168.10.100	255.255.255.0	192.168.10.254	本机
OA 系统	192.168.10.110	255.255.255.0	192.168.10.254	192.168.10.100
客户端	192.168.10.120	255.255.255.0	192.168.10.254	192.168.10.100

一、Web 服务的概念及原理

Web 服务，又称万维网（WWW，全称为 world wide web）服务，是目前 Internet 上最便捷和最受欢迎的信息服务类型，也是 Internet 上发展最快同时又使用最多的一项服务，目前已经进入广告、新闻、销售、电子商务与信息服务等诸多领域，它的出现是 Internet 发展中的一个里程碑。

Web 服务采用客户端 / 服务器工作模式，客户端即浏览器（browser），服务器即 Web 服务器，它以超文本标记语言（HTML）和超文本传输协议（HTTP）为基础，为用户提供界面一致的信息浏览系统。信息资源以页面（也称网页或 Web 页面）的形式存储在 Web 服务器上（通常称为 Web 站点），这些页面采用超文本方式对信息进行组织，页面之间通过超链接连接起来。这些通过超链接连接的页面信息既可以放置在同一主机上，也可以放置在不同的主机上。超链接采用统一资源定位符（URL）的形式进行网络资源定位。WWW 服务的原理是用户在客户端通过浏览器向 Web 服务器发出请求，Web 服务器根据客户端的请求内容将保存在服务器中的某个页面发回给客户端，浏览器接收到页面后对其进行解释，最终将图、文、声等并茂的画面呈现给用户。WWW 服务的原理如图 8-1-2 所示。

图 8-1-2　WWW 服务的原理

二、统一资源定位符

统一资源定位符（uniform resource locator，URL）是对可以从 Internet 上得到的资源的位置和访问方法的一种简洁的表示，URL 给资源的位置提供一种抽象的识别方法，并用这种方法给资源定位。只要能够给资源定位，系统就可以对资源进行各种操作，如存取、更新、替换和查找其属性等。

“资源”是指在 Internet 上可以被访问的任何对象，包括文件目录、文件、文档、图像、声音等，以及与 Internet 相连的任何形式的数据。

URL 的一般形式为：〈URL 的访问方式〉：//〈主机域名〉：〈端口〉/〈路径〉

三、超文本传输协议

超文本传输协议（hypertext transfer protocol，HTTP）是用于从万维网（WWW）服务器传输超文本到本地浏览器的传送协议。HTTP 是互联网的基础协议，用于客户端与服务器之间的通信，它规定了客户端和服务器之间的通信格式，包括请求与响应的格式。

HTTP 的基本工作流程是客户端发送一个 HTTP 请求，服务器端收到请求后开始处理，处理结束后将结果返回给客户端，客户端对结果进行处理并展示，如图 8-1-3 所示。

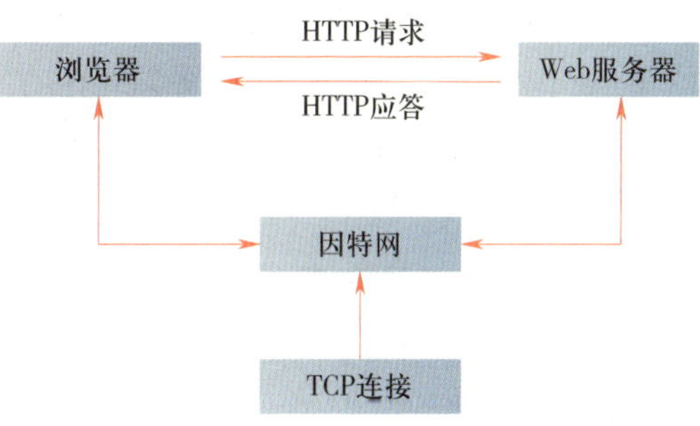

图 8-1-3　HTTP 的基本工作流程

一个 HTTP 的请求必定是由客户端发起，服务器端回复响应。服务器在没有接收到请求之前不会发送响应。

四、IIS（互联网信息服务）

IIS 是 Windows Server 2022 网络操作系统的核心组件之一，其核心功能基于模块化设计，可提供图形化界面主要用于托管网站、应用程序及提供网络服务支持。

1. Web 服务

IIS 支持通过 HTTP/HTTPS 协议托管静态或动态网站，支持 ASP.NET、PHP 等框架，是构建网站和 API 的核心模块。

2. FTP 服务

IIS 支持通过文件传输协议实现文件上传、下载和远程管理，适用于企业内部资源分发或跨平台文件共享。

3. e-mail 服务

IIS 可基于 SMTP（简单邮件传送协议）提供邮件发送服务，可作为邮件传送代理，配合 Web 应用程序发送通知邮件（如用户注册验证、订单确认等），但不支持接收邮件。

一、安装 IIS 服务器

打开服务器管理器，选择“添加角色和功能”，启动“添加角色和功能向导”，在“服务器角色”窗口中勾选“Web 服务器（IIS）”，如图 8-1-4 所示，单击“下一步”按钮，在“服务器角色”界面中单击“添加功能”按钮。

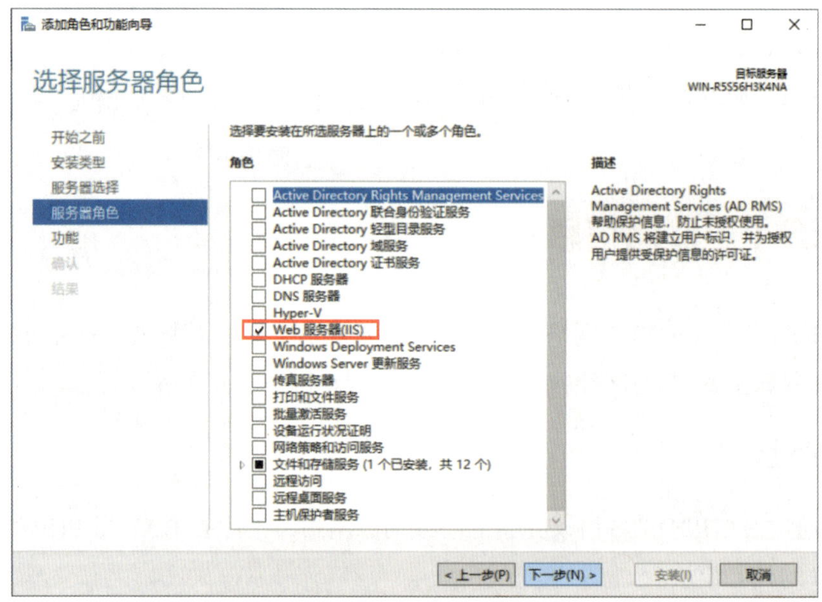

图 8-1-4　勾选“Web 服务器（IIS）”

在“功能”界面中单击“下一步”按钮，在“Web 服务器角色”中保留默认勾选，单击“下一步”按钮，在“确认”界面中单击“下一步”按钮，最后单击“安装”按钮，开始安装 Web 服务器角色，安装完成后关闭“添加角色和功能向导”对话框。

二、测试 Web 服务器（IIS）是否安装成功

在 Web 服务器（IIS）上打开浏览器，输入本机的 IP 地址 192.168.10.110，可以访问 Web

服务器（IIS）默认页面，如图 8–1–5 所示，即可确定 Web 服务器（IIS）安装成功，同时在客户端上打开浏览器确认内网是否可以正常访问。

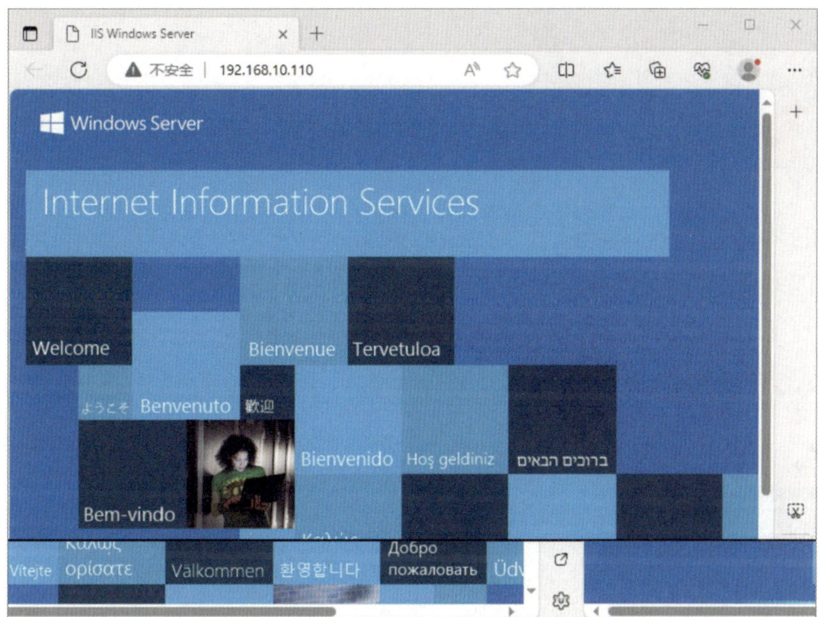

图 8-1-5　Web 服务器（IIS）默认页面

任务验收可参考表 8–1–2。

表 8-1-2　任务验收表

验收内容	验收方法	验收标准	参考图
Web 服务器（IIS）的安装	在客户端中浏览 Web 服务器（IIS）的默认页面	浏览器可以正常展示 Web 服务器（IIS）默认页面	图 8–1–5

任务 2 Web 站点的创建与管理

学习目标

1. 能在 IIS 中建立 Web 站点。
2. 能在 IIS 中管理 Web 站点。

任务描述

从“项目描述”可知，本任务需要在 Windows Server 2022 操作系统上提供 IIS 服务，在服务器（192.168.10.110）的 IIS 中创建 OA 系统网站并发布，同时能对 Web 进行管理，在客户端上可以通过域名 www.abc.com 访问 OA 系统网站。网络拓扑图如图 8-2-1 所示，具体的网络参数见表 8-2-1。

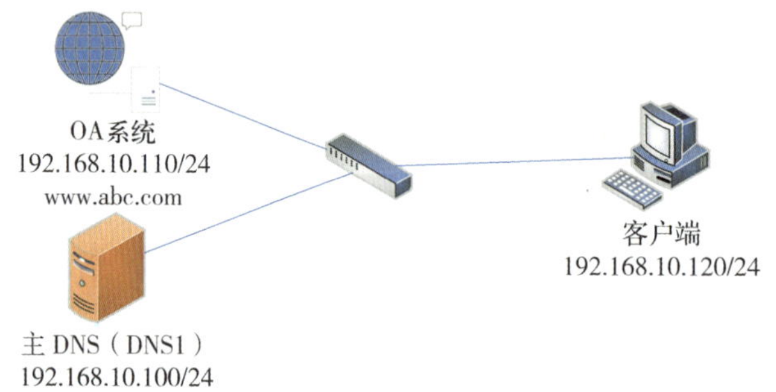

图 8-2-1 网络拓扑图

表 8-2-1 网络参数

计算机	IP 地址	子网掩码	默认网关	首选 DNS
DNS1	192.168.10.100	255.255.255.0	192.168.10.254	本机
OA 系统	192.168.10.110	255.255.255.0	192.168.10.254	192.168.10.100
客户端	192.168.10.120	255.255.255.0	192.168.10.254	192.168.10.100

一、网站主目录

Web 服务器提供的是网页服务，网页以页面文件形式存储，其中网站的首页文件的存储路径称为网站的主目录，即“wwwroot”。

二、默认文档

用户访问网站时，只输入 IP 地址或域名就能打开首页文件，而并不需要输入首页的绝对 URL 路径，这实际上是因为网站设置了默认文档。用户访问网站的域名时，默认打开该页面。网站的首页文件存放在网站主目录下，常见的默认文档有 index.html、index.php、index.htm、default.html、default.htm 等。

三、单一服务器多网站的架设

IIS 支持在同一个 Web 服务器上架设多个网站。

方法一：为不同的网站绑定不同的域名，用户可以通过不同的域名访问不同的网站。

方法二：为不同的网站配置不同的端口，用户可以通过同一个域名不同的端口访问不同的网站。

四、Web 服务器的常用端口

对于未加密传输的 HTTP 网页，一般默认使用端口 80；对于加密传输的 HTTPS（超文本传输安全协议）网页，一般默认使用端口 443。此外，也可根据需要使用其他端口，但要注意避免占用其他协议的默认端口。

一、配置 DNS 解析记录

在 DNS 服务器（192.168.10.100）上创建主域 abc.com，添加一条主机记录 www，指向 IIS 服务器（192.168.10.110），如图 8-2-2 所示。

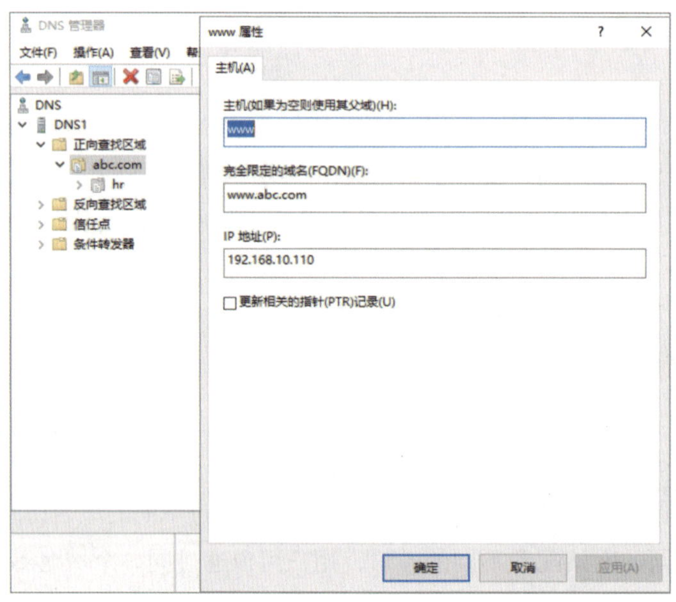

图 8-2-2　配置 DNS 解析记录

二、创建 OA 网站

依次单击“开始”按钮→“Windows 管理工具”→“Internet Information Services（IIS）管理器”，打开 IIS 管理器，如图 8-2-3 所示。

在 IIS 管理器中，先将默认网站停止，右击“Default Web Site”，选择“管理网站”→“停止”，如图 8-2-4 所示。

图 8-2-3　打开“IIS 管理器”

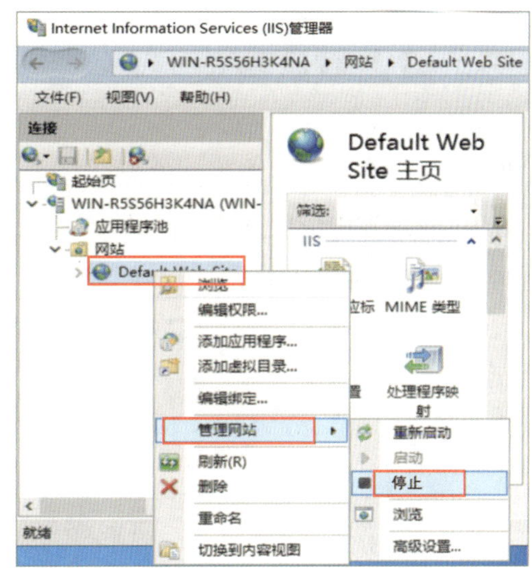

图 8-2-4　停止默认网站

右击“网站”，单击“添加网站”，如图 8-2-5 所示。

在“添加网站”对话框中，填写网站名称“OA”，设置“物理路径”，也就是网站的主目录，单击按钮 ![...]，选择网站所在的路径“D: \OA”，在“绑定”中设置 IP 地址为当前 IIS 服务器的 IP 地址（192.168.10.110），“端口”设为默认值“80”，如要启动其他端口，可在此处修改。“主机”名设为 www.abc.com（该域名在 DNS 服务器上已做解析），如图 8-2-6 所示。

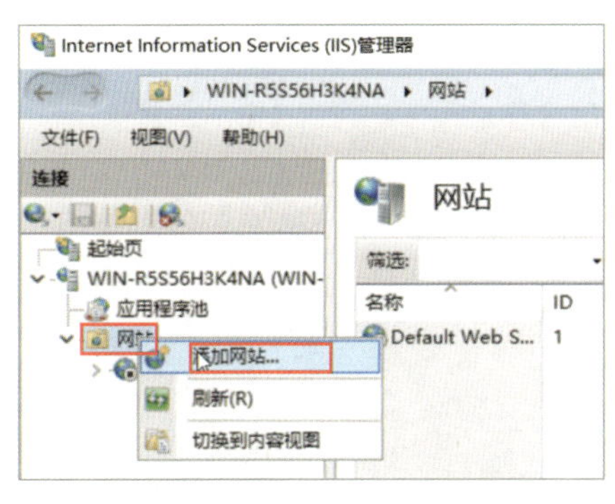

图 8-2-5　添加网站

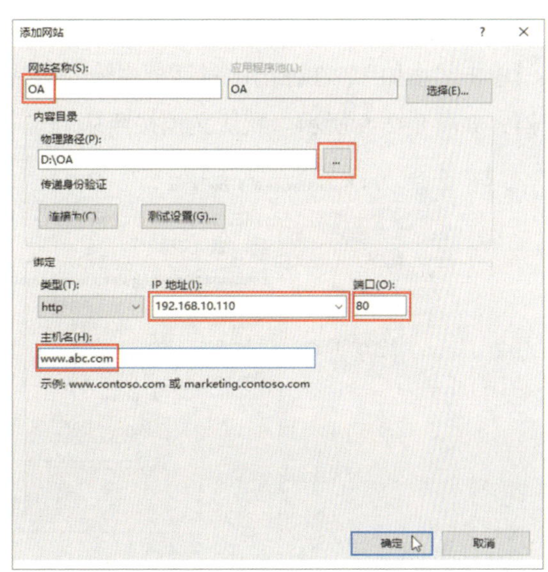

图 8-2-6　配置网站相关信息

三、设置默认首页

设置 OA 系统的默认首页文件为 index.html，如图 8-2-7 所示。

在 IIS 管理器中依次选择“网站 OA”→“默认文档”→“打开功能”，进入“默认文档”设置页面，如图 8-2-8 所示。

图 8-2-7　设置“默认首页文件”

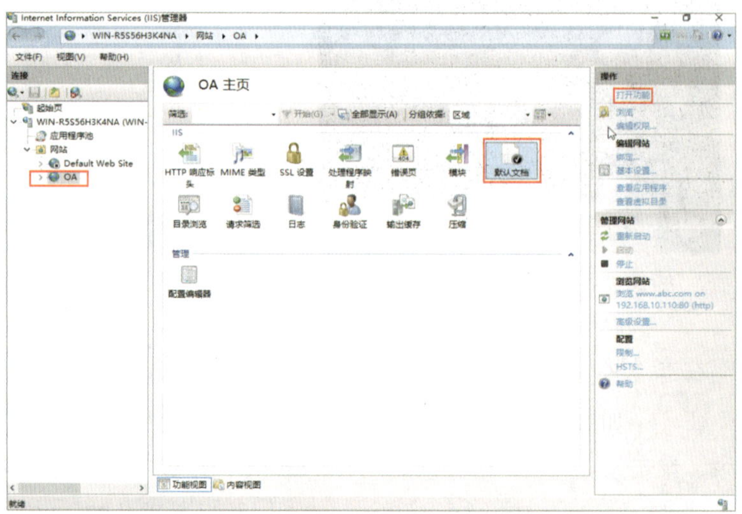

图 8-2-8　进入“默认文档”设置页面

单击“添加”，在弹出的对话框中输入网站的首页文件名称，单击“确定”按钮添加默认文档，如图 8-2-9 所示。默认文档按照从上至下的顺序进行设置。

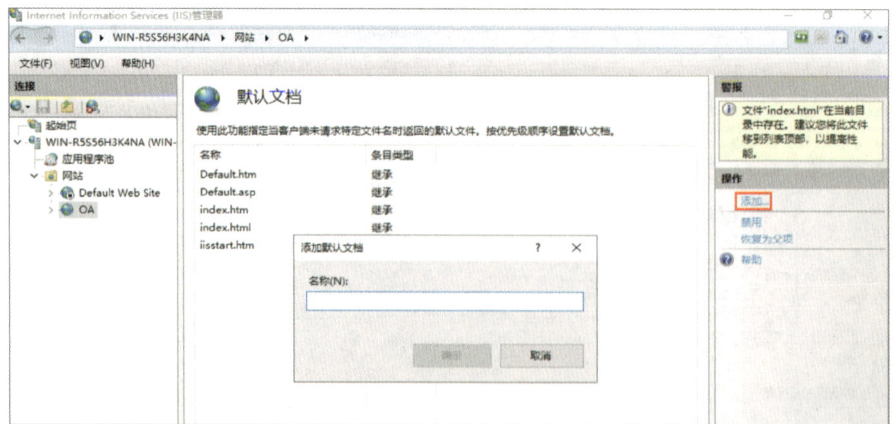

图 8-2-9　添加默认文档

如图 8-2-10 所示，选中“index.html”，单击“上移”，将 index.html 上移到第一个。

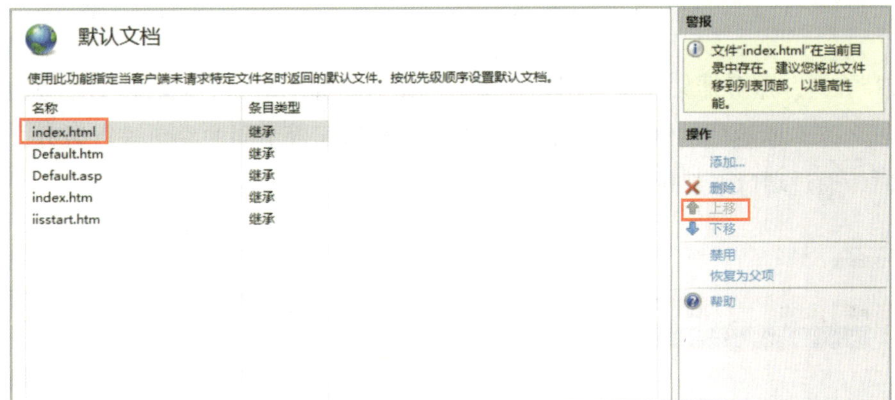

图 8-2-10　上移文档

四、测试 OA 系统网站

在 IIS 管理器中单击“浏览 www.abc.com”或者使用浏览器访问“www.abc.com”，测试 OA 网站发布是否成功，如图 8-2-11 所示。

图 8-2-11　浏览网站

在客户端（192.168.10.120）上使用浏览器访问“www.abc.com”，应可以正常浏览 OA 系统网站。

五、在单一服务器上架设多个网站

IIS 支持在单一服务器架设多个网站，多个网站需要绑定不同的域名，当服务器收到请求时，通过域名来判断返回的网站资源，也可通过给网站配置不同的端口进行区分，当服务器收到请求时，通过端口来判断返回的网站资源。相关设置如图 8-2-12 所示。

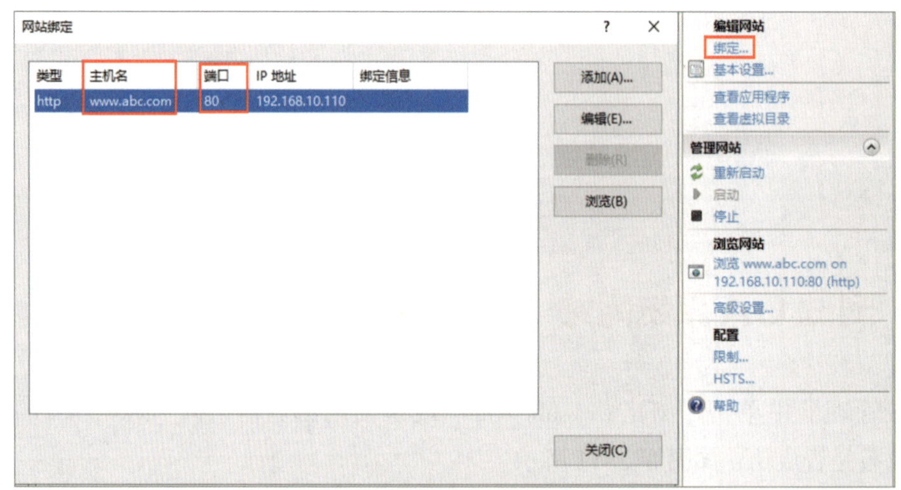

图 8-2-12　在单一服务器上架设多个网站相关设置

任务验收可参考表 8-2-2。

表 8-2-2　任务验收表

验收内容	验收方法	验收标准	参考图
OA 系统网站的创建	在客户端中浏览 OA 系统	浏览器可以正常展示 OA 系统网站页面	图 8-2-13

图 8-2-13　OA 系统网站首页参考图

项目九　FTP 服务器的安装与管理

应用网络的首要目的就是实现信息共享，文件传输是信息共享的重要内容之一。在 Internet 上，早期实现传输文件并不是一件容易的事，Internet 是一个非常复杂的计算机环境，有个人计算机、工作站、大型机等不同的计算机类型，而这些计算机可能运行不同的操作系统，有运行 UNIX 的服务器、运行 Windows 的计算机和运行 macOS 的计算机等。要实现各种操作系统之间的文件交流，需要建立一个统一的文件传输协议，从而出现了 FTP（file transfer protocol，文件传输协议）。不同的操作系统有不同的 FTP 应用程序，但所有这些应用程序都遵守同一种协议，这样用户就可以把自己的文件传送给别人，或者从其他的用户获得文件。

本项目通过 Windows Server 2022 网络操作系统中的 IIS 管理器来完成“FTP 服务器的安装”和“FTP 站点的安全管理”两个任务，理解 FTP 服务器的基本功能和工作原理、FTP 站点常用安全设置和虚拟目录的作用，完成 FTP 服务器的安装和 FTP 站点的创建，根据需求完成 FTP 站点的安全设置、虚拟目录的建立和设置。熟练掌握上述最基本的操作后，可为后续完成网络操作系统的综合性项目做好铺垫。

某公司需要给员工提供文件下载和上传服务，需在使用 Windows Server 2022 服务器上建设 FTP 站点，具体需求如下。

1. 建设 2 个 FTP 站点，名称分别为 FTP1 和 FTP2，使用 IP 地址 192.168.100.1/255.255.255.0，端口分别为 21 和 31。

2. FTP1 站点不允许用户匿名访问，账号 Zs（密码为 Zhangsan123）拥有 FTP 服务器的上传和下载权限。

3. FTP2 站点允许匿名登录，匿名用户只能下载文件，并对用户 Ls（密码为 Lisi123）和用户 Zq（密码为 Zhaoqi123）实现用户隔离，使其拥有上传和下载的权限。站点建立虚拟目录 xuni，关闭匿名登录，并且拒绝 IP 地址为 192.168.100.100/255.255.255.0 的计算机的访问。

任务 1　FTP 服务器的安装

学习目标

1. 了解 FTP 的基本概念。
2. 理解 FTP 服务器的工作原理。
3. 能熟练安装 FTP 服务器和创建 FTP 站点。

从“项目描述”可知，本任务需要在服务器上安装 FTP 服务器和建立 FTP 站点，本任务首先建立 FTP1，具体要求如下。

1. 安装 FTP 服务器，IP 地址为 192.168.100.1/255.255.255.0。

2. 建立 FTP 站点，使用默认端口 21，名称为 FTP1，物理地址为 C:\FTP1，不允许匿名访问，账号 Zs（密码为 Zhangsan123）拥有 FTP 服务器的上传和下载权限。

3. 客户端的 IP 地址为 192.168.100.2/255.255.255.0。

一、FTP 的概念

FTP 是用于 TCP/IP 网络及 Internet 的最简单、广泛的协议之一。FTP 的主要作用就是让用户连接到远程计算机上，这些计算机运行着 FTP 服务，并且存储着各种格式的文件，包括应用软件、音频文件、文本文件、图像文件、视频文件等，用户可查看远程计算机上有哪些文件，然后把所需文件复制到本地计算机，也可把本地计算机的文件传送到远程计算机去，前者称为“下载”，后者称为“上传”，如图 9–1–1 所示。

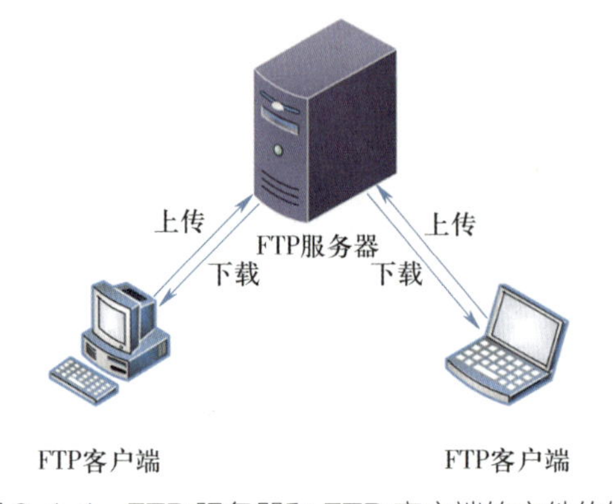

图 9-1-1　FTP 服务器和 FTP 客户端的文件传输

FTP 的一项突出优点就是可以在不同类型、不同操作系统的计算机之间传送文件。只要双方都支持 FTP、支持 TCP/IP，就可以方便地交换文件。

二、FTP 的工作原理

FTP 使用客户端 / 服务器模式，即由一台计算机作为 FTP 服务器提供文件传输服务，而由另一台计算机作为 FTP 客户端提出文件服务请求并得到授权的服务。FTP 采用双 TCP 连接的工作方式，FTP 服务器预置两个端口 21 和 20，其中端口 21 用来发送和接收 FTP 的控制信息，一旦建立 FTP 会话，端口 21 的连接在整个会话期间始终保持打开状态；端口 20 用于发送和接收 FTP 数据，只有在传输数据时才打开，一旦传输结束就会断开。FTP 客户端激发 FTP 客户端服务之后，动态分配自己的端口（端口号为 1224 ~ 65535）。

FTP 工作的过程就是一个建立 FTP 会话并传输文件的过程，FTP 客户端程序向远程的 FTP 服务器申请建立连接，FTP 服务器的端口 21 侦听到 FTP 客户端的请求之后，响应建立会话连接。客户端程序打开一个控制端口，连接到 FTP 服务器的端口 21。需要传输数据时，客户端打开一个数据端口，连接到 FTP 服务器的端口 20，文件传输完毕后断开连接，释放端口。要传输新的文件时，客户端会再打开一个新的数据端口，连接到 FTP 的端口 20。空闲时间超过规定后，FTP 会话自行终止。也可由客户端或服务器强行断开连接。FTP 工作的过程可参考图 9–1–2 所示。

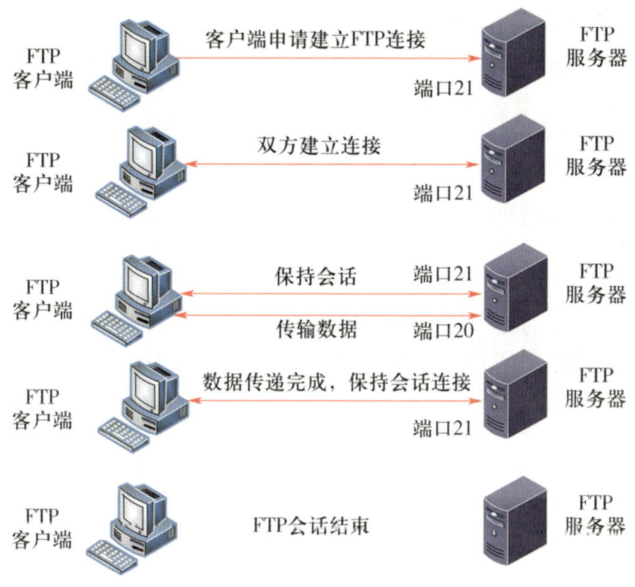

图 9-1-2　FTP 的工作过程

三、FTP 的工作模式

FTP 有两种工作模式，分别是主动模式和被动模式，目前绝大多数 FTP 服务器均采用了被动模式，但是某些场景下还需要使用主动模式。

1. 主动模式

服务器端从 21 端口主动向客户端发起连接，工作过程如下。

第一步，FTP 客户端提交 PORT 命令并允许服务器来回连它的数据端口。

第二步，服务器返回确认。

第三步，FTP 服务器向客户端发送 TCP 连接请求，目标端口为 1027，源端口为 20，建立起传输数据的连接。

2. 被动模式

服务器端在指定范围内的端口被动等待客户，被动发起连接，工作过程如下。

第一步，客户端的命令端口与服务器的命令端口建立连接，并发送命令“PASV”。

第二步，服务器返回相应报文，告诉客户端服务器用哪个端口监听数据连接。

第三步，客户端初始化一个从自己的数据端口到服务器指定的数据端口的数据连接。

第四步，服务器给客户端的数据端口返回一个“ACK”响应。

四、匿名登录和用户登录

用户登录 FTP 服务器有两种方式，即匿名登录和用户登录。

1. 匿名登录

所谓匿名登录就是允许任何用户访问 FTP 服务器，无论用户是否拥有该 FTP 服务器的账户，都可以使用“anonymous”账号进行匿名登录，无须输入密码。

2. 用户登录

用户登录方式供已在 FTP 服务器上建立了特定账户的用户使用，必须使用账号和密码登录。但当用户从 Internet 与 FTP 服务器建立连接时，所使用的账号和密码以明文形式传输，接触系统的任何人都可以使用相应的程序获取该用户的账户和密码。

Internet 上的许多 FTP 站点都支持匿名登录，从而查看或下载文件。但要上传、重命名或删除文件时，通常需要专门的账号和密码登录。

一、安装 FTP 服务器

在 Windows Server 2022 网络操作系统中，FTP 服务是 IIS 的可选功能组件，安装 IIS 时不会默认安装，需要人工选择。

1. 打开服务器管理器，依次单击“管理”→“添加角色和功能”，在“添加角色和功能向导”对话框中单击“下一步”按钮。选择“基于角色或基于功能的安装”，单击“下一步”按钮。

2. 选择“从服务器池中选择服务器”，安装程序会自动检测与显示这台计算机采用静态 IP 地址设置的网络连接，选择服务器，并单击“下一步”按钮。在“服务器角色”界面中，勾选“Web 服务器（IIS）”，单击“下一步”按钮，在出现的界面中单击“添加功能”按钮确认，如图 9-1-3 所示。

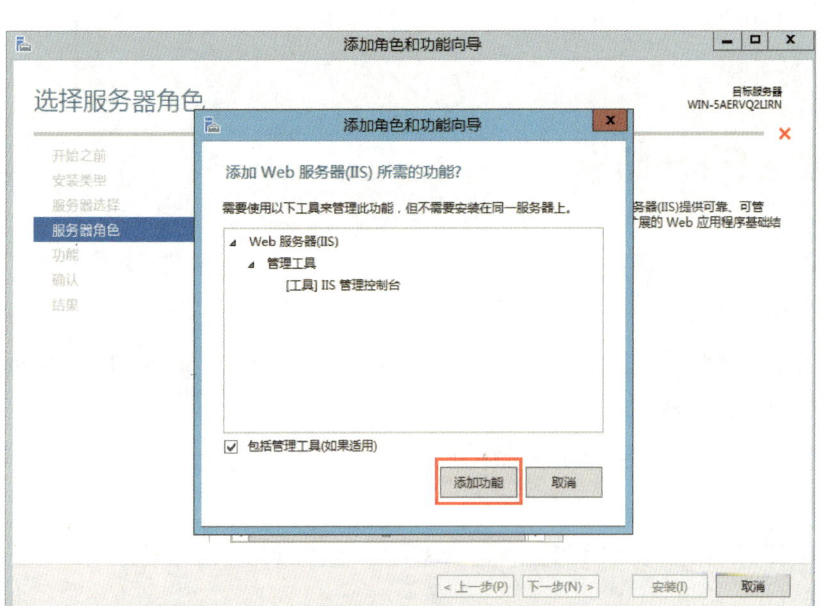

图 9-1-3　确认添加功能

3. 保持默认选项不变，单击“下一步”按钮，在“角色服务”界面中，勾选“FTP 服务器”，单击“下一步”按钮，如图 9-1-4 所示。

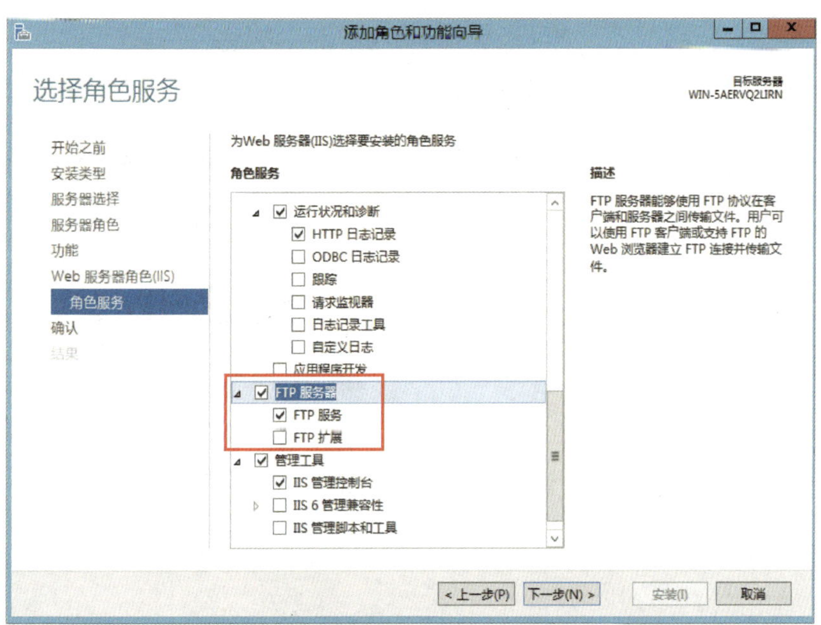

图 9-1-4　勾选“FTP 服务器”

4. 最后确认所选的内容，单击“安装”按钮，系统开始安装，安装完成后，单击“关闭”按钮。

二、建立 FTP 站点

1. 在服务器的 C 盘上新建文件夹“FTP1”，为了方便后期测试，在“FTP1”文件夹中制作一个“测试 .txt”文件。

2. 打开服务器管理器，单击“工具”，打开菜单栏，单击“Internet Information Server（IIS）管理器”，打开 IIS 管理器，如图 9–1–5 所示。

3. 在“IIS 管理器”右侧窗口中选中所连接的网络，右击，选择“添加 FTP 站点”，如图 9–1–6 所示。

4. 输入 FTP 站点名称“FTP1”，选择路径“C: \FTP1”，单击“下一步”按钮，如图 9–1–7 所示。

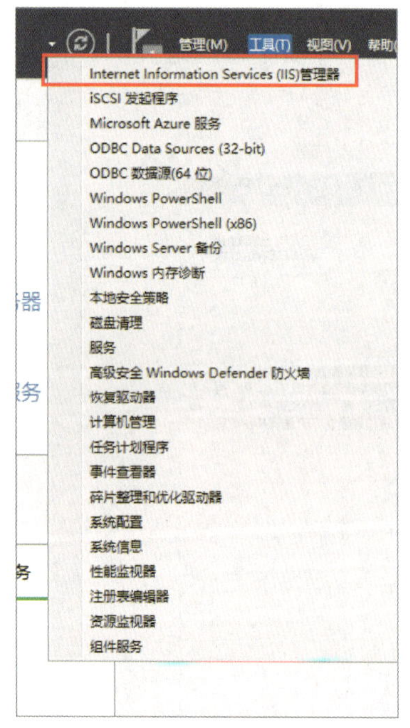

图 9-1-5　打开 IIS 管理器

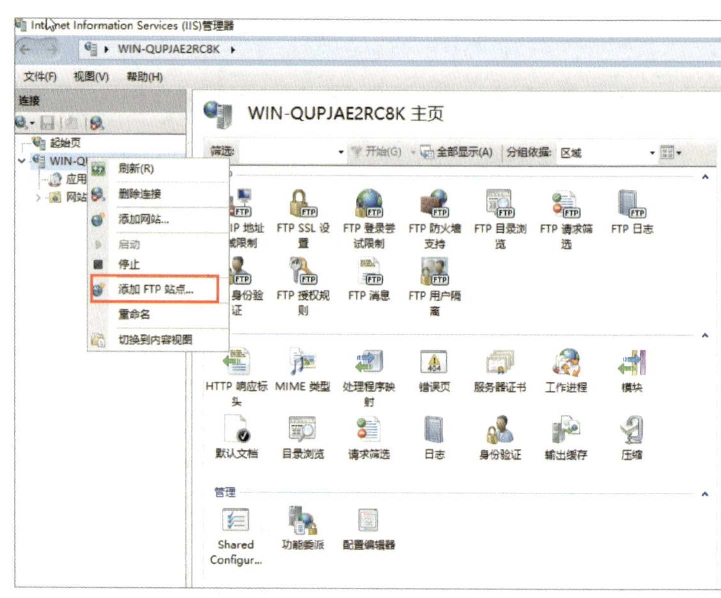

图 9-1-6　添加 FTP 站点

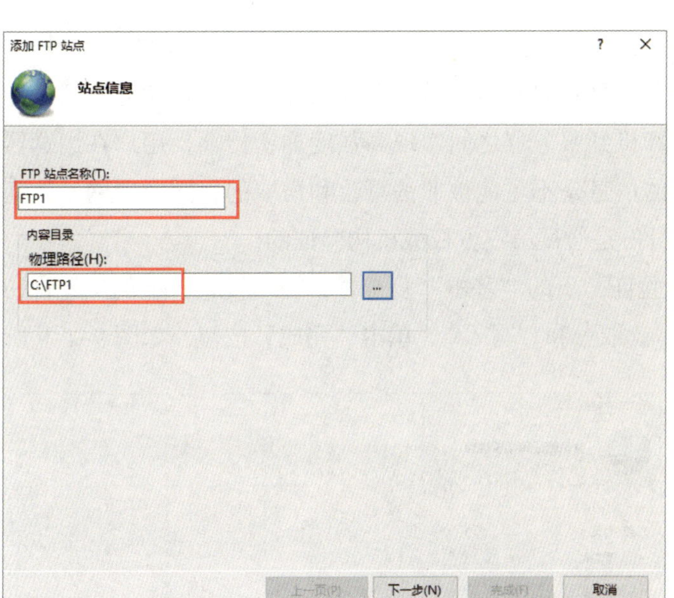

图 9-1-7　添加 FTP 站点信息

5. 进入“绑定和 SSL 设置”界面，在“IP 地址”处选择 FTP 服务器的 IP 地址，此处为“192.168.100.1”，使用默认的端口 21，选择“自动启动 FTP 站点”。因为 FTP 站点尚未拥有 SSL 证书，因此选择“无 SSL”，单击“下一步”按钮，如图 9-1-8 所示。

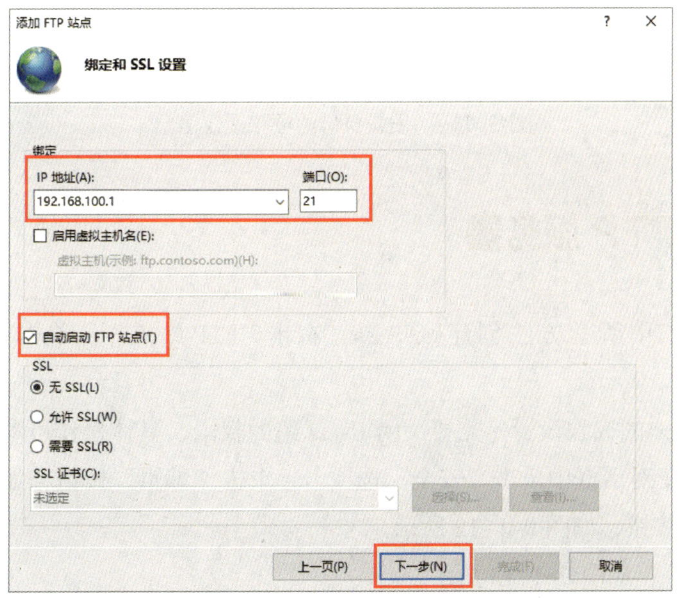

图 9-1-8　绑定和 SSL 设置

SSL 证书是数字证书的一种，遵守 SSL 协议，由受信任的数字证书颁发机构（CA）在验证服务器身份后颁发，具有服务器身份验证和数据传输加密功能。服务器部署了 SSL 证书后可以确保从用户计算机到服务器之间实现高强度加密传输，用户在浏览器上输入的机密信息和从服务器上查询的信息是不可能被非法篡改和窃取的，同时向网站访问者证明了服务器的真实身份，此真实身份是通过第三方权威机构验证的。

6. 勾选“身份验证”下的“基本”复选框，在“授权”下的“允许访问”中选择“所有用户”，权限勾选“读取”和“写入”，单击“完成”按钮，如图 9-1-9 所示。

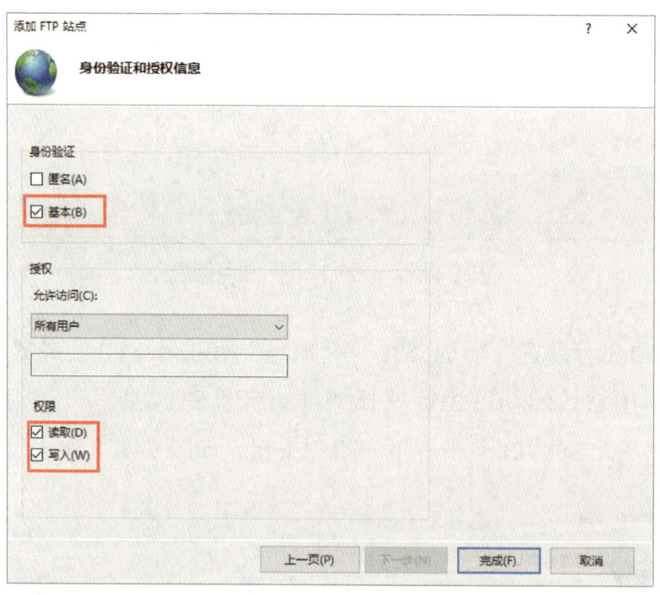

图 9-1-9　设置身份验证和授权信息

三、设置 FTP 服务器

1. 参照项目二中所学方法创建账户 Zs。右击“FTP 站点”，单击“编辑权限”，如图 9-1-10 所示。

2. 为了实现用户的权限设置，需要关闭 Users 组的权限，具体操作可参考项目四。

在“FTP 属性”对话框中单击“安全”选项卡，单击“编辑”按钮，如图 9-1-11 所示。

单击“添加”按钮，如图 9-1-12 所示。

添加账户“Zs”，如图 9-1-13 所示。

勾选“允许”“修改”等权限，单击“确定”按钮，如图 9-1-14 所示。

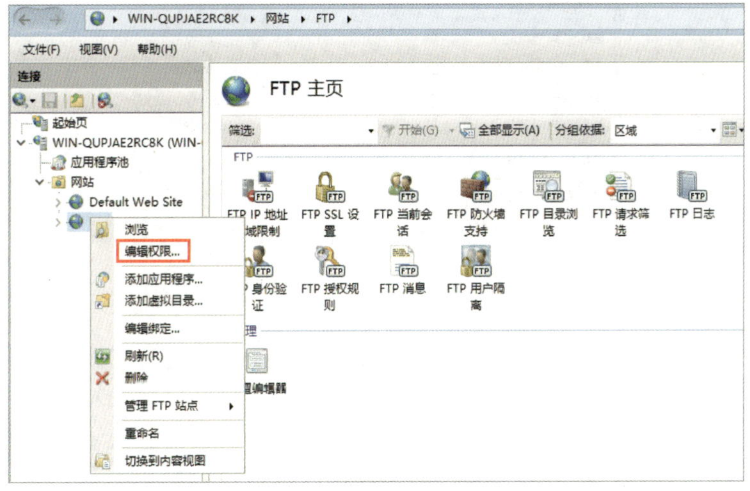

图 9-1-10　编辑权限

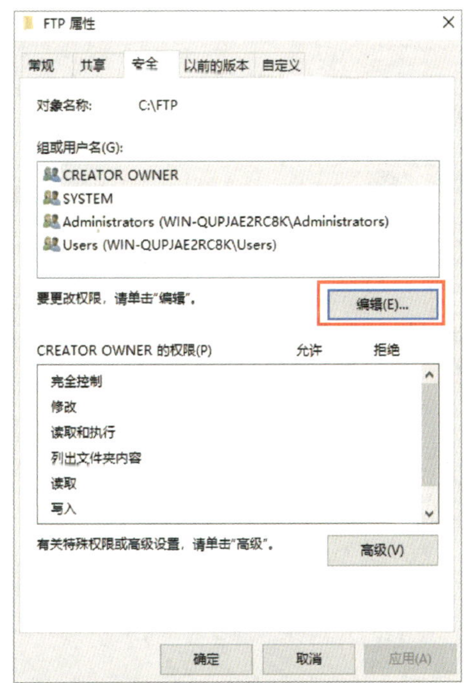

图 9-1-11　"编辑"按钮

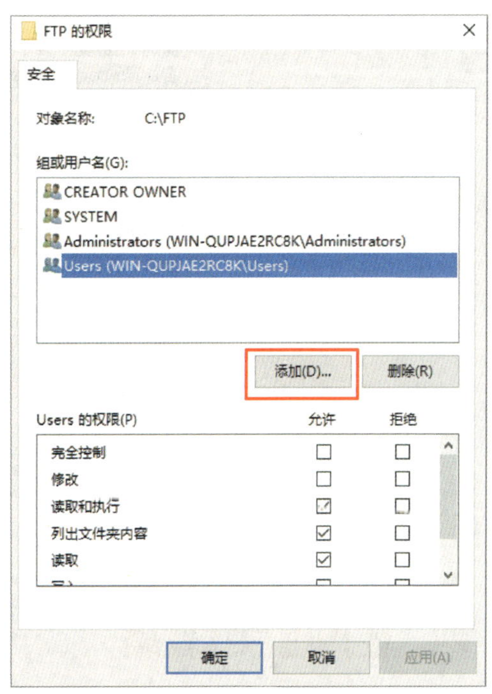

图 9-1-12　"添加"按钮

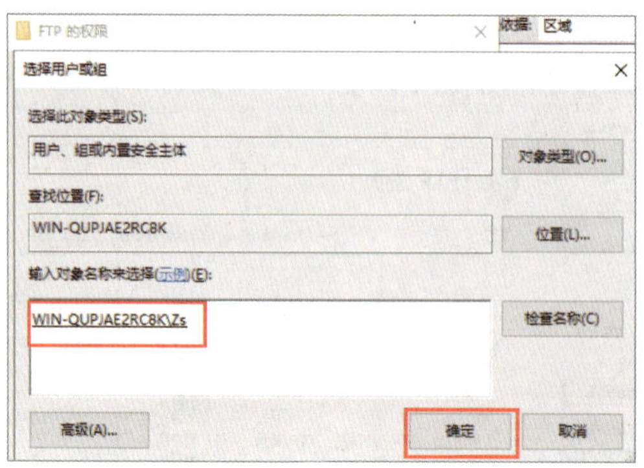

图 9-1-13　添加账户

图 9-1-14　设置账户权限

四、使用客户端登录

FTP 服务器支持不同类型的操作系统登录，登录 FTP 服务器既可以使用操作系统自带工具，也可以使用第三方软件，如 CuteFTP 和 FileZilla 等。本项目使用 Windows Server 2022 网络操作系统自带的“文件资源管理器”作为 FTP 客户端。

打开“文件资源管理器”，在地址栏输入地址 FTP 服务器“ftp：//192.168.100.1”，如图 9-1-15 所示。

输入用户名和密码，如图 9-1-16 所示。用户名和密码通过验证后，即可成功访问 FTP 服务器。

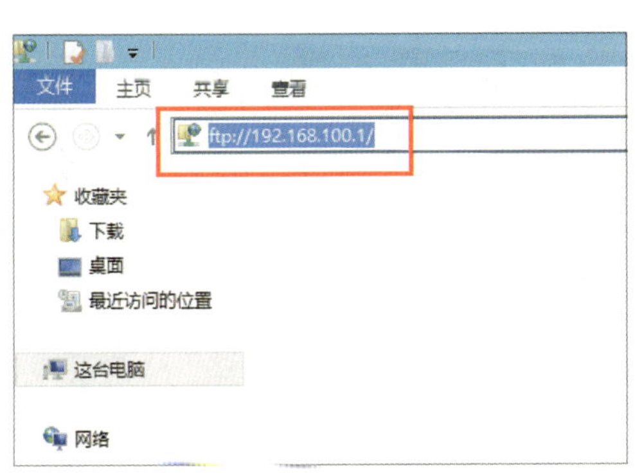

图 9-1-15　输入 FTP 服务器地址

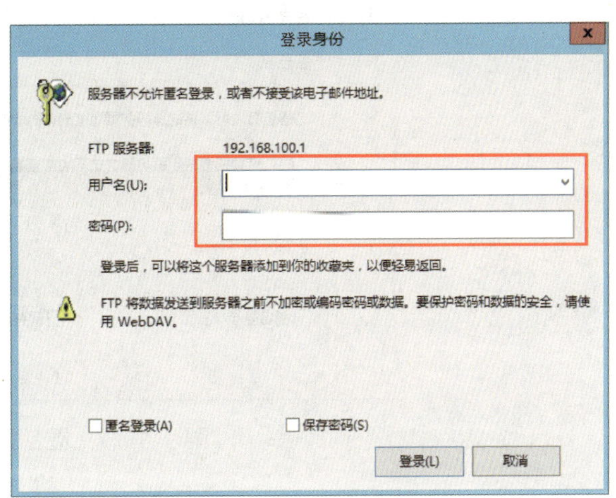

图 9-1-16　输入用户名和密码

任务验收可参考表 9-1-1。

表 9-1-1　任务验收表

验收内容	验收方法	验收标准	参考图
FTP1 站点匿名登录	在客户端文件资源管理器匿名登录 FTP1 站点	匿名用户无法登录，账户 Zs 可以登录，并可以上传和下载文件	图 9-1-17
FTP1 站点使用账户登录	在客户端文件资源管理器使用账户 Zs 登录	账户 Zs 可以成功登录，并可以上传和下载文件	图 9-1-18

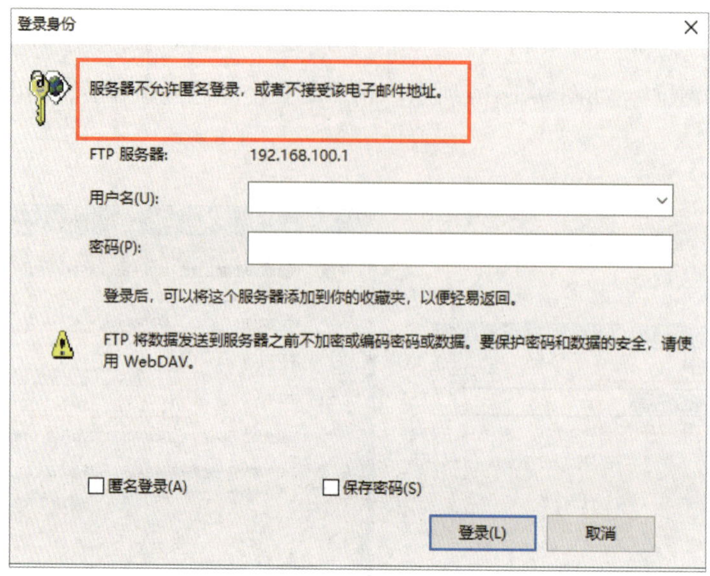

图 9-1-17　匿名登录失败参考图

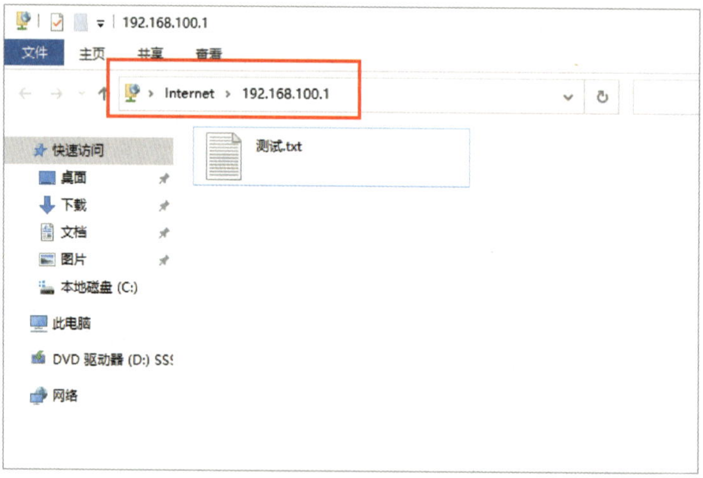

图 9-1-18　用户账户登录成功参考图

任务 2　FTP 站点的安全管理

学习目标

1. 掌握 FTP 站点常用安全设置的含义和作用。
2. 理解虚拟目录的作用。
3. 能根据需求完成 FTP 站点的安全设置，实现 FTP 站点的安全访问。
4. 能根据需求建立虚拟目录并完成安全设置。

从“项目描述”可知，本任务需要建立 FTP 站点，并完成对 FTP 站点的安全管理设置，具体要求如下。

1. FTP 服务器的 IP 地址为 192.168.100.1/255.255.255.0，站点名称为 FTP2，物理地址为 C:\FTP2，使用端口 31。

2. 允许匿名登录，匿名用户只能下载文件。对用户 Ls（密码为 Lisi123）和用户 Zq（密码为 Zhaoqi123）实现用户隔离，并授予其上传和下载的权限。

3. 建立虚拟目录 xuni，物理路径为 C：\ftpxuni，别名为 xn，关闭虚拟目录匿名登录。

4. 拒绝 IP 地址为 192.168.100.100/255.255.255.0 的计算机登录 FTP 服务器。

5. 测试用客户端 2 台，IP 地址分别为 192.168.100.2/255.255.255.0 和 192.168.100.100/255.255.255.0。

一、FTP 站点的常用安全设置

在 Windows Server 2022 网络操作系统中使用 IIS 管理器来架设的 FTP 服务器，主要的安全设置有以下几项。

1. “FTP IP 地址和域限制”用于限制某个子网或 IP 地址的访问，也可以限制某个域名的访问，但限制域名的访问会消耗服务器的性能，因为限制域名访问时，需要对 IP 做 DNS 反向查询。

2. “FTP 防火墙支持”是指通过配置防火墙规则，允许外部客户端通过被动模式连接到 FTP 服务器的数据端口，并确保服务器能正确通告其公网 IP 和端口范围。

3. “FTP 请求筛选”能实现文件类型限制、文件大小限制、命令限制和 URL 字符限制四种功能。

4. “FTP 日志”记录所有用户的访问信息，如访问时间、客户端 IP 地址、使用的登录账号等，这些信息对于 FTP 服务器的稳定运行具有很重要的意义，一旦服务器出现问题，就可以查看 FTP 服务器日志，找到故障所在，及时排除。

5. “FTP 身份验证”用于配置 FTP 客户端访问内容的身份验证方法。默认情况下，有基本身份验证和匿名身份验证两种。可根据需求，启用相应的身份验证方法。

6. “FTP 授权规则”是在 FTP 服务器中对用户进行授权访问的规则。在 FTP 服务器中，管理员需要设置不同用户及其访问权限，以保证 FTP 服务器的安全和稳定运行。

7. “FTP 消息”是用于指定 FTP 服务器将向 FTP 客户端显示的消息。主要包括横幅、欢迎使用、退出和最大连接数等。

二、FTP 用户隔离

FTP 用户隔离是一种可以在服务器上实现的安全措施，它可以帮助管理员为每个 FTP 用户创建一个独立的环境和隔离的文件夹。在这个环境中，FTP 用户只能访问属于自己的文件夹，不会影响其他用户的操作。FTP 用户隔离可以有效地保护服务器数据不被错误操作、攻击性操作或恶意代码所破坏。

为 FTP 用户隔离设定不同的应用场景需要有不同的实现方式。例如，在一个企业内部，有多个部门需要使用 FTP 服务器来进行文件的传输和共享。这时，需要管理员针对每个部门设立一个 FTP 用户账户，并设定相对应的文件夹隔离规则。对于每个 FTP 用户，需要将其隔离在相对应的文件夹中，而不是让所有的用户都进入同一个文件夹，不受限制地访问所有文件。

隔离的措施还需要密切结合安全授权。管理员可以将不同的 FTP 用户分别授权，赋予某些用户编辑、删除、下载等权限，而其他用户只能浏览，不得修改或删除。管理员在设置 FTP 用户隔离规则时，还应避免与文件夹的原有权限发生冲突。

在 Windows Server 2022 服务器配置 FTP 用户隔离可以防止用户访问 FTP 站点上其他用户的 FTP 主目录，具体操作如下。

（1）创建“LocalUser”文件夹。在 FTP 主目录下创建一个名为“LocalUser”的文件夹（注意，文件夹名称必须为“LocalUser”，不能更改）；

（2）创建用户文件夹。在“LocalUser”文件夹下，为每个用户创建一个与用户名相同的文件夹；

（3）创建“Public”文件夹。如果需要让匿名用户访问，可以在“LocalUser”文件夹下创建一个名为“Public”的文件夹。

三、FTP 服务器的虚拟目录

1. 虚拟目录的概念

FTP 虚拟目录是服务器中用来将实际文件存储位置和用户访问路径分开管理的核心功能。简单来说，它能把存放在不同位置（如不同硬盘或不同网络共享文件夹）的文件，虚拟成 FTP 站点目录的一部分，而无须真正移动文件。例如，可将真实文件夹“C：\Pub”设置为 FTP 站点“ftp：//example.com”下的虚拟路径“/ABC”，用户访问“ftp：//example.com/ABC”时，实际读取的是“C：\Pub”中的内容。

2. 虚拟目录的优点

使用 FTP 虚拟目录的优点主要有以下几点。

（1）存放文件灵活。文件可以存储在任意位置（如同一硬盘内的其他分区或外部硬盘），不必强制放在主目录下。

（2）权限控制独立。可为每个虚拟目录单独设置访问规则（如禁止上传、限制 IP 访问等）。

（3）用户无感知。用户访问时路径简洁统一，无须知道文件真实存储位置。

3. 虚拟目录的适用场景

（1）扩展存储空间。主目录硬盘空间不足时，可将其他硬盘的文件夹挂载到站点中。

（2）保护重要文件。将敏感数据存储到相对独立的存储位置，通过虚拟目录限制访问权限。

（3）简化复杂路径。把深层路径（如“/ 部门资料 /2023/ 财务报告”）变成简洁易记的短路径（如“/ 财务报告”）。

一、建立 FTP 站点

1. 在服务器的 C 盘上新建文件夹“FTP2”，将其作为 FTP2 站点的物理路径。

2. 打开“IIS 管理器”，与本项目任务 1 步骤相同，选择“添加 FTP 站点”，在“添加 FTP 站点”的“站点信息”界面输入站点名称“FTP2”，选择物理路径“C:\FTP2”，单击“下一步”按钮，如图 9–2–1 所示。

3. 在“IP 地址”处中选择 FTP 服务器的 IP 地址，此处为“192.168.100.1”，端口设为“31”，选择“自动启动 FTP 站点”。因为 FTP 站点尚未拥有 SSL 证书，因此选择“无 SSL”，单击“下一步”按钮，完成绑定和 SSL 设置，如图 9–2–2 所示。

4. 进入“身份验证和授权信息”界面，勾选“身份验证”下的“匿名”和“基本”复选框，在“授权”下的“允许访问”中选择“匿名用户”，“权限”勾选“读取”复选框，单击“完成”按钮，如图 9–2–3 所示。对身份验证和授权信息可以在安全设置里根据需求做进一步的设置。

图 9-2-1　添加 FTP 站点信息

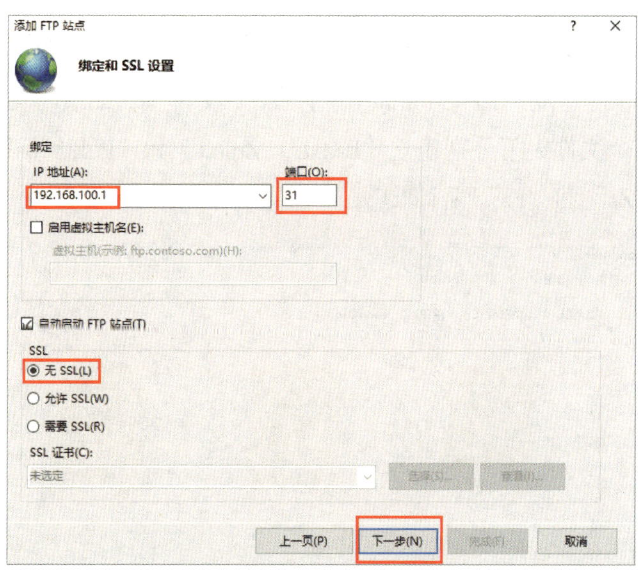

图 9-2-2　绑定和 SSL 设置

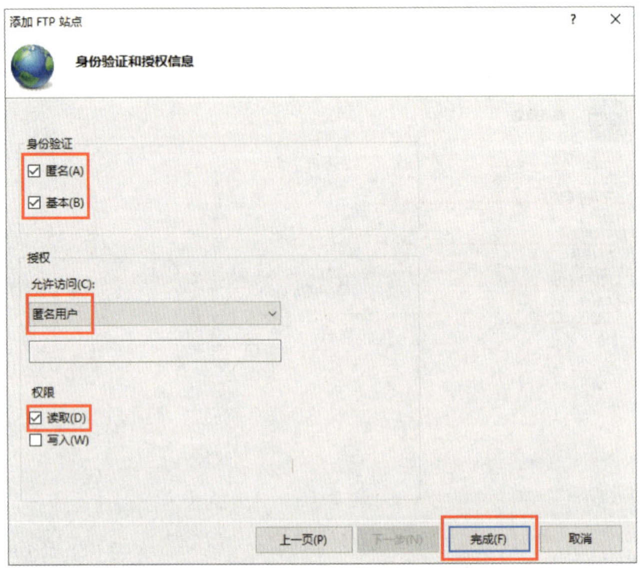

图 9-2-3　身份验证和授权信息

二、设置 FTP 站点用户隔离

1. 为了实现用户隔离，需要在“C:\FTP2”下建立“LocalUser”文件夹，并在“LocalUser”文件夹下再建立“Ls”“Public”和“Zq”文件夹，如图 9-2-4 所示，为便于测试，在刚刚建立的 3 个文件夹下分别建立“Ls.txt”“Zq.txt”和“Public.txt”文件。参考项目二的操作步骤，建立“Zs”和“Ls”两个账户。

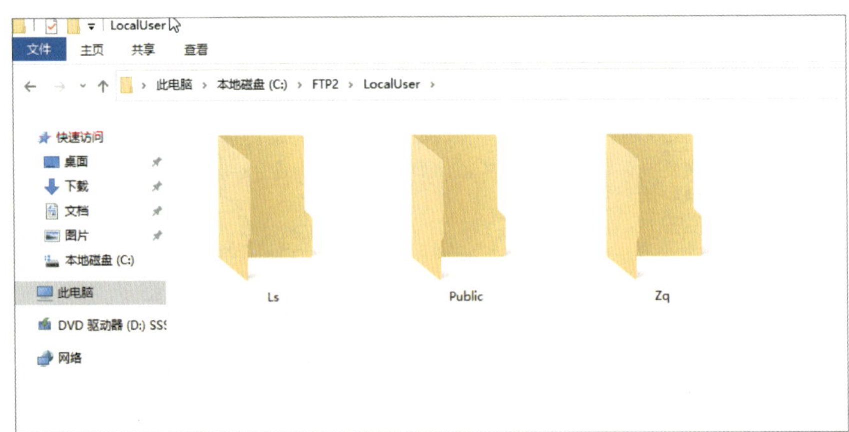

图 9-2-4　建立用户隔离文件夹

2. 进入 IIS 管理器，在“FTP2 主页”中双击“FTP 用户隔离”，如图 9–2–5 所示。

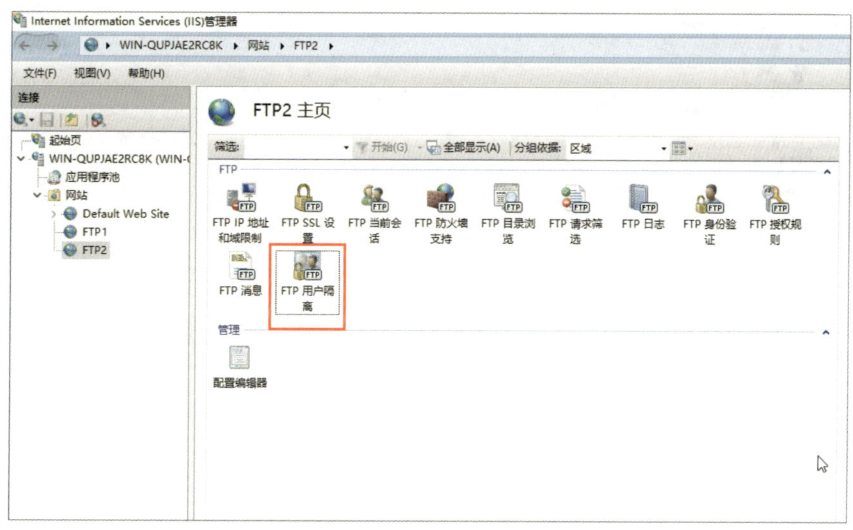

图 9-2-5　选择“FTP 用户隔离”

3. 设置用户隔离方式，选择“隔离用户，将用户局限于以下目录”下的“用户名物理目录（启用全局虚拟目录）”，单击“应用”按钮，如图 9 2–6 所示。

图 9-2-6　设置用户隔离方式

4. 设置成功后系统显示“已成功保存更改”，如图 9–2–7 所示。

图 9-2-7　已成功保存更改

5. 返回“FTP2 主页”，双击“FTP 授权规则”，如图 9–2–8 所示。

6. 根据建立 FTP2 站点时的设置，当前只有一条允许匿名用户读取的规则，根据任务要求需要给两个用户添加允许规则，单击“添加允许规则”，如图 9–2–9 所示。

7. 在“指定的用户”处输入账号“Ls”，如图 9–2–10 所示。如需指定多个用户，应使用半角分号作为分隔符。

8. 以相同的方式设置账户 Zq 的允许授权规则，结果如图 9–2–11 所示。

图 9-2-8　选择“FTP 授权规则”

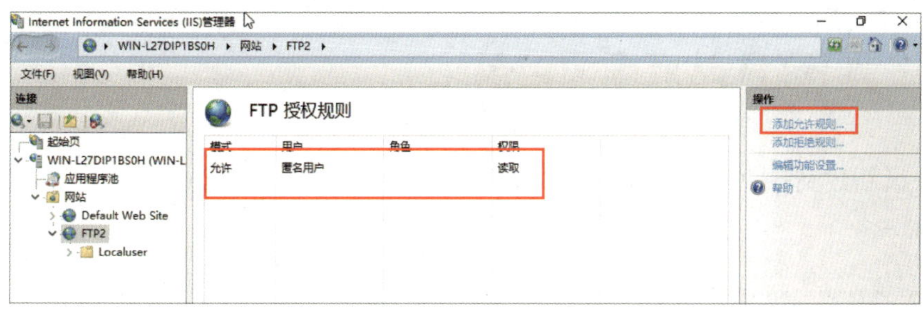

图 9-2-9　添加允许规则

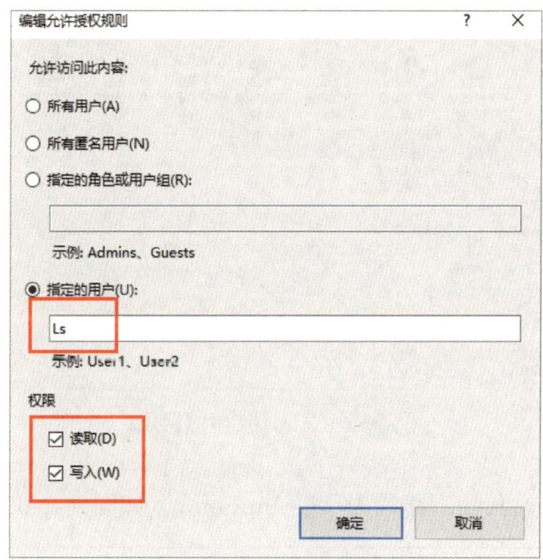

图 9-2-10　指定用户权限

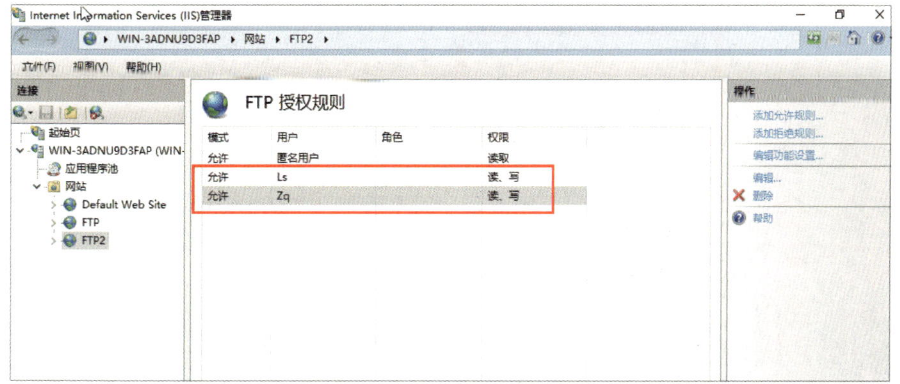

图 9-2-11　授权规则设置结果

三、设置 FTP 站点虚拟目录

1. 在 C 盘新建文件夹“ftpxuni”，右击 FTP 站点名“FTP2”，选择“添加虚拟目录”，如图 9-2-12 所示。

图 9-2-12 添加虚拟目录

2. 设置别名“xn”，设其物理路径为“C：\ftpxuni”，如图 9-2-13 所示。

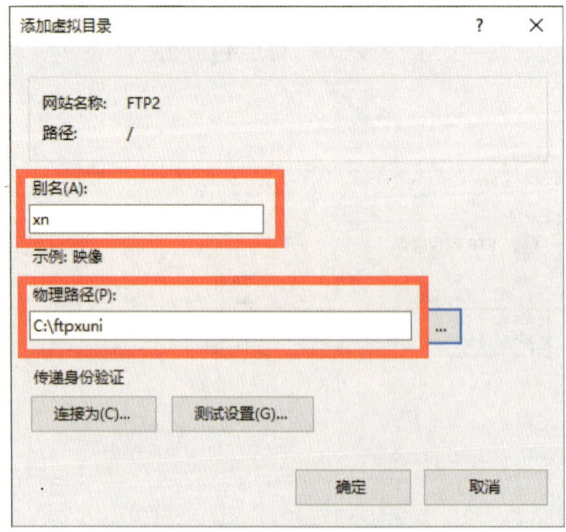

图 9-2-13 设置虚拟目录信息

3. 虚拟目录的主页设置选项只有三项，分别是“FTP IP 地址和域限制”“FTP 请求筛选”和“FTP 授权规则”，并会继承 FTP 服务器主页的相关设置，但可根据需求进行修改，如图 9-2-14 所示。

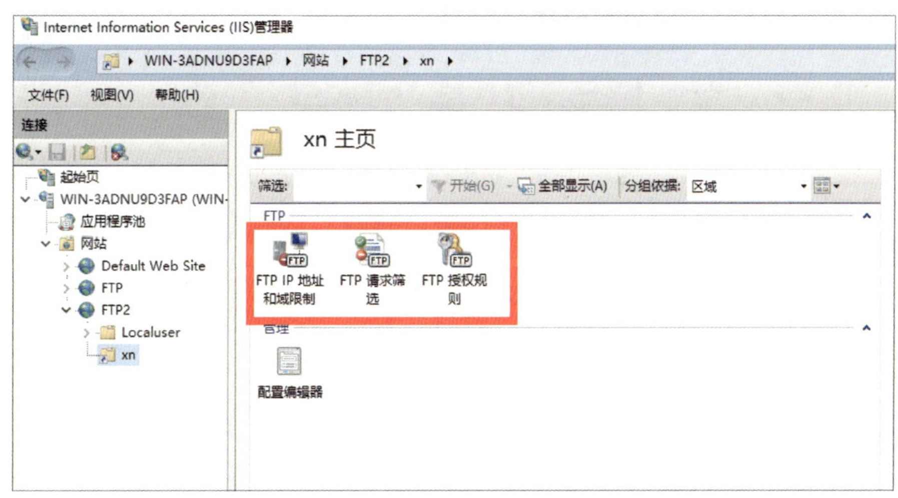

图 9-2-14 虚拟目录的主页

4. 双击打开“FTP 授权规则”，右击匿名用户授权规则条目，选择“删除”，如图 9-2-15 所示。

图 9-2-15 删除匿名用户授权规则

5. 单击“是”按钮确认删除，如图 9-2-16 所示。

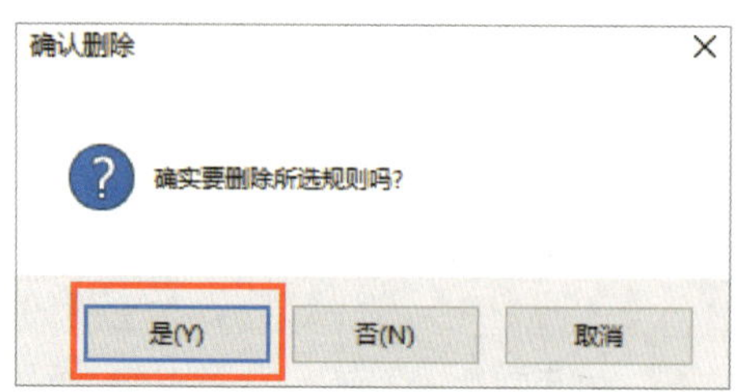

图 9-2-16　确认删除匿名用户规则

四、设置 FTP 站点 IP 地址限制

1. 在“FTP2 主页”双击“FTP IP 地址和域限制”，如图 9-2-17 所示。
2. 单击“添加拒绝条目”，如图 9-2-18 所示。
3. 输入要拒绝的 IP 地址“192.168.100.100”，如图 9-2-19 所示。
4. 设置完成后，核对“FTP IP 地址和域限制”信息，如图 9-2-20 所示。

图 9-2-17　选择“FTP IP 地址和域限制”

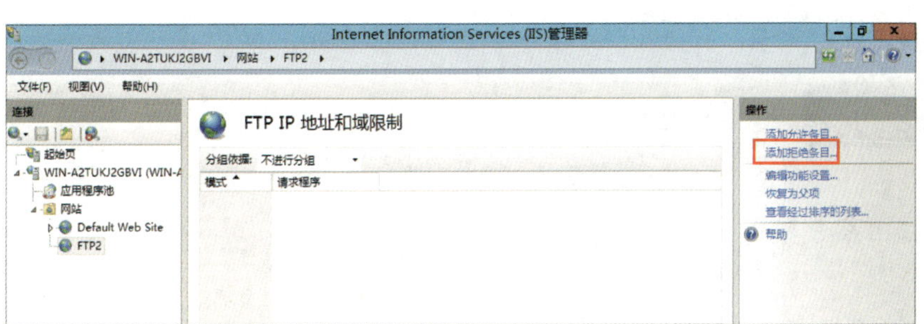

图 9-2-18　添加拒绝条目

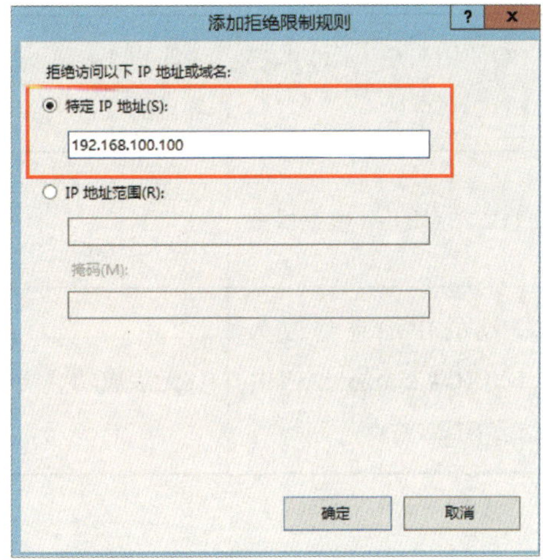

图 9-2-19　输入要拒绝的 IP 地址

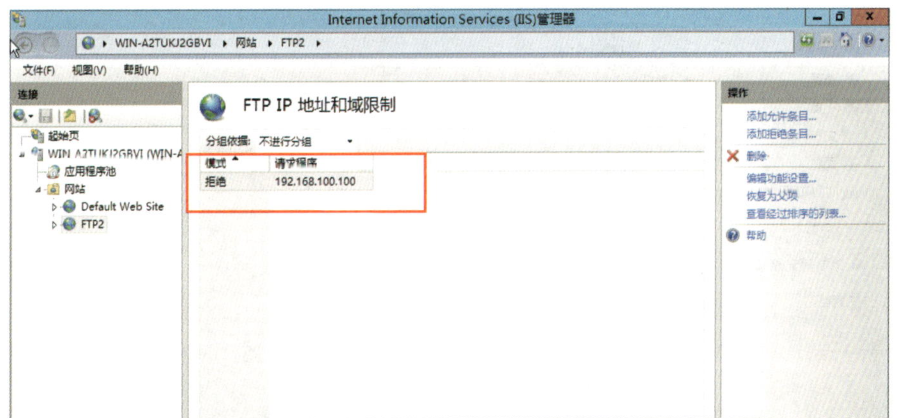

图 9-2-20　核对“FTP IP 地址和域限制”信息

任务验收

任务验收可参考表 9-2-1。

表 9-2-1 任务验收表

验收内容	验收方法	验收标准	参考图
匿名登录 FTP2 站点	在客户端匿名登录 FTP2 站点	匿名登录成功	图 9-2-21
实现 FTP 用户隔离	在客户端使用账户 Ls 和账户 Zq 登录 FTP2 站点	账户 Ls 和账户 Zq 分别登录各自的文件夹	图 9-2-22
虚拟目录使用	登录 FTP2 站点的 xn 虚拟目录	客户端可以登录 etp://192.168.100.1:31/xn	图 9-2-23
特定 IP 无法访问 FTP 站点	将客户端的 IP 地址修改为 192.168.100.100/255.255.255.0，并尝试登录 FTP2 站点	无法成功登录	图 9-2-24

图 9-2-21 匿名登录 FTP2 站点参考图

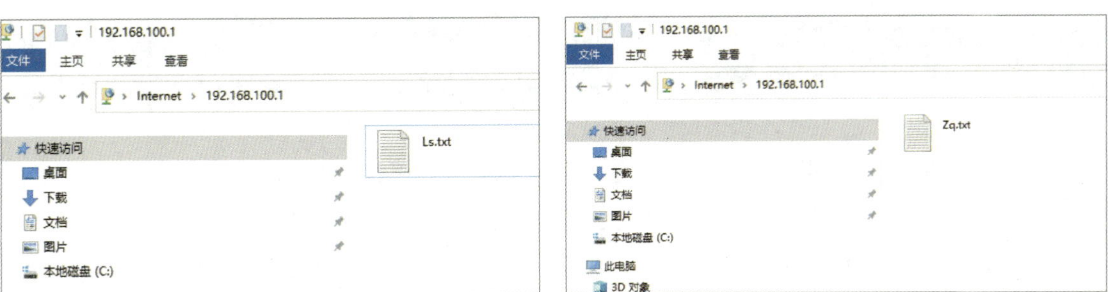

图 9-2-22　不同的账户登录 FTP2 站点参考图

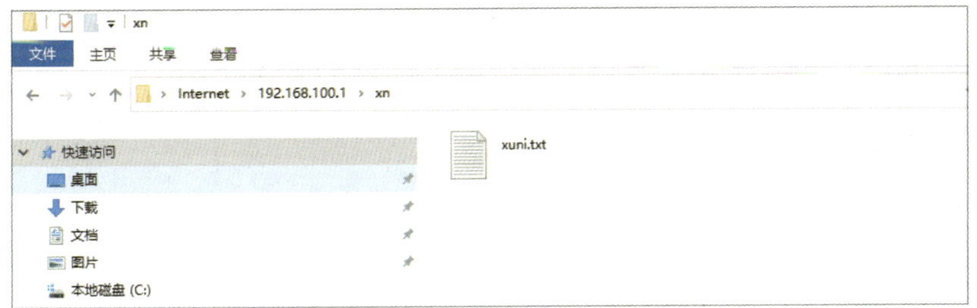

图 9-2-23　登录虚拟目录参考图

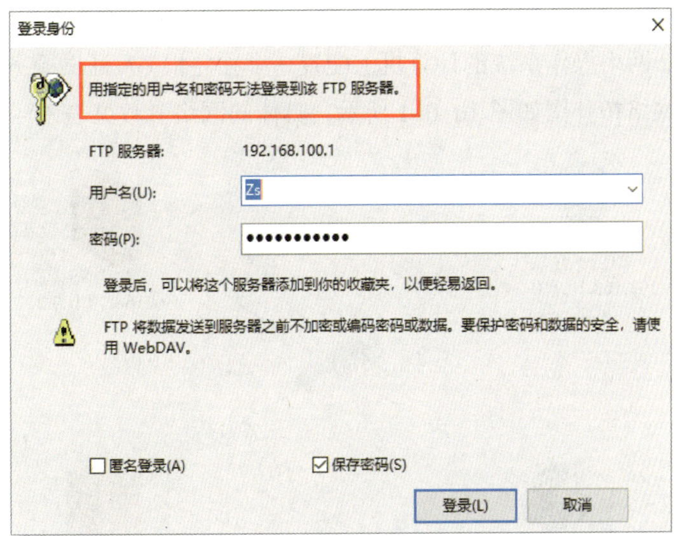

图 9-2-24　无法登录 FTP2 站点参考图

项目十　证书服务器的安装与应用

在网络迅速发展的同时，网络安全问题也越来越令人担忧，特别是一些电子交易类型的网站，一旦数据被人截获、篡改或伪造等，都会给企业和用户带来难以想象的严重后果，因此，需要利用电子证书为传输的数据进行加密，这样即使数据被人截获，也无法获得数据中的内容，从而保护用户的网络安全及传输信息的安全。

本项目将在已经学习并掌握了 Web 服务器配置方法的基础上，完成“证书服务器的安装与配置”和“证书服务的 SSL 网站应用与测试”两个任务，进一步理解安全通信的基本原理和实施方法，掌握 Windows Server 2022 的 Active Directory 证书服务器的相关知识，完成证书服务器的安装和配置，并结合 Web 服务器架设有安全连接的 SSL 网站。

项目描述

某企业网站挂载了 OA 系统，为员工提供办公和薪资查询等功能。为了保证隐私信息不被泄露，希望能利用证书服务器，架设一个满足安全通信的网站，现需在一台安装了 Windows Server 2022 网络操作系统的计算机上配置一个独立根 CA 证书服务器并对证书进行有效管理，公司内部网络拓扑图如图 10-0-1 所示，具体的网络参数见表 10-0-1。

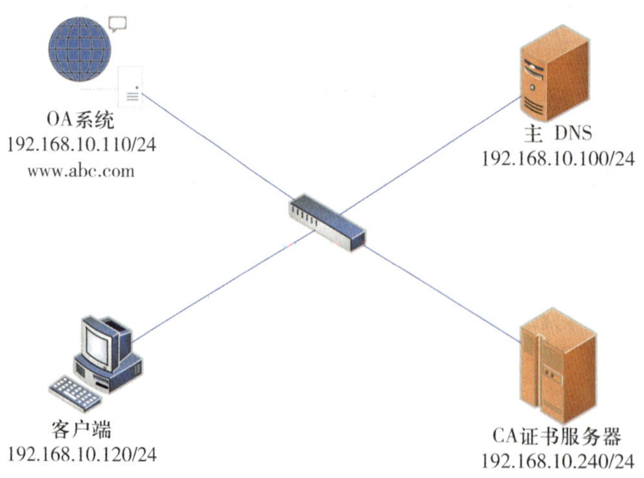

图 10-0-1　网络拓扑图

表 10-0-1　网络参数

计算机	IP 地址	子网掩码	默认网关	首选 DNS
主 DNS	192.168.10.100	255.255.255.0	192.168.10.254	本机
OA 系统	192.168.10.110	255.255.255.0	192.168.10.254	192.168.10.100
CA 证书服务器	192.168.10.240	255.255.255.0	192.168.10.254	192.168.10.100
客户端	192.168.10.120	255.255.255.0	192.168.10.254	192.168.10.100

任务 1　证书服务器的安装与配置

学习目标

1. 了解 PKI 的工作原理。
2. 了解基本加密技术的相关知识。
3. 了解证书颁发机构（CA）的功能和类型。
4. 能安装和管理证书。

任务描述

从“项目描述”可知，企业内部要为 OA 系统提供安全通信，需要在内网部署证书服务器。要求在一台安装了 Windows Server 2022 网络操作系统的计算机（IP 地址为 192.168.10.240）上配置 CA 证书服务器。

CA 证书服务器和 OA 系统的相关信息见表 10-1-1。

表 10-1-1　网络参数表

计算机	IP 地址	子网掩码	默认网关	首选 DNS
OA 系统	192.168.10.110	255.255.255.0	192.168.10.254	192.168.10.100
CA 证书服务器	192.168.10.240	255.255.255.0	192.168.10.254	192.168.10.100

一、PKI 的概念

PKI（public key infrastructure，公钥基础设施）是一种遵循一定标准利用公钥加密技术为电子商务的开展提供一套安全基础平台的技术和规范。

PKI 是一种遵循既定标准的密钥管理平台，它的基础是加密技术，核心是证书服务，支持集中自动的密钥管理和密钥分配，能够为所有的网络应用提供加密和数字签名等密码服务及所需要的密钥和证书管理体系。

PKI 是 HTTPS 协议实现安全通信的核心技术基础，图 10-1-1 所示是最常见的用户访问 HTTPS 网站的交互流程。

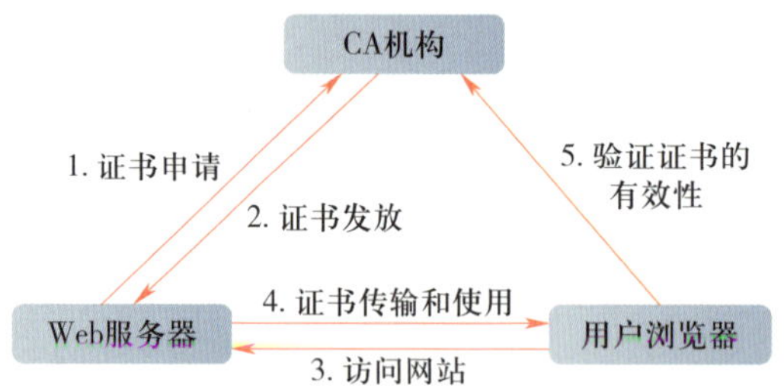

图 10-1-1　用户访问 HTTPS 网站的交互流程

二、数字签名

数字签名（digital signature），又称电子签章，是一种基于密码学技术的电子签名方法，由公钥密码发展而来，它在身份认证、数据完整性、不可否认性及匿名性等网络安全方面有

着重要的应用。

数字签名采用非对称密码体制（公钥密码体制），即发送者使用私钥加密数据，接收者使用对应的公钥解密数据，它具有以下功能。

1. 报文鉴别：用于证明来源，接收者可以通过签名确定是哪个发送者。

2. 防止抵赖：防止发送者否认签名，发送者一旦签名就打上标记，无法抵赖。

3. 防止伪造：防止接收者伪造发送者的签名。

三、数字证书

数字证书是数字凭据，它提供有关实体标识的信息以及其他支持信息。

数字证书由权威证书颁发机构（certificate authority，CA）颁发，该权威机构担保证书信息的有效性。数字证书具有时效性，它只在有效时间段内生效。数字证书的格式遵循 X.509 标准。X.509 标准是由国际电信联盟（ITU-T）制定的数字证书标准。数字证书里主要包含以下数据。

1. 版本号：指出该数字证书使用了哪种版本的 X.509 标准（版本 1、版本 2 或者版本 3），版本号会影响证书中的一些特定信息，目前的版本为 3。

2. 序列号：标识数字证书的唯一整数，由证书颁发者分配给证书的唯一标识符。

3. 签名算法标识符：用于签证书的算法标识，由对象标识符加上相关的参数组成，用于说明证书所用的数字签名算法。例如，SHA-1 和 RSA 的对象标识符就用来说明该数字签名是利用 RSA 对 SHA-1 杂凑加密。

4. 认证机构的数字签名：是使用发布者私钥生成的签名，以确保这个证书在发放之后没有被篡改过。

5. 认证机构：证书颁发者的可识别名（DN）。

6. 有效期限：证书的起始日期和终止日期，指明证书在这两个时间内有效。

7. 主体：证书拥有者的可识别名，这个字段必须是非空的，除非在证书扩展中有别名。

8. 主体公钥信息：主体的公钥（以及算法标识符）。

9. 颁发者唯一标识符：标识符是证书颁发者的唯一标识符，仅在版本 2 和版本 3 中有要求，属于可选项。

10. 主体唯一标识符：证书拥有者的唯一标识符，仅在版本 2 和版本 3 中有要求，属于可选项。

证书的有效性检查需要经历多个步骤，数字证书的生成和验证过程如图 10–1–2 所示。

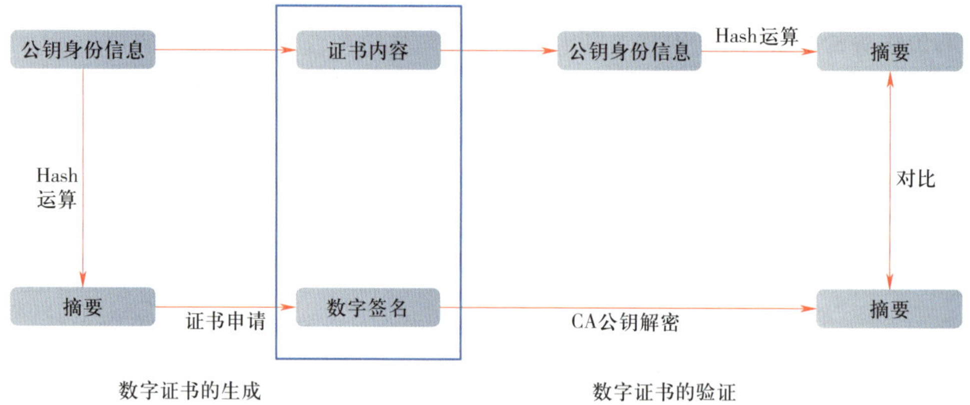

图 10–1–2　数字证书的生成和验证过程

操作系统中默认已经自动信任一些知名的商业 CA，例如安装 Windows 11 操作系统的计算机可通过打开“控制面板”→“网络和 Internet”选项→“高级网络设置”→“ Internet 选项”，在弹出的“Internet 属性”对话框的“内容”选项卡中单击“证书”按钮，在“证书”对话框的“受信任的根证书颁发机构”选项卡中查看其已经信任的 CA 证书，如图 10–1–3 所示。

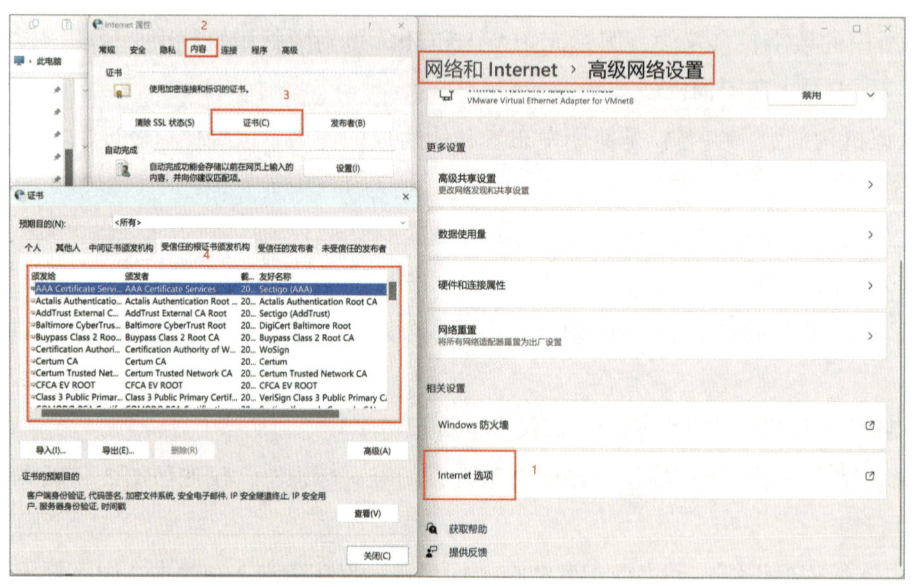

图 10–1–3　在 Windows 11 操作系统中查看已经信任的证书

四、证书颁发机构（CA）

为保证数字证书的真实可靠，由证书颁发机构（CA）专门负责数字证书的发放和管理。

1. 证书颁发机构（CA）的功能

证书颁发机构（CA）作为PKI的核心，承担了一系列的重要功能。

（1）数字证书的颁发，包括接收、验证用户数字证书的申请，处理数字证书申请的审批，颁发数字证书或拒绝证书申请等；

（2）处理用户的数字证书更新请求；

（3）数字证书的撤销；

（4）数字证书的查询（证书查询、撤销查询）；

（5）数字证书、历史数据的归档。

2. 证书颁发机构（CA）的类型

（1）按照机构类型不同，CA可以分为独立CA和企业CA。

独立CA不依赖活动目录，由第三方机构或组织独立运营，企业CA由组织自行建立，通常与活动目录集成，用于企业内部的身份认证和证书管理。企业CA支持自定义证书模板（基于活动目录模板库），而独立CA不支持模板功能，仅提供基础证书类型。

（2）按照层级不同，CA可分为根CA、中间CA和从属CA。

根CA是数字证书信任链的顶层机构，自行签发证书并作为整个PKI体系的信任锚点。中间CA是数字证书体系中的中间层级机构，用于在根CA与终端实体证书（如SSL证书）之间建立信任链。从属CA是由上级CA（根CA或中间CA）签发的下级证书颁发机构，用于扩展信任链层级。

3. 证书颁发机构（CA）颁发的证书

证书颁发机构（CA）颁发的证书一般有CA证书和终端实体证书两类。CA证书是CA自身的身份凭证（如根CA证书、中间CA证书），用于签发其他证书。终端实体证书是CA签发给普通实体的证书（如网站SSL证书、邮箱证书），用于身份认证和加密通信。

CA 证书设有有效期，需在有效期内使用，但若出现私钥泄露、策略变更等问题，未到期的 CA 证书也可被吊销，停止使用。

一、安装 Active Directory 证书服务

1. 打开“服务器管理器 仪表板”窗口，单击“添加角色和功能”，启动“添加角色和功能向导”，在“服务器角色”界面中勾选“Active Directory 证书服务”，在弹出的对话框中单击“添加功能”按钮，然后单击“下一步”按钮，如图 10-1-4 所示。

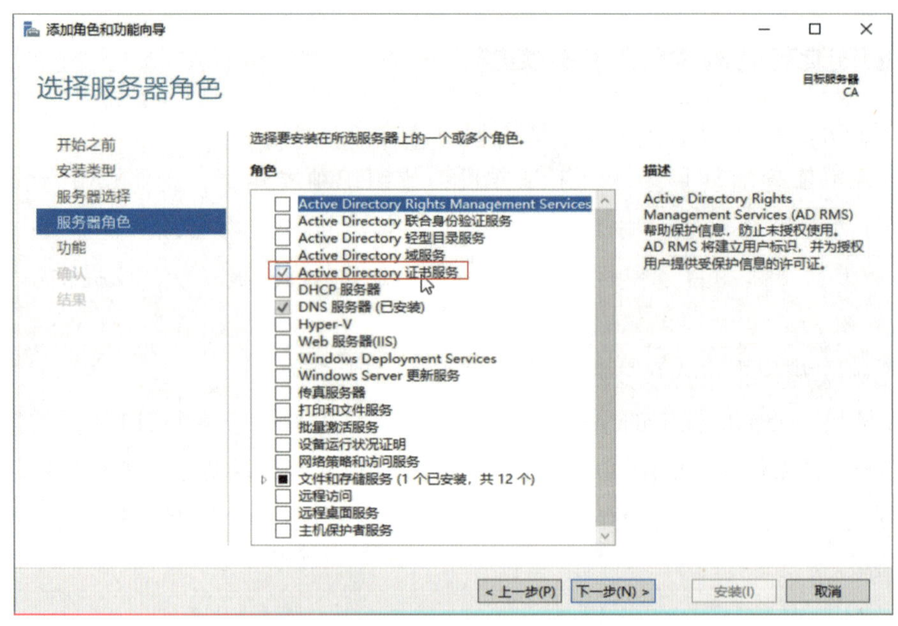

图 10-1-4　勾选“Active Directory 证书服务”

2. 在“功能”界面中单击“下一步”按钮，在“AD CS”下的“角色服务”界面中勾选“证书颁发机构 Web 注册”，单击“下一步”按钮，如图 10-1-5 所示。

3. 其他选项采用默认值，单击“安装”按钮，开始安装 Active Directory 证书服务。

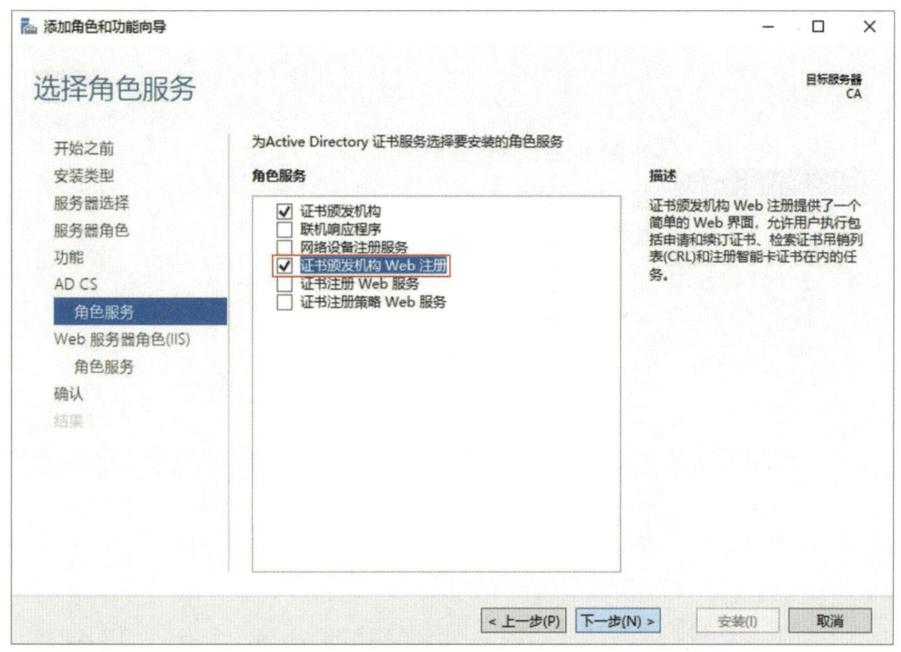

图 10-1-5　勾选“证书颁发机构 Web 注册 ”

二、配置 Active Directory 证书服务

1. Active Directory 证书服务安装完成后，单击向导中的“配置目标服务器上的 Active Directory 证书服务”链接，开始 Active Directory 证书服务的配置。在弹出的“AD CS 配置”窗口中单击“下一步”按钮，在“角色服务”界面勾选“证书颁发机构”和“证书颁发机构 Web 注册”复选框，如图 10-1-6 所示，单击“下一步”按钮。

2. 在图 10-1-7 所示的界面中指定 CA 的设置类型为“独立 CA”，单击“下一步”按钮。

3. 在图 10-1-8 所示的界面中指定 CA 类型，选择“根 CA”，单击“下一步”按钮。

4. CA 必须拥有私钥后，才可以给客户端颁发证书。在图 10-1-9 所示的界面中指定私钥类型，选择“创建新的私钥”，单击“下一步”按钮。

5. 设置加密选项，选择合适的算法，这里默认选择“SHA256”，单击“下一步”按钮。在图 10-1-10 所示的界面中设置 CA 的公用名称为“CA-CA”，单击“下一步”按钮。

6. 设置证书颁发的有效期，保持默认的“5 年”。证书数据库位置采用默认设置即可，单击“下一步”按钮，所有的设置都完成后，单击“配置”按钮，完成配置后单击“关闭”按钮。

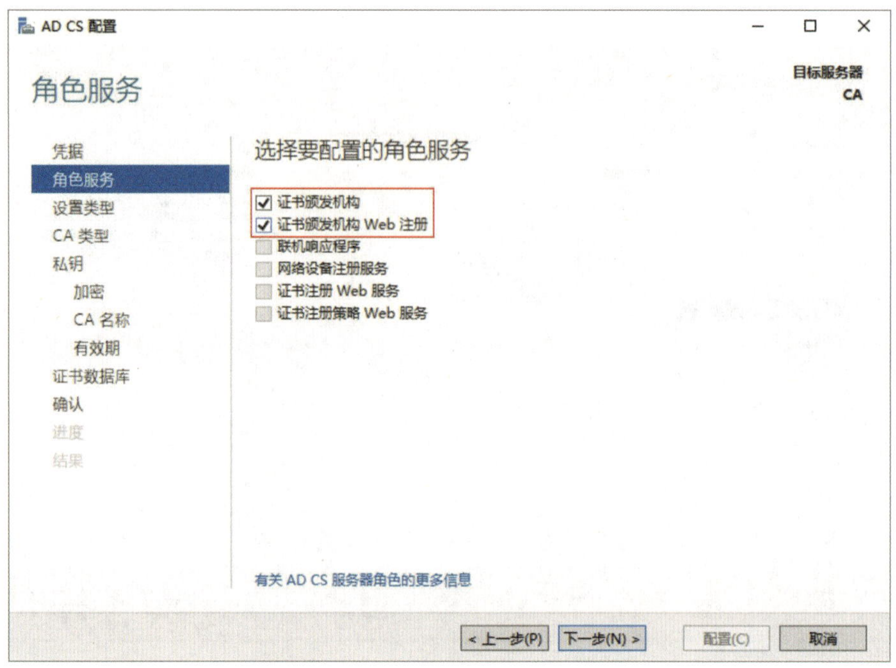

图 10-1-6　选择要配置的角色服务

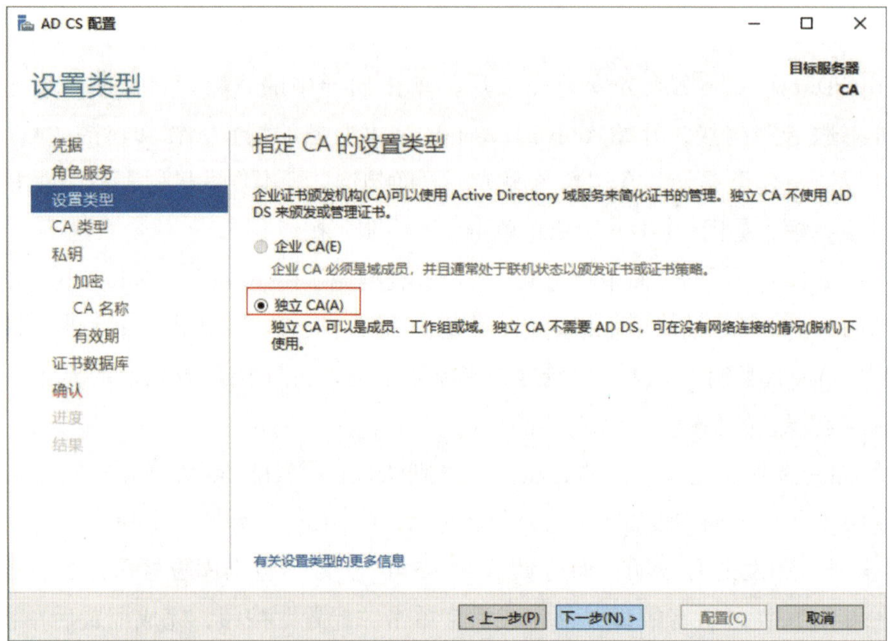

图 10-1-7　指定 CA 的设置类型

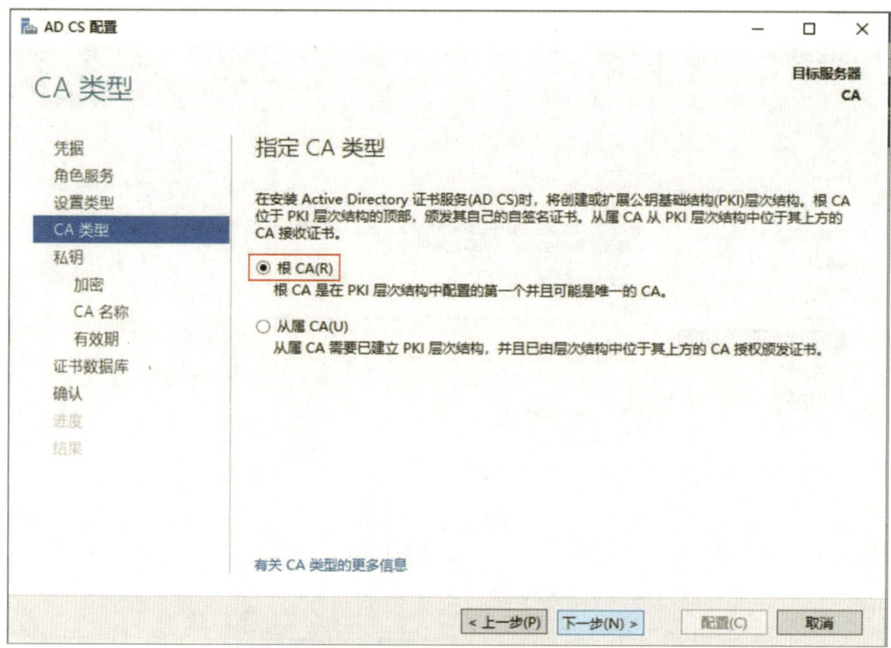

图 10-1-8　指定 CA 类型

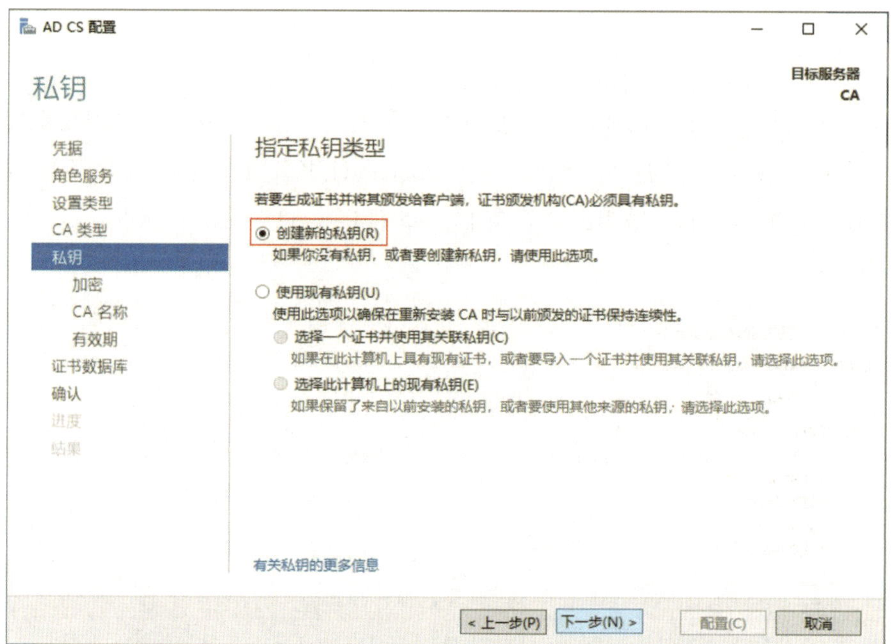

图 10-1-9　指定私钥类型

图 10-1-10　指定 CA 名称

三、管理 CA 证书

在“服务器管理器”的“AD CS”界面中依次单击“工具”→“证书颁发机构”，打开“certsrv-［证书颁发机构（本地）］”窗口，在“吊销的证书”“颁发的证书”等选项下可以对证书进行管理，如颁发证书、吊销证书等操作，如图 10-1-11 所示。

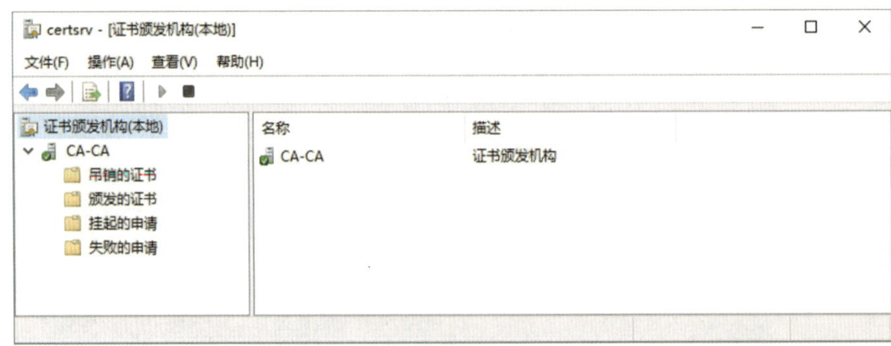

图 10-1-11　对证书进行管理

任务验收

任务验收可参考表 10-1-2。

表 10-1-2　任务验收表

验收内容	验收方法	验收标准	参考图
Active Directory 证书服务的安装	在 Active Directory 服务器上查看证书	能够查看证书管理器	图 10-1-11

任务 2　证书服务的 SSL 网站应用与测试

学习目标

1. 掌握 SSL 协议和 HTTPS 协议的概念。
2. 能配置证书服务。
3. 能架设利用证书加密的 SSL 网站。
4. 能测试 SSL 网站。

任务描述

从“项目描述”可知，企业内部要为 OA 系统提供安全通信服务。需要在 CA 证书服务器端上配置申请证书，在 Web 服务中的 OA 系统配置 SSL 网站和客户端计算机都信任此 CA，并能从 CA 获取数字证书进行证书安装用于 SSL 安全通信。网络拓扑如图 10-0-1 所示，具体的网络参数见表 10-0-1。

SSL 协议，是一个以 PKI 为基础的安全性通道协议，是为网络通信提供安全及数据完整性的一种安全协议，其工作在传输层，对网络连接进行加密，若要让网站拥有 SSL 安全连接功能，就需要为网站向 CA 申请 Web 服务器的 SSL 证书，该证书内包含公钥、证书有效期限、发放此证书的 CA、CA 的数字签名等数据。

HTTPS 协议与 HTTP 协议一样工作在应用层，用于传输网页的超文本信息，与 HTTP 协议的不同之处就在于传输层使用 SSL 协议。

在网站拥有 SSL 证书之后，客户端的浏览器与服务器的网站之间即可通过 SSL 安全连接进行通信，网站的 URL 前缀也会由 http 变为 https，如 https：//www.abc.com。

SSL 的工作流程包括服务器认证阶段和用户认证阶段。利用数字证书和数字签名来对通信双方做出身份验证。其中，服务器认证阶段是必选阶段，而用户认证阶段则是可选阶段。仅做服务器认证，就能保证数据传输的机密性、完整性、可靠性。如果将服务器和用户双方都进行认证，则能保证数据传输的不可抵赖性。如果是电子交易平台，则必须保证客户端和服务器双方的身份验证。

一、服务器认证阶段

1. 客户端向服务器发送一个开始信息“hello”以便开始一个新的会话连接。

2. 服务器根据客户端的信息确定是否需要生成新的主密钥，如需要则服务器在响应客户的“hello”信息时将包含生成主密钥所需的信息（SSL 证书的公钥信息）。

3. 客户端根据收到的服务器响应，与服务器协商创建一个使用对称加密的会话密钥，会话密钥的安全等级与加密位数有关，加密位数越多越难以破解，数据传输越安全，当然网站的性能、效率会受到影响。

4. 客户端将创建好的会话密钥用服务器的公钥加密后传给服务器。

5. 服务器利用自己的私钥解密该会话密钥。此时，会话密钥只有服务器和客户端双方知道。服务器返回给客户端一个用会话密钥认证的信息，以此让客户端认证服务器。

6. 此后，客户端和服务器双方之间传输的所有数据，都会利用这个会话密钥进行加密与解密。

SSL 证书认证和会话加密原理如图 10-2-1 所示。

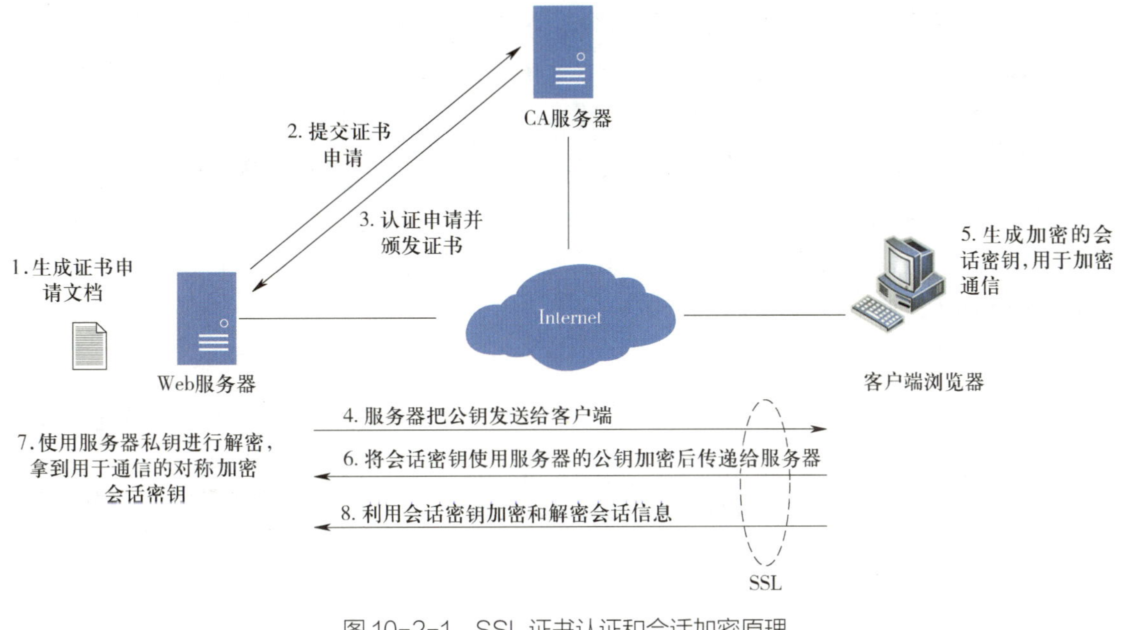

图 10-2-1　SSL 证书认证和会话加密原理

二、用户认证阶段

在服务器认证阶段，服务器已经得到了客户端的认证，接下来在用户认证阶段主要完成服务器对用户的认证。经认证的服务器发送一个消息给客户端，客户端则将这个消息附上数字签名和客户端的公钥，从而向服务器提供认证。

一、设置信任 CA

Web 服务器（192.168.10.110）与客户端（192.168.10.120）都应该信任发放 SSL 证书的 CA 证书服务器（192.168.10.240），否则浏览器在使用 HTTPS 协议连接网站时会弹出警告信息。

若是企业 CA 证书服务器，且网站与浏览器计算机都是域成员，则它们都会自动信任此企业 CA 证书服务器。本次任务的 CA 证书服务器为独立根 CA 证书服务器，且客户端没有加入域，故需要在这台计算机上手动执行信任 CA 的操作。让 Web 服务器和客户端信任独立根 CA 需要在 Web 服务器和客户端计算机中都做如下操作。

1. 首先打开 IE 浏览器，并在其地址栏中输入“http：//192.168.10.240/certsrv”，地址中的 192.168.10.240 为独立根 CA 服务器的 IP 地址。

2. 单击“下载 CA 证书、证书链或 CRL”链接，如图 10-2-2 所示，进入证书下载页面，下载链接如图 10-2-3 所示。

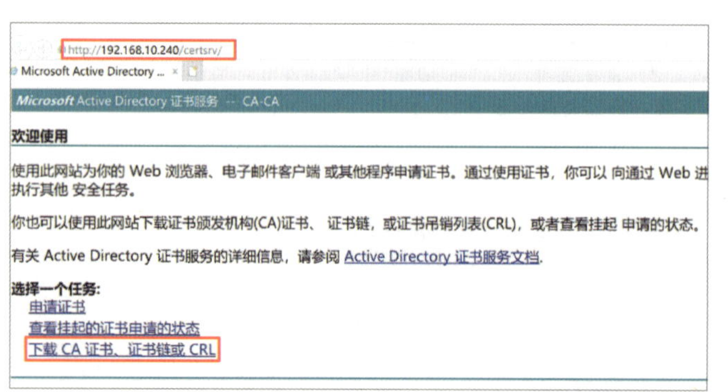

图 10-2-2 “下载 CA 证书、证书链或 CRL”链接

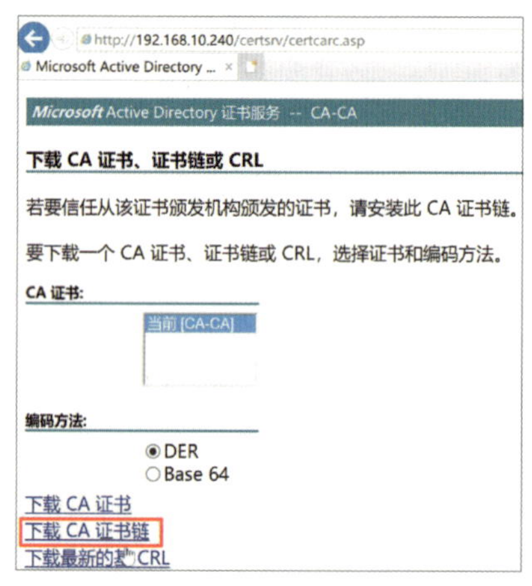

图 10-2-3 “下载 CA 证书链”链接

3. 根 CA 证书服务器和从属 CA 证书服务器都可以向终端客户颁发证书。而为了保证根 CA 证书服务器的绝对安全性，将 CA 证书服务器隔离得越严格越好，所以根 CA 证书服务器一般不直接颁发证书给终端客户，而是颁发证书给多级从属 CA，由一系列证书链来确认从属 CA 证书服务器的可靠性。所以客户如果要信任从属 CA，则需要下载从根 CA 证书服务器开始发放给从属 CA 证书服务器的证书链以验证证书的有效性和可靠性。本任务只配置了一个根 CA 证书服务器，因此，下载单一的 CA 证书和下载 CA 证书链的效果是一样的。

4. 单击“下载 CA 证书链”。在弹出的对话框中单击“保存”按钮右侧的下拉按钮，选择“另存为”选项，将证书下载并保存到本地，其默认的文件名为“certnew.p7b”。

5. 接下来导入证书，按 Win+R 组合键打开“运行”窗口，在弹出的“运行”对话框中输入“mmc”，单击“确定”按钮弹出“控制台1[控制台根节点]”窗口，依次选择“文件”→“添加/删除管理单元”，从“可用的管理单元”列表框中选择“证书”选项，单击“添加”按钮，在弹出的“证书管理单元”对话框中选中“计算机账户”单选按钮，如图 10-2-4 所示，然后依次单击“下一步”→“完成”→“确定”按钮，完成证书的添加。

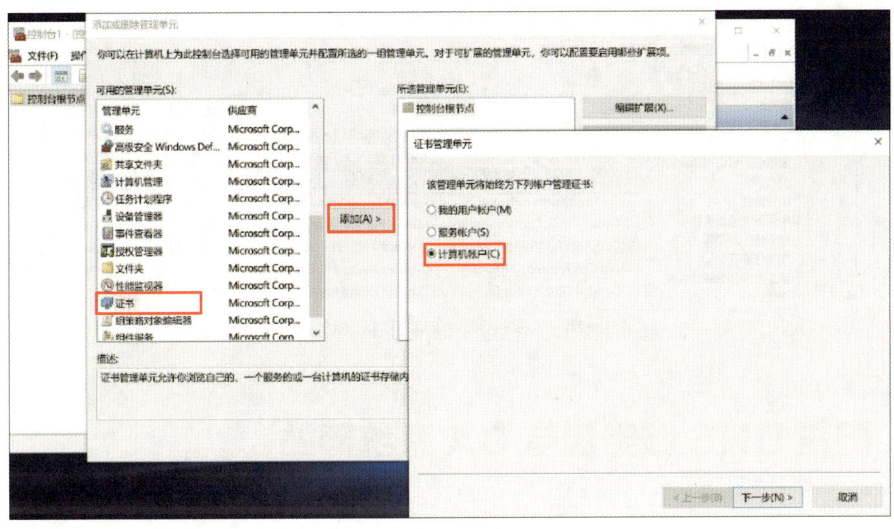

图 10-2-4　添加证书

6. 在“控制台 1”窗口中展开“受信任的根证书颁发机构”选项，选择“证书”选项并右击，在弹出的快捷菜单中选择“所有任务”→“导入”选项，如图 10-2-5 所示。

7. 在弹出的“证书导入向导”对话框中单击“下一步”按钮。在图 10-2-6 所示的界面中选择之前下载的 CA 证书文件，单击“下一步”按钮，导入成功。

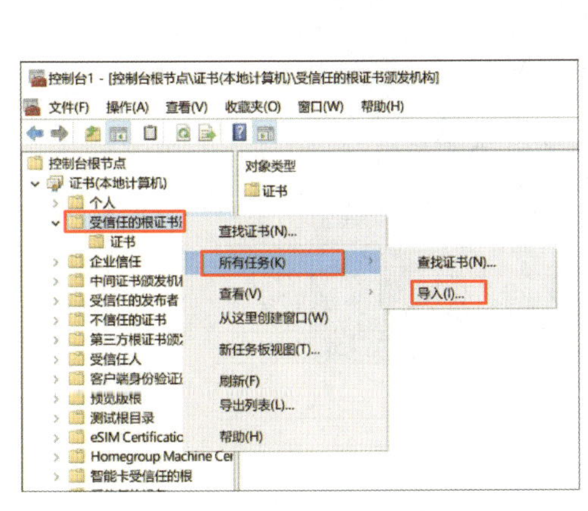

图 10-2-5　导入证书

图 10-2-6　证书导入向导

8. 展开“控制台 1”窗口中的“受信任的根证书颁发机构”→“证书”选项，在“证书”中可以看到刚刚导入成功的受信任证书“CA-CA”，如图 10-2-7 所示。

图 10-2-7　查看受信任证书“CA-CA”

二、配置 DNS 服务器与 OA 系统网站

在 DNS 服务器（192.168.10.100）上创建主域 abc.com，并添加主机 www，指向 Web 服务器（192.168.10.110）。

在 Web 服务器（192.168.10.110）上配置 OA 系统网站，在客户端（192.168.10.120）中打开浏览器，访问 http://www.abc.com/，确认可以正常打开 OA 系统首页，如图 10-2-8 所示。

至此，DNS 服务器与 OA 系统网站配置完成。

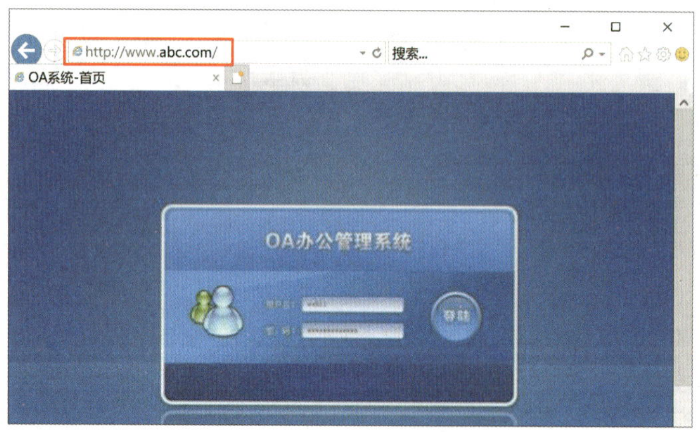

图 10-2-8　OA 系统首页

三、Web 服务器配置证书服务

OA 系统的基础配置完成后，需要为 OA 系统配置 SSL 证书，通过 HTTPS 来访问 OA 系统。

1. 创建证书申请

在 Web 服务器（192.168.10.110）上打开“Internet Information Services（IIS）管理器”窗口，依次选择 Web 服务器主机名（此处为“WIN-R5S56H3K4NA”）→“服务器证书”→“打开功能”，如图 10-2-9 所示。

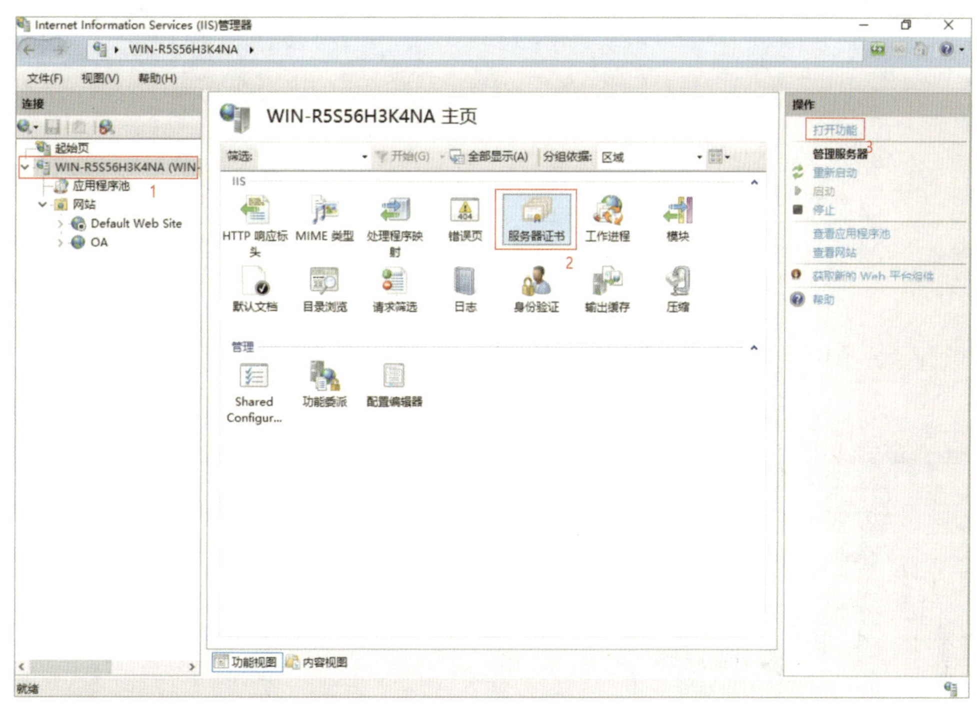

图 10-2-9　打开服务器证书

在“服务器证书”界面单击右侧的“创建证书申请”链接，如图 10-2-10 所示。

打开申请证书向导页面，填写证书申请的可分辨名称属性。如果网站设置了主机名，则通用名称应当与主机名一致，而客户端则必须通过主机名访问该网站。其他信息按实际情况填写，如图 10-2-11 所示，填写完成后单击“下一步”按钮。

选择加密服务提供程序，其中“位长”保留默认的“1024”，位长越大，加密安全性越高，但是传输效率会越低。

单击“下一步”按钮，指定证书申请文件的文件名和保存路径，一般保存为 TXT 文件，单击“完成”按钮，如图 10-2-12 所示。

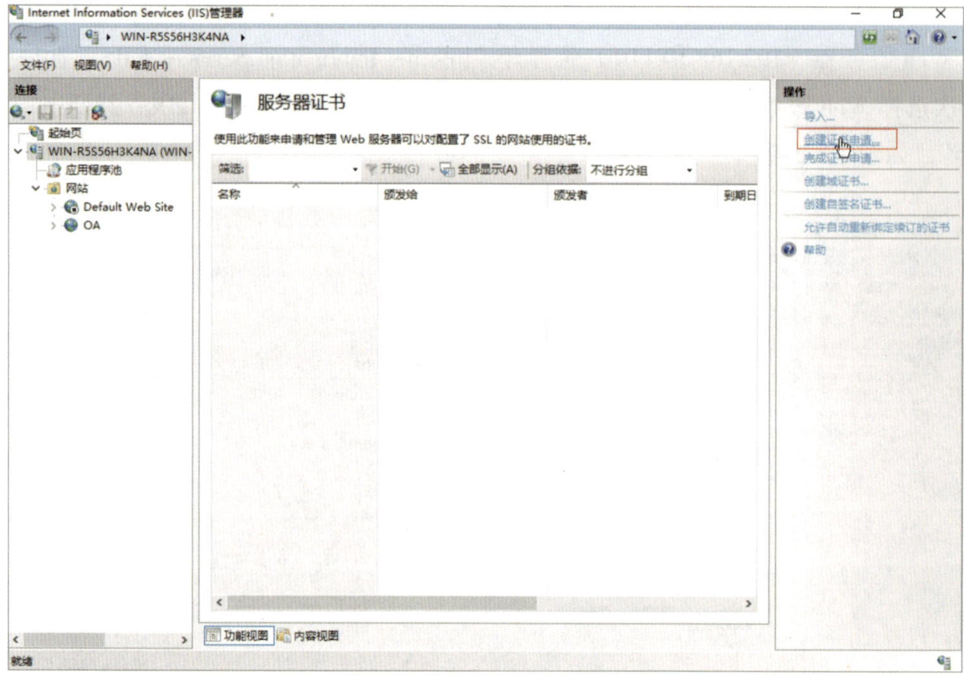

图 10-2-10　创建证书申请

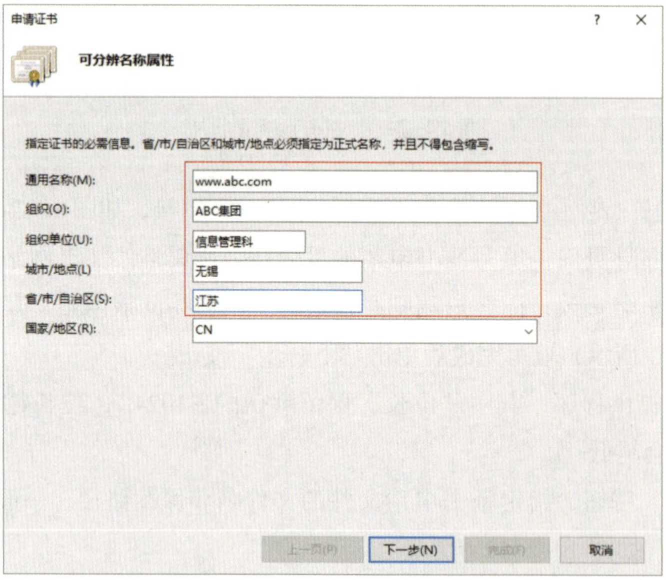

申请证书

可分辨名称属性

指定证书的必需信息。省/市/自治区和城市/地点必须指定为正式名称，并且不得包含缩写。

通用名称(M): www.abc.com

组织(O): ABC集团

组织单位(U): 信息管理科

城市/地点(L): 无锡

省/市/自治区(S): 江苏

国家/地区(R): CN

上一页(P)　下一步(N)　完成(F)　取消

图 10-2-11　可分辨名称属性

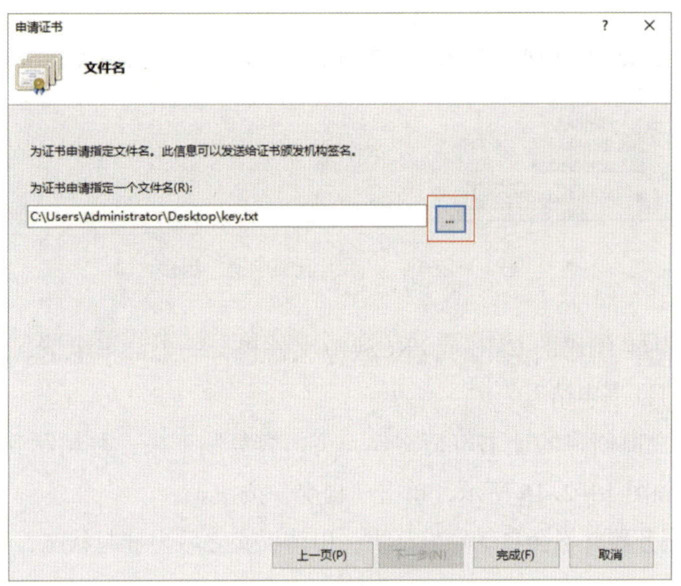

图 10-2-12　保存证书文件

2. 申请证书

在 Web 服务器上打开浏览器，访问“http：//192.168.10.240/certsrv”，其中的 IP 地址为独立 CA 证书服务器的地址。在打开的页面上单击“申请证书”链接，如图 10-2-13 所示，在接下来出现的页面上单击“高级证书申请”链接，如图 10-2-14 所示。

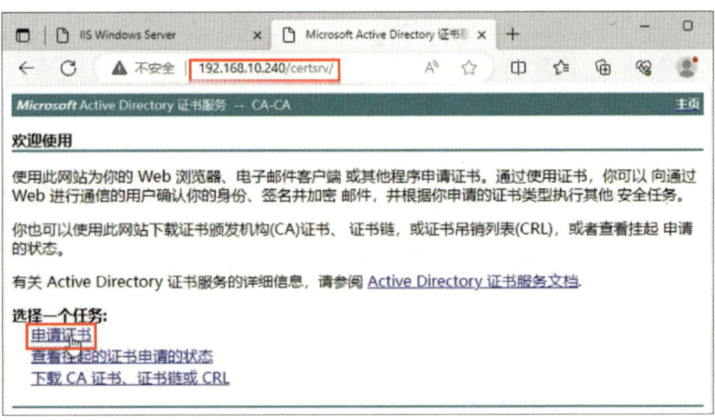

图 10-2-13　“申请证书”链接

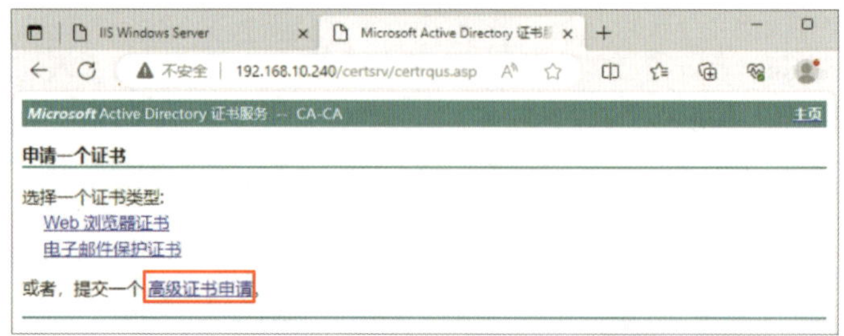

图 10-2-14 “高级证书申请”链接

选择“使用 base64 编码的 CMC 或 PKCS#10 文件提交一个证书申请，或使用 base64 编码的 PKCS#7 文件续订证书申请”。

用记事本打开之前创建的证书申请文件，将内容复制下来，并粘贴到 Base-64 编码的证书申请文本框中，如图 10-2-15 所示，单击“提交”按钮。

独立 CA 证书服务器并不会自动颁发证书，申请提交之后为挂起状态，如图 10-2-16 所示。

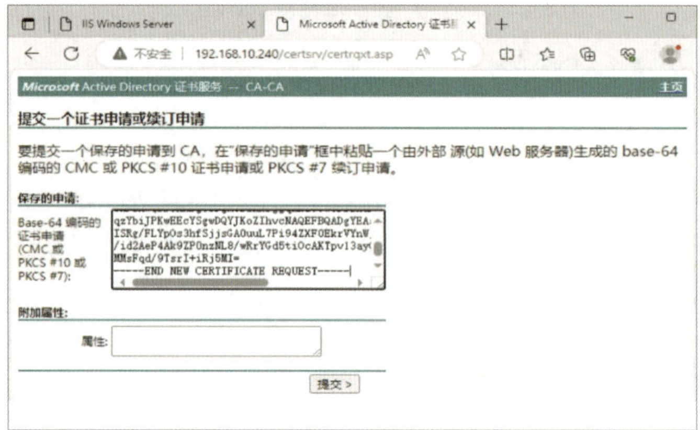

图 10-2-15 粘贴证书申请文件内容

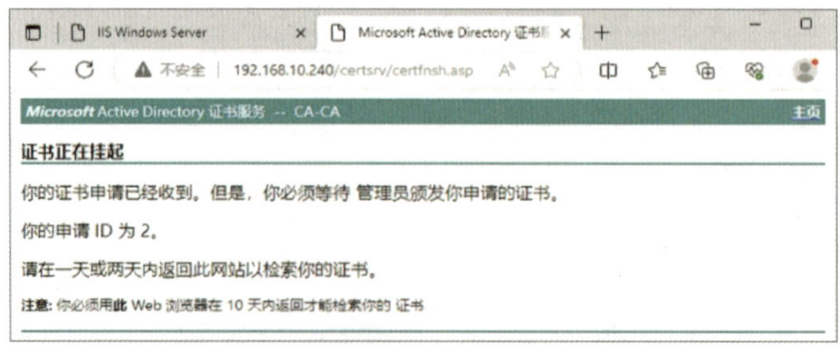

图 10-2-16 挂起状态

3. 颁发证书

证书申请提交后，需要到 CA 证书服务器（192.168.10.240）中进行证书颁发。在 CA 证书服务器中打开“服务器管理器”，单击“工具”“证书颁发机构”，打开 certsrv 证书管理工具，展开“挂起的申请”查看申请，在挂起的申请上右击，选择“所有任务”，然后单击“颁发”，如图 10-2-17 所示。

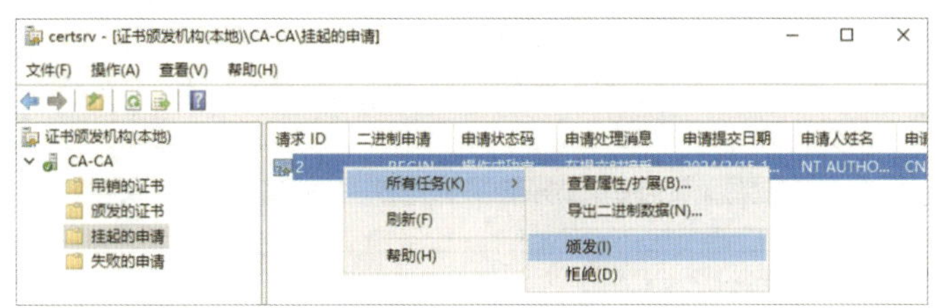

图 10-2-17　颁发证书

4. 下载证书

证书颁发完成后，返回 Web 服务器进行证书下载。

在 Web 服务器上打开浏览器，访问“http://192.168.10.240/certsrv”，其中的 IP 地址为独立 CA 证书服务器的地址。在打开的页面上单击“查看挂起的证书申请的状态”链接，如图 10-2-18 所示。

打开证书申请状态页面，单击“保存的申请证书”链接，如图 10-2-19 所示。

在“证书已颁发”页面中选择“Base 64 编码”，单击“下载证书”链接，将证书保存至本地，如图 10-2-20 所示，证书名默认为“certnew.p7b”。

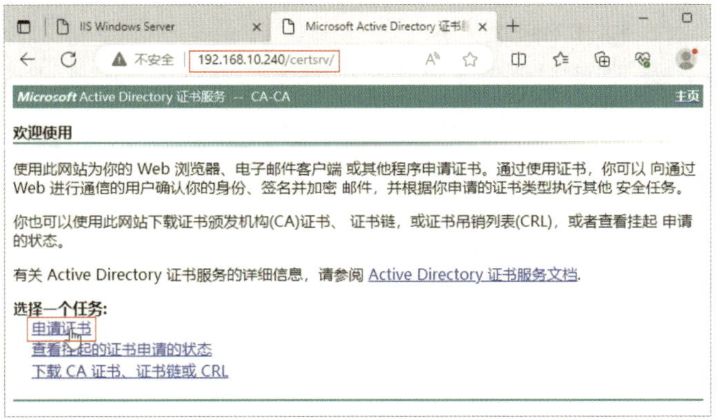

图 10-2-18　“查看挂起的证书申请的状态”链接

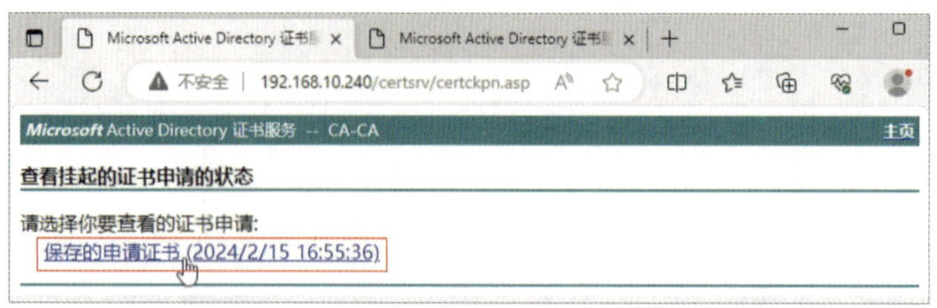

图 10-2-19 “保存的申请证书”链接

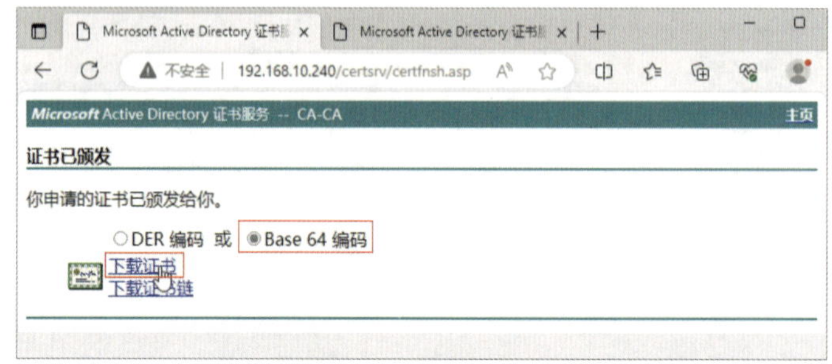

图 10-2-20 下载证书

5. 安装证书

在 Web 服务器上打开“Internet Information Services（IIS）管理器”窗口，依次选择 Web 服务器主机名（此处为“WIN-R5S56H3K4NA”）→“服务器证书”→“打开功能”。在“服务器证书”界面单击右侧的“完成证书申请”链接，如图 10-2-21 所示。

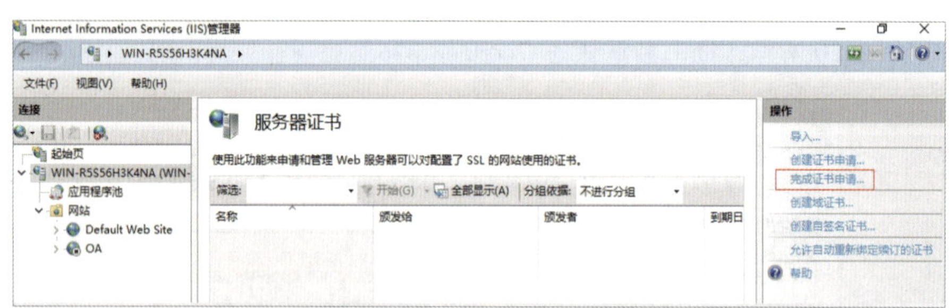

图 10-2-21 完成证书申请

在弹出的对话框中选择之前下载好的证书或证书链文件，给证书起一个好记的名称，如“www.abc.com”，然后保留证书的存储位置为“个人”，单击“确定”按钮，完成证书申请，如图 10-2-22 所示。

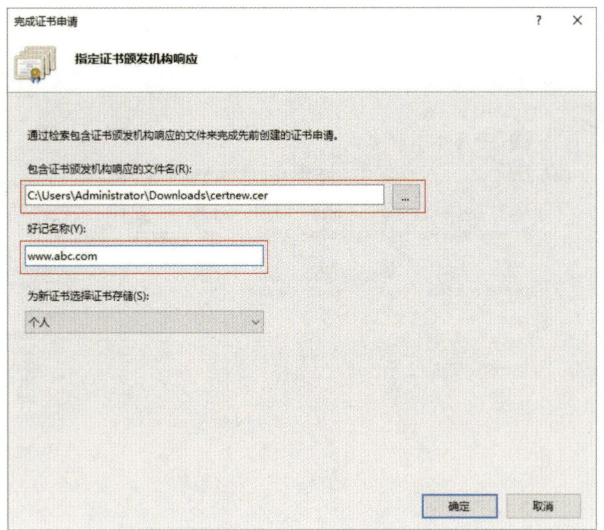

图 10-2-22　完成证书申请

至此，证书安装完成，查看结果如图 10-2-23 所示。

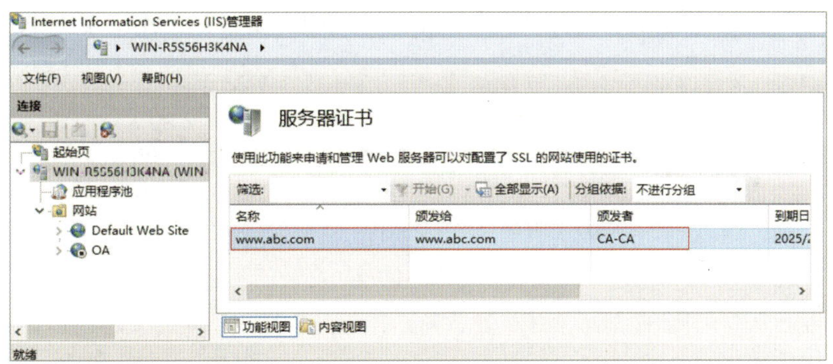

图 10-2-23　查看结果

6. 为网站绑定证书

为网站设置 HTTPS 协议绑定证书。在 Web 服务器上打开“Internet Information Services（IIS）管理器”窗口，选择“OA”，单击“绑定”链接，如图 10-2-24 所示。

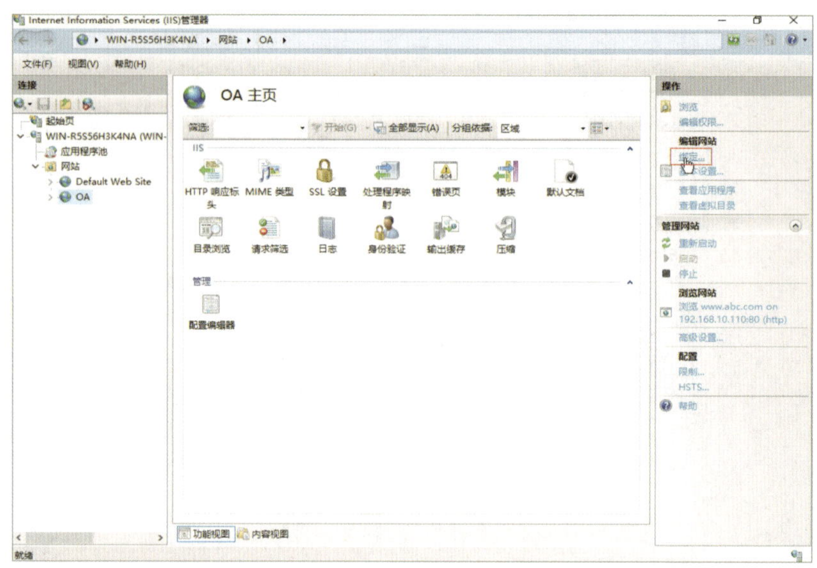

图 10-2-24 “绑定”链接

弹出如图 10-2-25 所示的“网站绑定”对话框，单击“添加”按钮，填写网站绑定信息。

图 10-2-25 “网站绑定”对话框

如图 10-2-26 所示，“类型”选择“https”，保留默认端口“443”，主机名输入“www.abc.com”，“SSL 证书”下拉选项选择安装好的服务器证书“www.abc.com”，单击“确定”按钮。至此，选项 HTTPS 网站的 SSL 安全证书设置完成。

添加完成后的效果如图 10-2-27 所示。

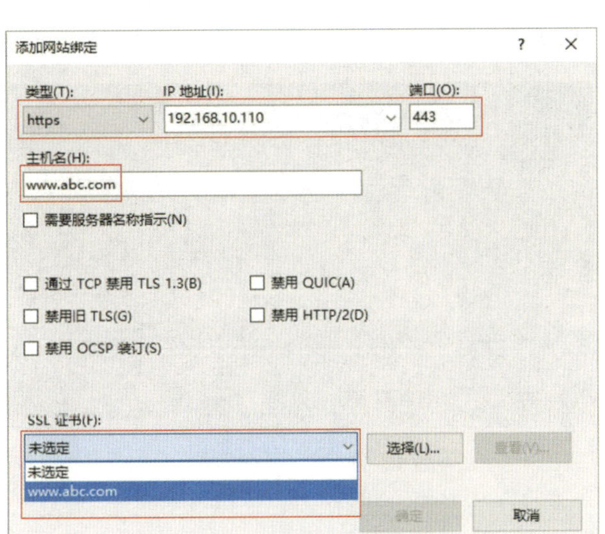

图 10-2-26　配置网站绑定信息

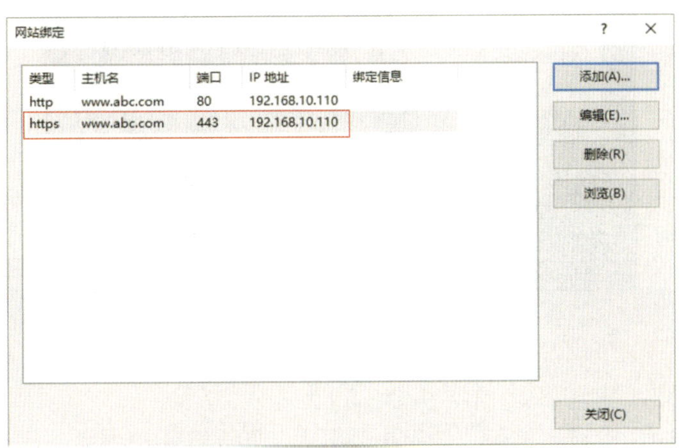

图 10-2-27　添加完成后的效果

四、测试访问 SSL 网站

不同的浏览器显示状态略有不同，在客户端（192.168.10.120）中使用 Edge 浏览器访问“https：//www.abc.com”可正常访问，但浏览器会出现不安全提示，如图 10-2-28 所示。使用 IE 浏览器则可以正常访问，在地址栏出现锁形安全标识，单击该图标可以看到 CA 证书“CA-CA”的相关信息，如图 10-2-29 所示。

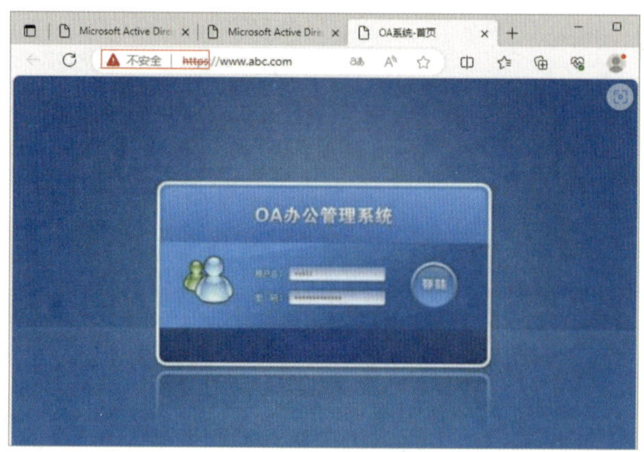

图 10-2-28　不安全提示

图 10-2-29　访问 https 网站

任务验收可参考表 10-2-1。

表 10-2-1　任务验收表

验收内容	验收方法	验收标准	参考图
CA 证书服务器安装和 HTTPS 网站设置	在客户端中使用 HTTPS 浏览网站	通过 HTTPS 正常访问 OA 系统	图 10-2-29

项目十一　NAT 服务器和 VPN 服务器的安装与配置

公司内网是一个局域网，一般不能与 Internet 中的其他设备直接相互访问，由于 IPv4 地址数量有限，局域网中的众多设备与 Internet 通信时通常需要共享少量的公网 IP 地址，为保证信息安全，同时满足业务需要，也需要让远程用户能够安全地访问公司内网的资源，这两者都是网络安全和管理中不可或缺的组成部分。

本项目通过完成“NAT 服务器的安装与配置”和“VPN 服务器的安装与配置”两个任务，学会 NAT 的基本概念和工作原理、VPN 的基本概念和工作原理，并根据需求完成 NAT 服务器和 VPN 服务器的安装和配置，实现内网用户安全访问外网和远程用户安全访问内网服务器。

项目描述

某公司已经组建了内部的办公网络，根据业务的需求，需要给公司内网的设备提供安全访问 Internet 的服务，并能让出差在外的员工通过公共网络能安全访问公司的内网服务器，具体的网络拓扑如图 11-0-1 所示。

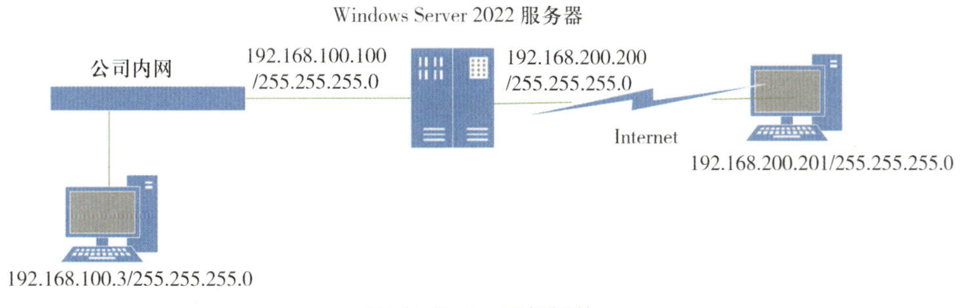

图 11-0-1　网络拓扑

任务 1 NAT 服务器的安装与配置

学习目标

1. 了解 NAT 的基本概念。
2. 掌握 NAT 的实现方式。
3. 能安装 NAT 服务器。
4. 能根据需求熟练配置 NAT 服务器。

从“项目描述”可知，公司需要给内网的设备提供安全访问 Internet 的功能，这时就需要配置一台 NAT 服务器来实现共享上网，如图 11-1-1 所示。

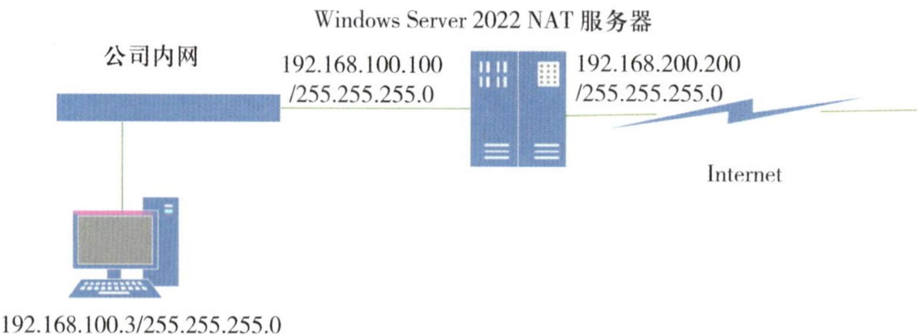

图 11-1-1　任务网络图

一、NAT 服务器

1. NAT 服务器的作用

NAT（network address translation，网络地址转换）是 1994 年提出的，并在 20 世纪 90 年代中期开始广泛应用于网络设备和互联网服务中。NAT 技术是一种用于在私有网络和公共网络之间转换 IP 地址的技术。其主要目的是解决 IPv4 地址空间有限的问题，并提供一定的安全性和灵活性。NAT 技术通过将内部网络的内网 IP 地址映射到公网 IP 地址，使多个设备可以共享一个或几个公网 IP 地址访问互联网。通过架设 NAT 服务器可以使内部的计算机与外部网络进行通信，其工作原理示意图如图 11-1-2 所示。

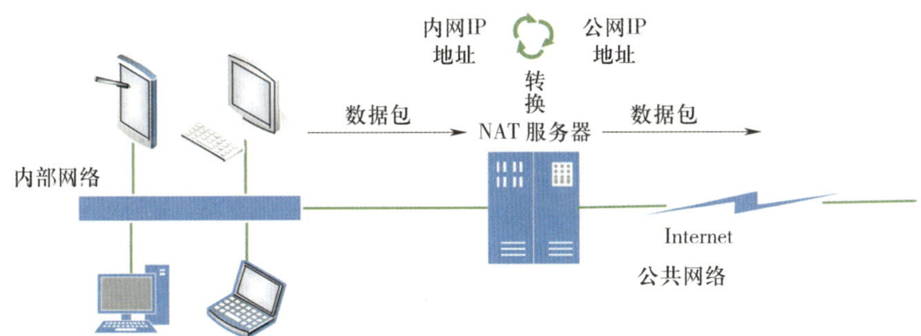

图 11-1-2　NAT 服务器工作原理示意图

NAT 服务器的作用主要有以下 3 方面。

（1）实现连接多台计算机到同一网络。在一个局域网内，如果存在多台计算机需要访问公共网络，但可用的公网 IP 地址数量有限，这时可以通过 NAT 服务器来实现这些计算机的公网访问。NAT 服务器能够将局域网内计算机的内网 IP 地址转换为公网路由能够识别的公网 IP 地址。转换过程中允许多个设备共享有限的公网 IP 地址资源，使得局域网中的所有计算机都能够成功连接到互联网。

（2）提高网络安全性和保密性。NAT 服务器可以隐藏局域网内部所有计算机的真实 IP 地址，这样外部用户无法直接访问局域网中的计算机，从而提高了网络的安全性和保密性。同时，NAT 服务器还可以筛选数据包，也提高了安全性。

（3）节省公网 IP 地址的使用。由于公网 IP 地址的资源有限，使用 NAT 服务器可以将多个内网 IP 地址映射为同一个公网 IP 地址，从而节约了公网 IP 地址的使用。

2. NAT 服务器的工作过程

（1）内部客户端主机将数据包发送给 NAT 服务器。

（2）NAT 服务器将数据包中的端口号和专用 IP 地址换成它自己的端口号和公用 IP 地址，然后将数据包发给外部网络的目的客户端，同时记录跟踪信息，以便向客户端发送回答信息。

（3）外部网络发送回答信息给 NAT 服务器。

（4）NAT 服务器将所收到数据包的端口号和公用 IP 地址转换为客户端的端口号和内部网络使用的专用 IP 地址，并转发给客户端。

二、NAT 的实现方式

NAT 主要有 3 种实现方式。

静态 NAT（Static NAT）：将内部网络中的专用内网 IP 地址映射到一个固定的公网 IP 地址。这种映射关系是一对一的，每个内网 IP 地址都对应一个唯一的公网 IP 地址，并且这个映射关系不会随着时间或会话的变化而改变。

动态 NAT（Dynamic NAT）：将内部内网 IP 地址动态映射到一组公网 IP 地址中的某一个。这种映射是动态的，根据需求来分配。

NAPT（网络地址端口转换，network address port translation）：将不同源端口的通信映射到同一个公网 IP 地址下的不同端口，允许多个设备共享一个公网 IP 地址。部分厂商也称其为 PAT（端口地址转换，port address translation）。

这些方式实现了不同级别的灵活性和安全性，以适应不同的网络需求和规模。

一、安装 NAT 服务器

打开“服务器管理器 仪表板”窗口，依次单击“管理”→“添加角色和功能”，选择“远程访问”，单击“下一步”按钮，安装“远程访问”角色，如图 11-1-3 所示。

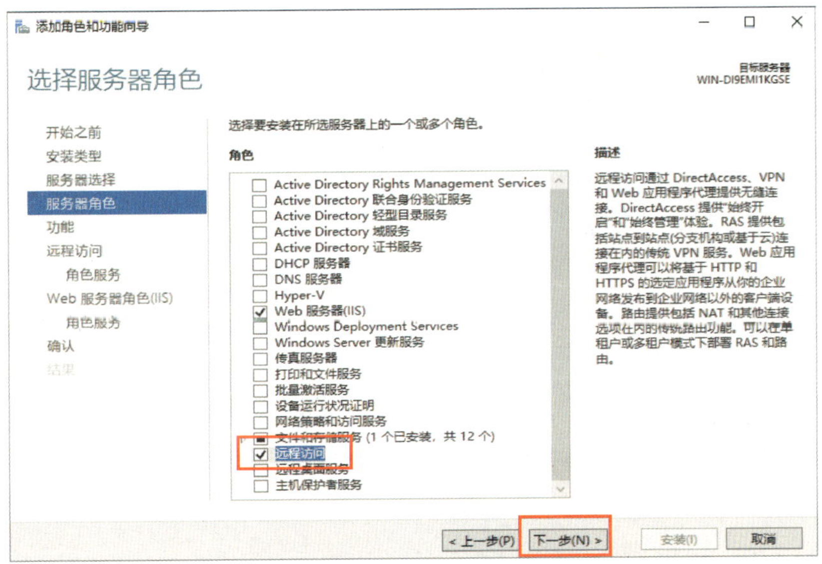

图 11-1-3　安装“远程访问”角色

在“选择角色服务”界面勾选“DirectAccess 和 VPN（RAS）”和“路由”复选框，单击“下一步”按钮，如图 11-1-4 所示。

单击“安装”按钮，进行“远程访问”角色的安装。

二、配置 NAT 服务器

打开“服务器管理器 仪表板”窗口，单击“工具”菜单，选择“路由和远程访问”。打开“路由和远程访问”窗口，在本地计算机（此处为“WIN-MS3AUMEJI42”）上右击，在弹出的对话框中选择“配置并启用路由和远程访问”，如图 11-1-5 所示。

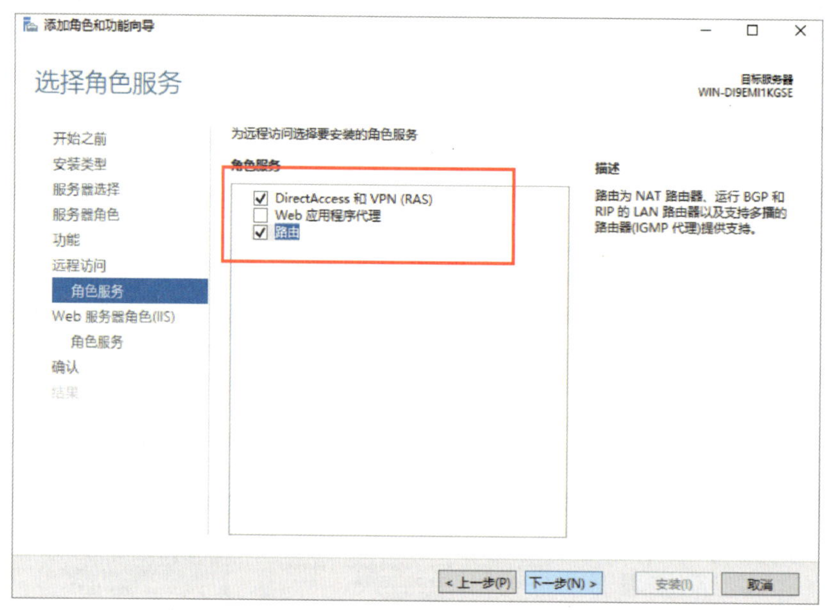

图 11-1-4　选择角色服务

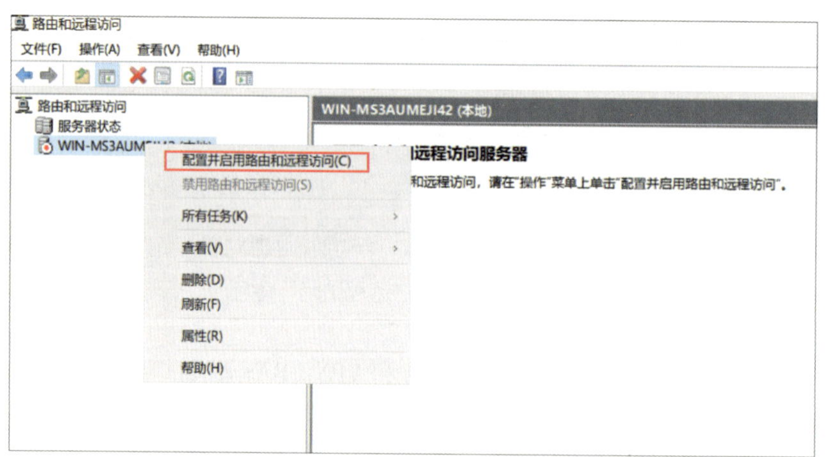

图 11-1-5　配置并启用路由和远程访问

进入“路由和远程访问服务器安装向导”，在“欢迎使用路由和远程访问服务器安装向导”界面中单击“下一步”按钮，在“配置”界面中选择“自定义配置”，如图 11-1-6 所示。

因本项目涉及 VPN 服务器和 NAT 服务器两个服务器，可以在此选择一起安装，在“自定义配置”界面中勾选“VPN 访问”和“NAT”，单击“下一步”按钮，如图 11-1-7 所示。

单击“启动服务”按钮启动服务，如图 11-1-8 所示。

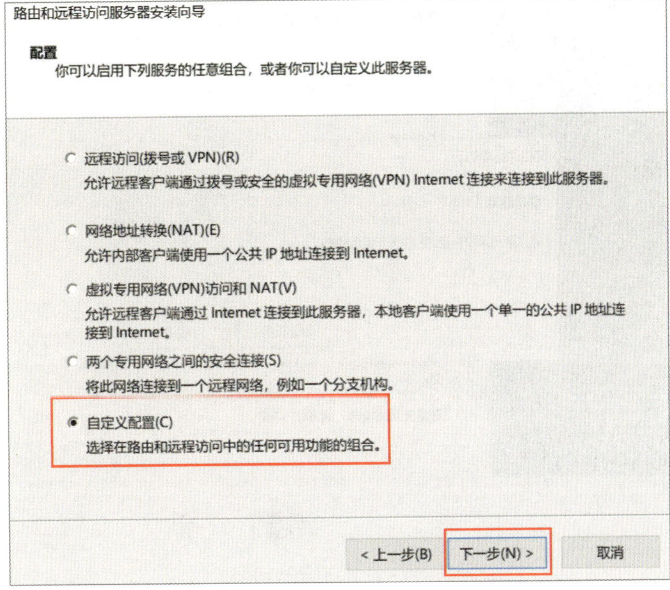

图 11-1-6　选择“自定义配置”

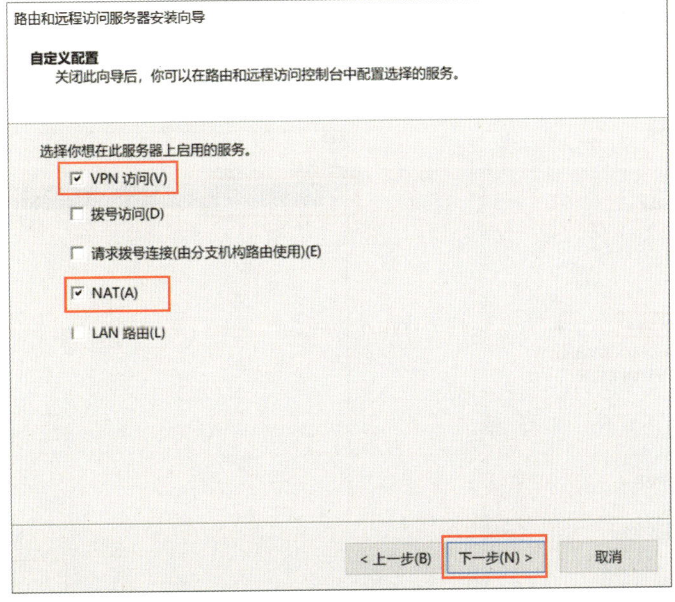

图 11-1-7　选择要启用的服务

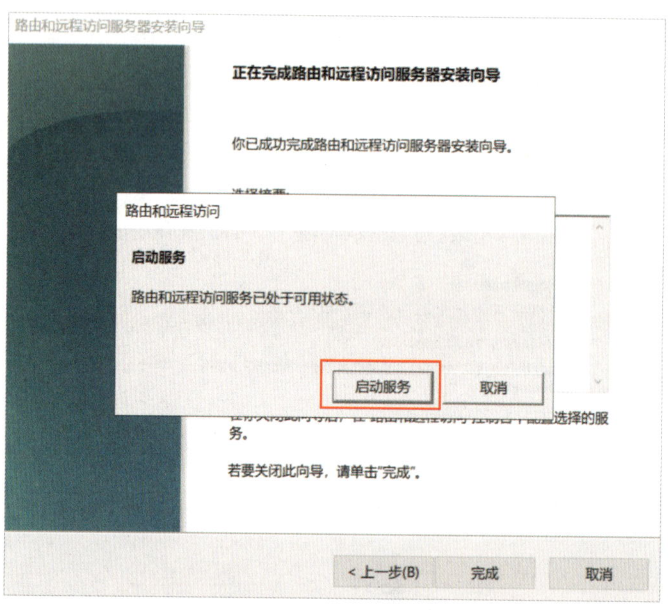

图 11-1-8　启动服务

右击"路由和远程服务"中的"IPv4-NAT"，选择"新增接口"，如图 11-1-9 所示。路由协议运行的接口选择"外"，单击"确定"按钮，如图 11-1-10 所示。

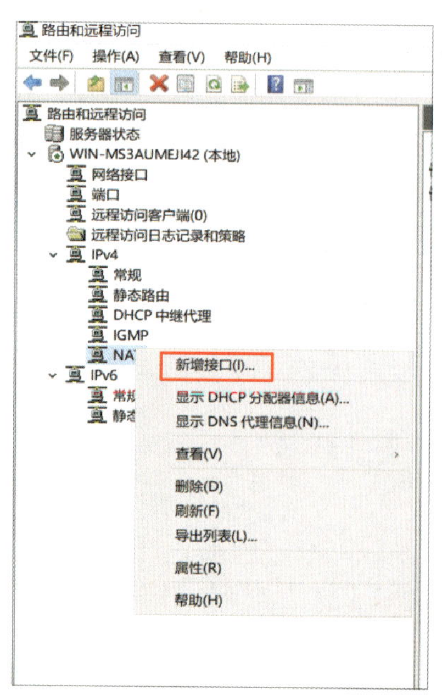

图 11-1-9　新增接口

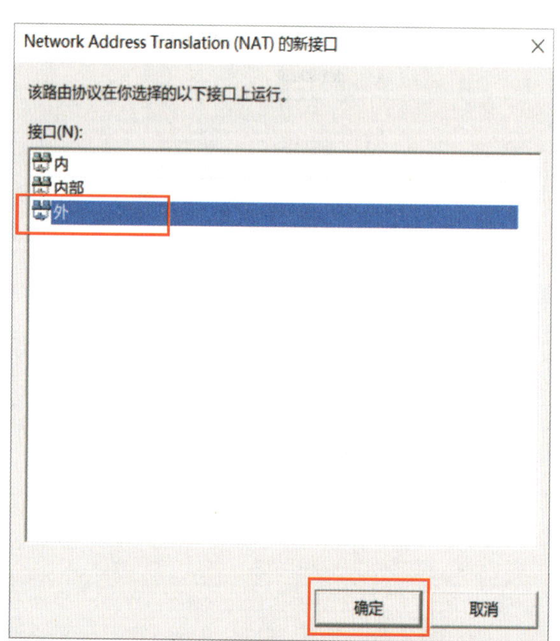

图 11-1-10　选择路由协议运行的端口

在弹出的对话框中将接口类型设为“公共接口连接到 Internet”，并勾选“在此接口上启用 NAT”复选框，如图 11-1-11 所示。

将客户端的默认网关设置为“192.168.100.100”，如图 11-1-12 所示。

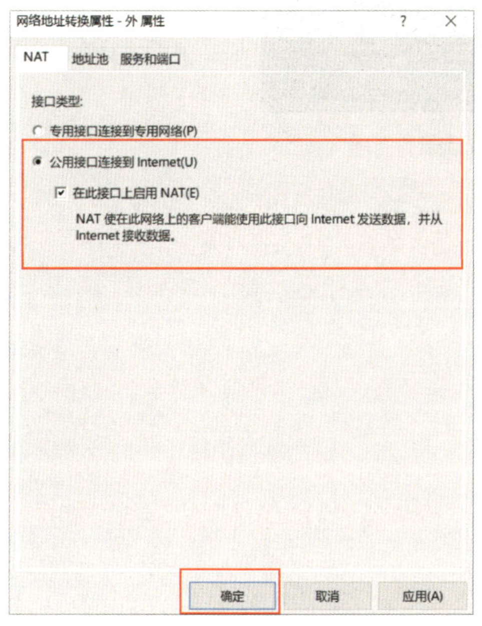

图 11-1-11　设置接口类型

图 11-1-12　设置默认网关

任务验收可参考任务验收表 11-1-1。

表 11-1-1　任务验收表

验收内容	验收方法	验收标准	参考图
NAT 服务器的安装与配置	内网计算机实现访问外网计算机，例如使用“ping 192.168.200.200”命令进行测试	外网计算机能响应内网设备的访问	图 11-1-13

```
管理员: Windows PowerShell
PS C:\Users\Administrator> ping 192.168.200.200

正在 Ping 192.168.200.200 具有 32 字节的数据:
来自 192.168.200.200 的回复: 字节=32 时间<1ms TTL=127
来自 192.168.200.200 的回复: 字节=32 时间<1ms TTL=127
来自 192.168.200.200 的回复: 字节=32 时间<1ms TTL=127
来自 192.168.200.200 的回复: 字节=32 时间=1ms TTL=127

192.168.200.200 的 Ping 统计信息:
    数据包: 已发送 = 4，已接收 = 4，丢失 = 0 (0% 丢失)，
往返行程的估计时间(以毫秒为单位):
    最短 = 0ms，最长 = 1ms，平均 = 0ms
```

图 11-1-13　NAT 服务器测试结果参考图

任务 2　VPN 服务器的安装与配置

1. 了解 VPN 的基本概念。
2. 掌握 VPN 的工作原理和工作方式。
3. 能安装 VPN 服务器。
4. 能根据需求熟练配置 VPN 服务器。
5. 能使用客户端登录 VPN 服务器。

从“项目描述”可知，本任务要求出差在外的员工能通过公共网络安全地访问公司内网的服务器，这时候需要使用 VPN 技术来解决，如图 11-0-1 所示。

一、虚拟专用网络

虚拟专用网络（virtual private network，VPN）的功能是通过一个建立在公共网络（通常是 Internet）的临时的、安全的连接访问专用网络（内网），它是一条穿过混乱的公共网络的安全、稳定的隧道，如图 11–2–1 所示。虚拟专用网络不是真的专用网络，但却能实现专用网络的功能。

使用 VPN 可提高网络通信的安全性，实现内部网络的远程访问与协作，降低网络成本，具有较高的灵活性和便捷性。

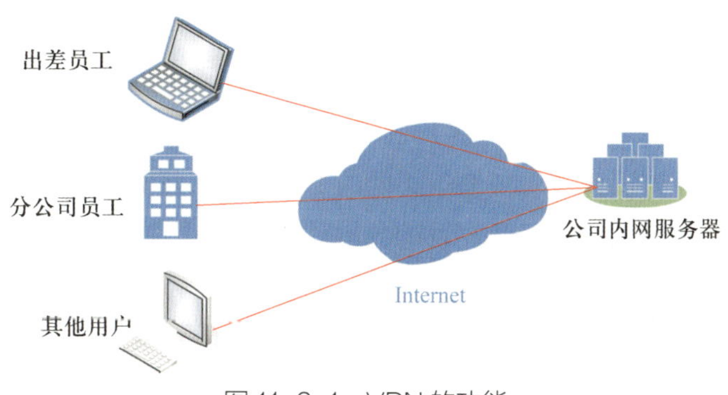

图 11–2–1　VPN 的功能

二、VPN 服务器的工作原理

开启 VPN 后，用户访问公司内网的办公网站时，不是直接访问公司内网的服务器，而是访问 VPN 服务器，并给 VPN 服务器发一条“我要访问办公网站”的指令。VPN 服务器接到指令后，代替用户访问公司办公网站，收到公司办公网站的内容后，再通过“秘密隧道”将内容回传给用户。这样，用户即可通过 VPN 服务器成功访问到需要的内网资源，如图 11–2–2 所示。

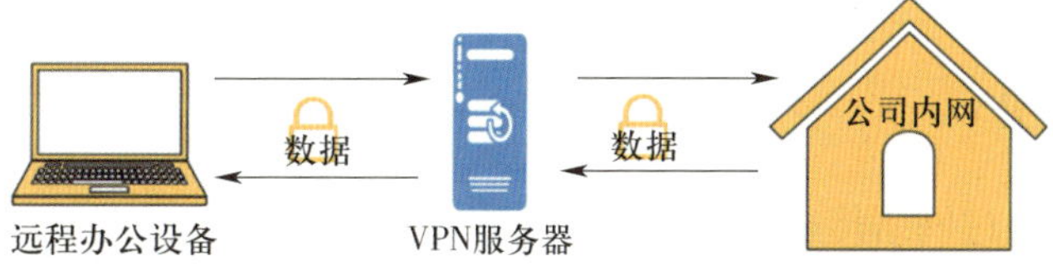

图 11–2–2　VPN 服务器的工作原理

VPN 服务器的工作原理可以分为三个步骤：身份验证、数据传输和数据解密。在身份验证阶段，用户需要提供正确的用户名和密码来登录 VPN 服务器。如果身份验证成功，用户就可以访问 VPN 服务器所连接的网络。在数据传输阶段，所有的数据都经过加密处理，以确保数据的安全性，加密技术可以将数据转换成一种不可读的形式，只有具有正确解密密钥的人才能解密数据。在数据解密阶段，接收方使用正确的解密密钥来解密数据，以便查看数据的内容。

三、VPN 隧道协议

VPN 隧道协议利用附加的报头封装帧，附加的报头提供了路由信息，因此封装后的包能通过中间的公网，VPN 可以使用不同的协议来实现加密和身份验证。常用的协议有 OpenVPN、L2TP 和 IPsec 等。OpenVPN 协议是一种开放源代码的协议，它可以在多个操作系统上运行，并提供高水平的安全性和灵活性。L2TP（layer 2 tunneling protocol）协议即第二层隧道协议，是典型的被动式隧道协议，可使用户从客户端或访问服务器端发起 VPN 连接。IPsec（internet protocol security）协议是互联网工程任务组（IETF）制定的一系列协议，可保证 IP 数据包的安全；特定通信方处于网络层，通过加密与数据源验证等方式，保证数据包在网络传输时的私有性、完整性、真实性和防重放。为保证安全，还可使用密码验证协议（PAP）、可扩展认证协议（EAP）、质询握手认证协议（CHAP）对终端进行身份验证。

VPN 服务器使用隧道协议处理数据帧的一般步骤如下。

1. 封装数据帧

当数据需要发送时，隧道协议将原始数据帧封装成隧道协议的数据包。封装过程包括在数据帧前后添加 VPN 隧道协议的头部和尾部信息。

2. 加密数据帧

数据被加密以确保在传输过程中的安全性。通常 VPN 会使用各种加密算法来加密数据，如 AES（advanced encryption standard）等。

3. 传输数据帧

加密后的数据帧通过网络传输到 VPN 服务器。这一过程利用的是公共网络（如 Internet），但由于数据已加密，能保证数据的安全性。

4. 解封装和解密

数据帧到达 VPN 服务器后，服务器会解除封装和解密数据。这个过程是封装的逆过程，将数据还原成原始格式。

5. 传递到目标网络

还原后的数据帧会被转发到目标网络或服务器，进行进一步的处理或访问相应的资源。

VPN 处理数据帧的过程主要在数据进入 VPN 隧道之前和离开 VPN 隧道之后进行，通过对数据进行加密、封装和解封装等步骤，VPN 确保了数据的安全传输和隐私保护，如图 11-2-3 所示。

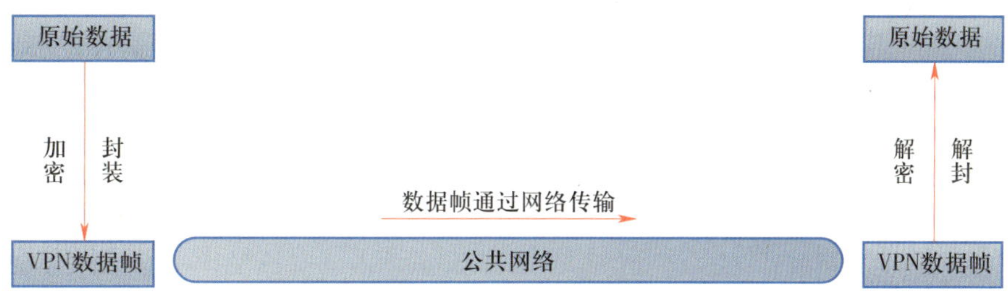

图 11-2-3　VPN 处理数据帧的过程

一、配置 VPN 服务器

1. 打开“路由和远程访问”窗口，右击本地计算机的名称（此处为“WIN-MS3AUMEJI42”），选择“属性”，如图 11-2-4 所示。

2. 在“常规”选项卡下勾选“IPv4 路由器”，选择“局域网和请求拨号路由”，勾选“IPv4 远程访问服务器”，如图 11-2-5 所示。

3. 单击“IPv4”选项卡，选择“静态地址池”，单击“添加”按钮，如图 11-2-6 所示。

4. 输入“起始 IP 地址”和“结束 IP 地址”，Windows 系统将自动计算地址数，如图 11-2-7 所示。

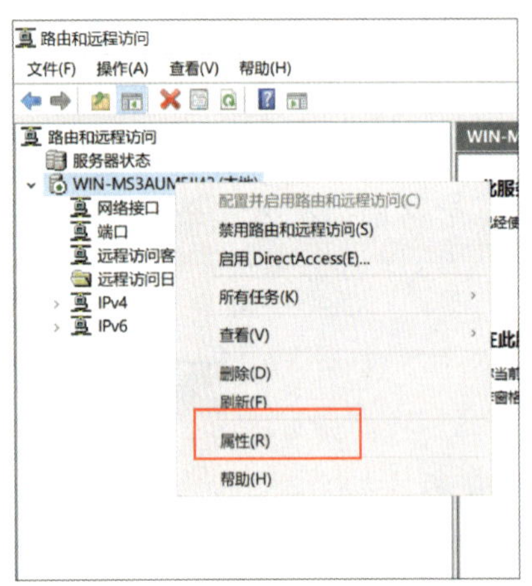

图 11-2-4　选择本地计算机的“属性”

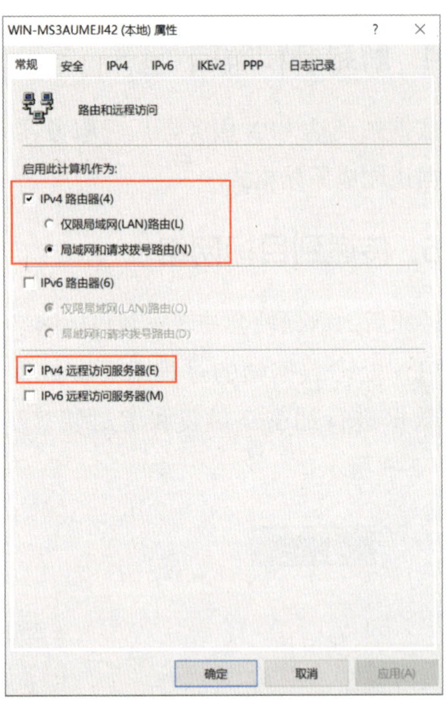

图 11-2-5　设置“路由和远程访问”

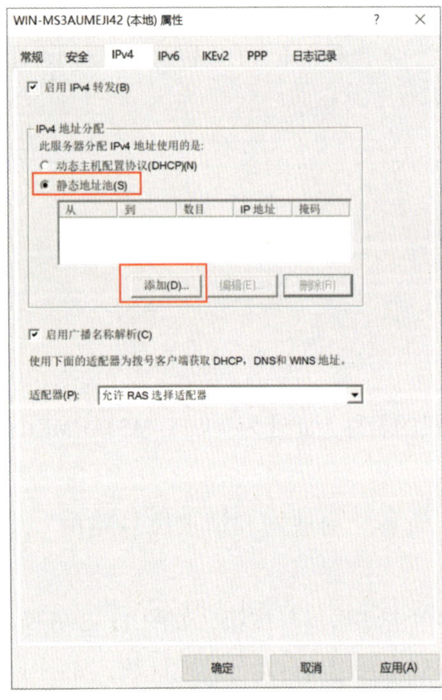

图 11-2-6　选择“静态地址池”

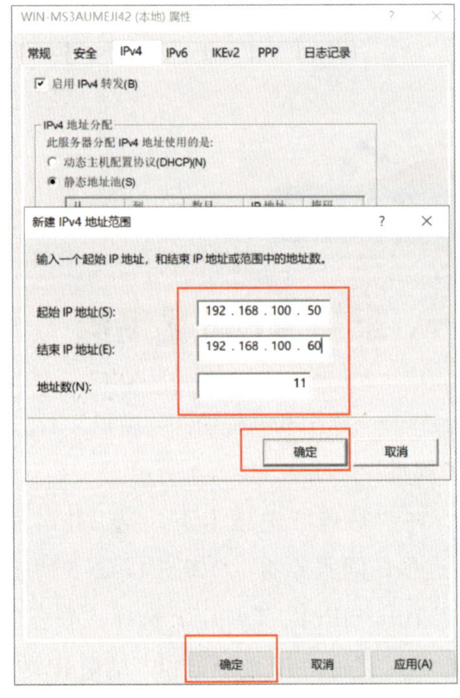

图 11-2-7　输入 IP 地址的范围

二、设置 VPN 登录账号

对于允许登录 VPN 的用户，必须对其进行权限设置。

1. 依次单击“开始”按钮→“服务管理器”→“工具”→“计算机管理”，新建一个用户或使用原有用户，选中用户中的“VPN”，右击，选择“属性”，如图 11-2-8 所示。

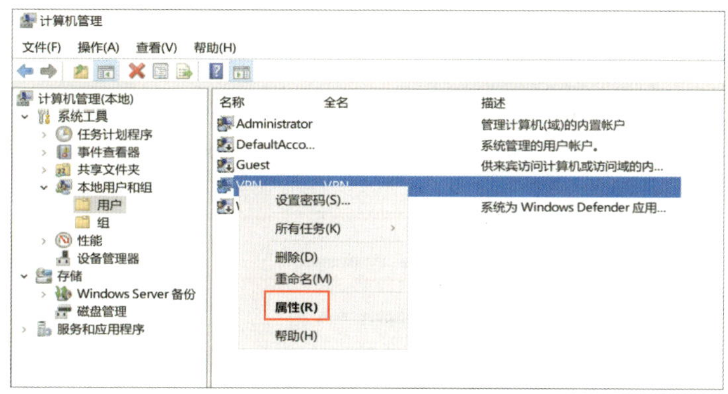

图 11-2-8　设置用户属性

2. 在“VPN 属性”对话框单击“拨入”选项卡，将“网络访问权限”设置为“允许访问”，单击“确定”按钮，如图 11-2-9 所示。

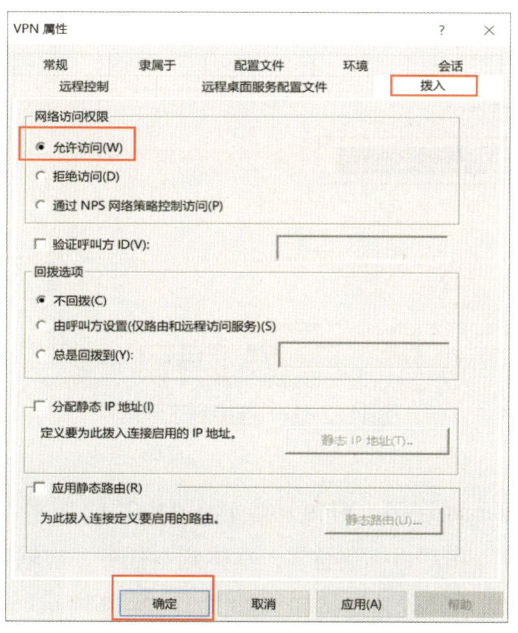

图 11-2-9　打开允许访问权限

三、远程用户访问 VPN 服务器

1. 打开“控制面板”→“网络和 Internet”→“网络和共享中心”，单击“设置新的连接或网络”，如图 11-2-10 所示。

图 11-2-10　设置新的连接或网络

2. 选中“连接到工作区”，单击“下一步”按钮，如图 11-2-11 所示。

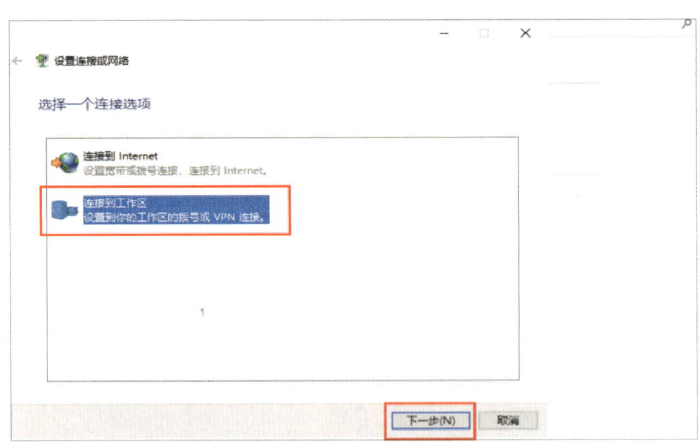

图 11-2-11　连接到工作区

3. 单击“使用我的 Internet 连接（VPN）”，如图 11-2-12 所示。

4. 输入“Internet 地址”和“目标名称”，具体到本任务，应输入 VPN 服务器连接外网的网卡 IP 地址，输入完成后单击“创建”按钮，如图 11-2-13 所示。

7. 输入拥有 VPN 登录权限的用户名和密码，如图 11-2-16 所示。

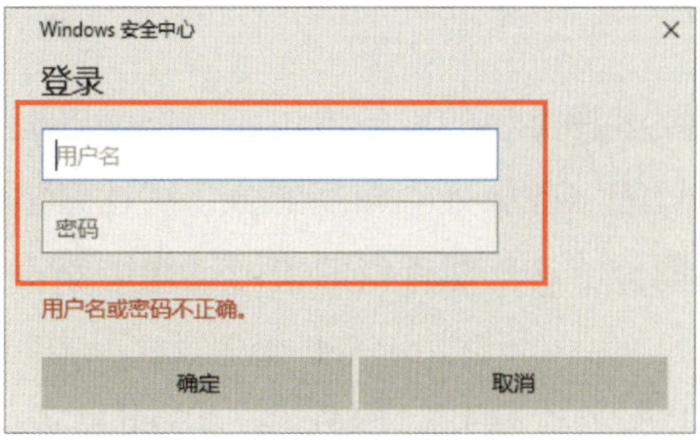

Windows 安全中心

登录

用户名

密码

用户名或密码不正确。

确定　取消

图 11-2-16　输入登录 VPN 的用户名和密码

任务验收可参考任务验收表 11-2-1。

表 11-2-1　任务验收表

验收内容	验收方法	验收标准	参考图
VPN 服务器的工作情况	外网计算机登录 VPN 服务器后可以访问内网计算机，例如使用“ping 192.168.100.11”命令进行测试	内网计算机能响应外网计算机的请求	图 11-2-17

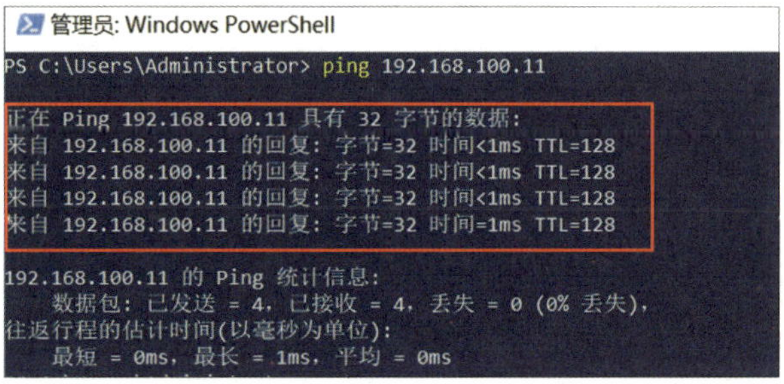

管理员: Windows PowerShell

```
PS C:\Users\Administrator> ping 192.168.100.11

正在 Ping 192.168.100.11 具有 32 字节的数据:
来自 192.168.100.11 的回复: 字节=32 时间<1ms TTL=128
来自 192.168.100.11 的回复: 字节=32 时间<1ms TTL=128
来自 192.168.100.11 的回复: 字节=32 时间<1ms TTL=128
来自 192.168.100.11 的回复: 字节=32 时间=1ms TTL=128

192.168.100.11 的 Ping 统计信息:
    数据包: 已发送 = 4，已接收 = 4，丢失 = 0 (0% 丢失)，
往返行程的估计时间(以毫秒为单位):
    最短 = 0ms，最长 = 1ms，平均 = 0ms
```

图 11-2-17　内网计算机通过 VPN 访问内网测试参考图

项目十二　多服务器的安装与配置

网络功能的实现通常需要多种类型的服务器协同工作，以提供完整的服务和功能。这些服务器承担着不同的角色和任务。各服务器相互配合，实现完整的网络功能，确保用户能够访问、使用和享受各种在线服务。这些服务器的协同工作需要精心设计和管理，以确保系统的稳定性、安全性和高效性。

本项目通过完成“DHCP 服务器和 DNS 服务器”“Web 服务器和 FTP 服务器的安装与配置”两个任务，熟练掌握各服务器的基本操作，并根据需求通过对 FTP 服务器用户隔离和 Web 服务器访问限制来完成服务器的安全设置，为将来完成实际工作任务打好基础。

项目描述

某公司因为业务的发展，需要在公司内网中实现各部门员工计算机开机后自动获取网络参数，提供安全的信息浏览服务和文件服务，并实现通过域名访问相应的站点。具体需求如下。

1. 各部门员工计算机开机后自动获得网络参数。

2. 面向各部门员工计算机能实现信息浏览服务，但 DNS 和 DHCP 服务器“Server 1”不能访问信息浏览站点。

3. 对于 FTP 服务，各部门员工只可访问各自的文件夹，IT 技术部员工能安全实现文件上传和下载服务，其他员工只能下载文件。

4. 各部门员工可通过域名使用信息浏览服务（公司主页 www.gs.com）和文件服务（FTP 站点 ftp.gs.com）。

各部门员工组成见表 12-0-1。

表 12-0-1　各部门员工

部门	部门员工姓名
销售部	张三（经理）、李四、赵七
财务部	王五（经理）、马六
IT 技术部	孙一（经理）、刘二

网络拓扑图和各服务器的网络参数配置如图 12-0-1 所示。

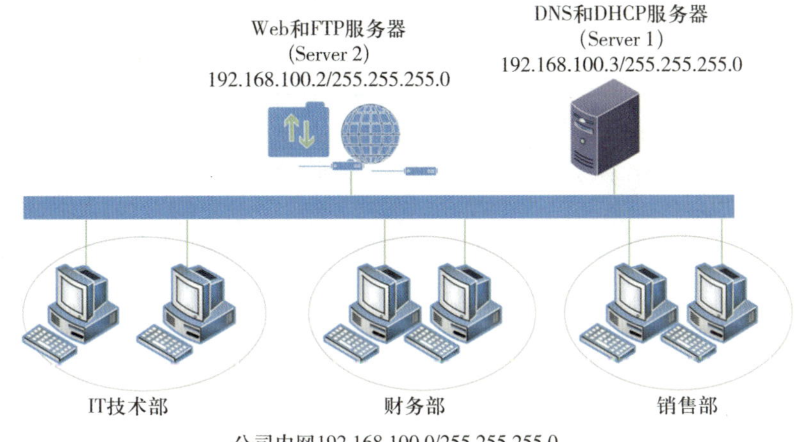

图 12-0-1　网络拓扑图和各服务器的网络参数配置

任务 1　DHCP 服务器和 DNS 服务器的安装与配置

1. 能安装 DHCP 服务器和 DNS 服务器。
2. 能根据项目需求完成 DHCP 服务器和 DNS 服务器的配置。

从“项目描述”可知，公司内网计算机需要能自动获得网络参数，并实现通过域名访问站点。根据实际需要，服务器“Server 1”不能访问信息浏览站点，“Server 2”需使用

固定的 IP 地址。根据需求，需安装的服务器见表 12-1-1，两项服务安装在同一台服务器“Server 1”上。

表 12-1-1　服务器需求

序号	客户需求	架设服务器的类型
1	自动获取网络参数	DHCP 服务器
2	通过域名访问站点	DNS 服务器

一、安装 DHCP 服务器和 DNS 服务器

本任务中 DHCP 服务器和 DNS 服务器安装在同一台服务器“Server 1”上，该服务器的网络参数必须先完成静态配置。在前面的项目中已经学习了这两种服务器的安装，此时可以同时安装，在“选择服务器角色”界面同时勾选二者，如图 12-1-1 所示。

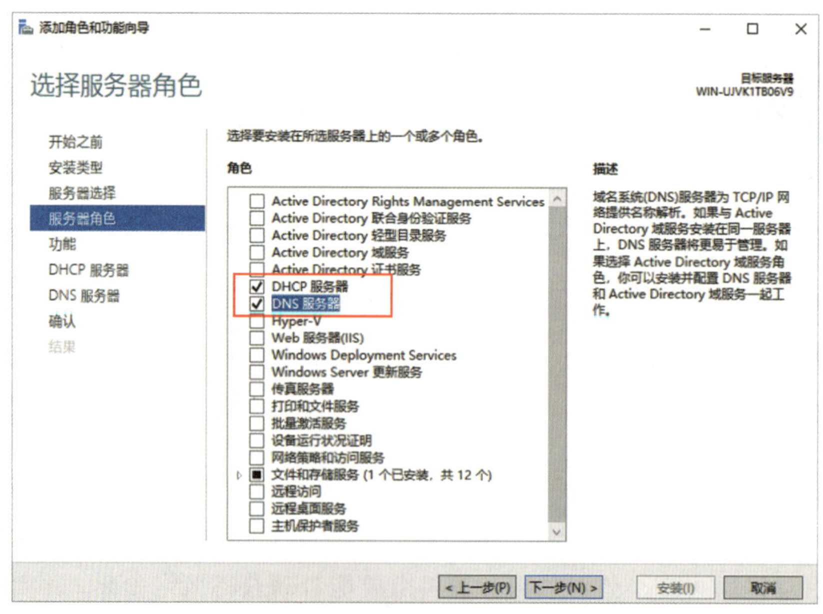

图 12-1-1　同时勾选“DHCP 服务器”和“DNS 服务器”

二、配置 DHCP 服务器

安装完成后，打开 DHCP 服务配置窗口，新建作用域，作用域的 IP 地址范围设为“192.168.100.1 ~ 192.168.100.254”，并排除“192.168.100.3”，如图 12–1–2 所示。建立作用域完成后激活作用域，如图 12–1–3 所示。

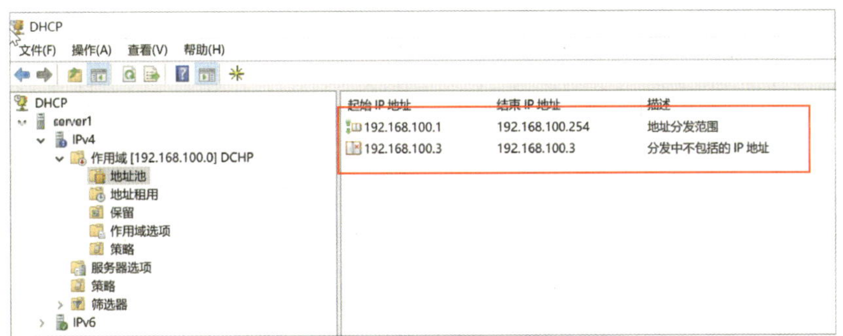

图 12–1–2　DHCP 服务器地址池

图 12–1–3　激活作用域

为了保证服务器“Server 2”每次开机都使用固定的 IP 地址，需要建立保留，在“MAC 地址”处输入服务器“Server 2”网卡的 MAC 地址，如图 12–1–4 所示。

为使用 DHCP 服务器的设备设置作用域选项，设置“006 DNS 服务器”的地址为“192.168.100.3”，如图 12–1–5 所示。

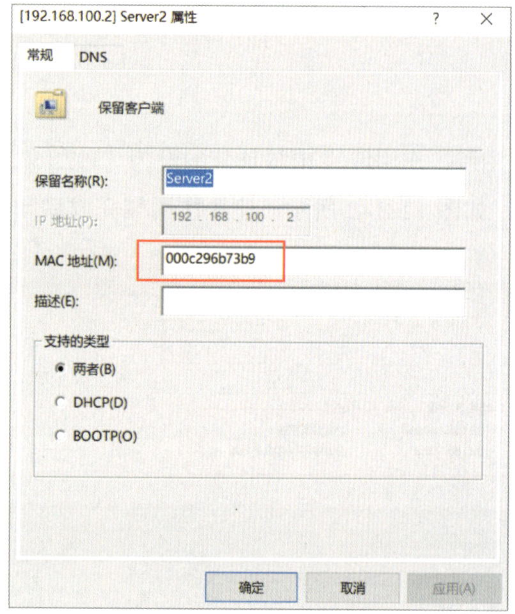

图 12-1-4　建立客户端保留 IP 地址

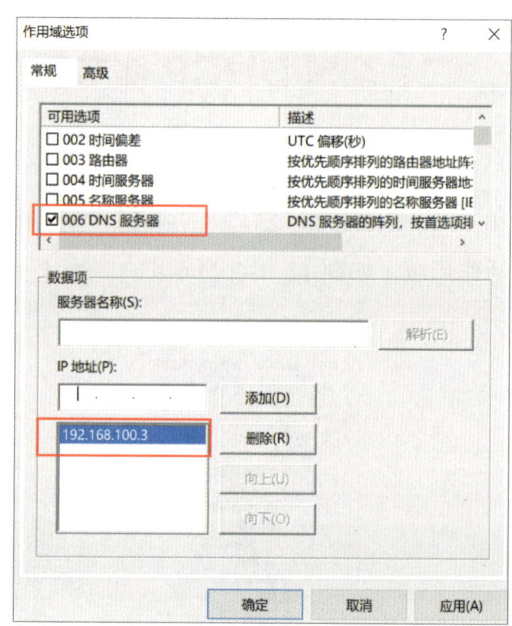

图 12-1-5　设置作用域选项

三、配置 DNS 服务器

打开 DNS 管理器窗口，新建区域“gs.com”，如图 12-1-6 所示。

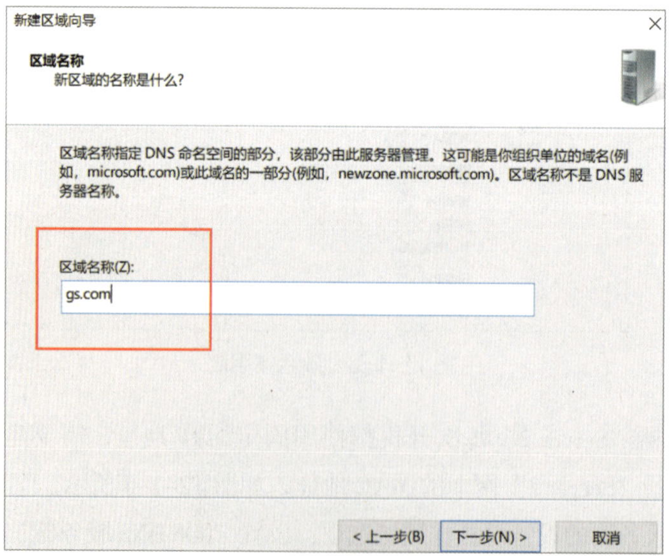

图 12-1-6　新建区域“gs.com”

在“gs.com”区域内建立 2 条主机记录，分别是“www.gs.com”和“ftp.gs.com”，如图 12-1-7 所示。

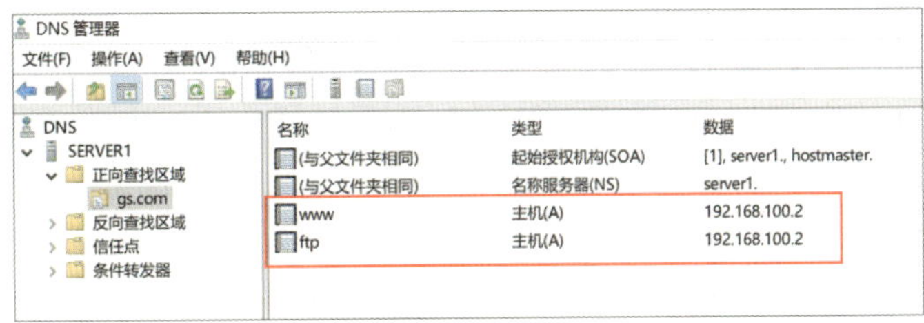

图 12-1-7　创建 DNS 区域主机记录

任务验收

任务验收可参考表 12-1-2。

表 12-1-2　任务验收表

验收内容	验收方法	验收标准	参考图
DHCP 服务器	其他设备能从 DHCP 服务器获得网络参数	在“Server 2”上查看网络参数是否正确	图 12-1-8
DNS 服务器	能将域名转换为 IP 地址	使用 nslookup 命令测试域名和 IP 地址之间能否转换	图 12-1-9

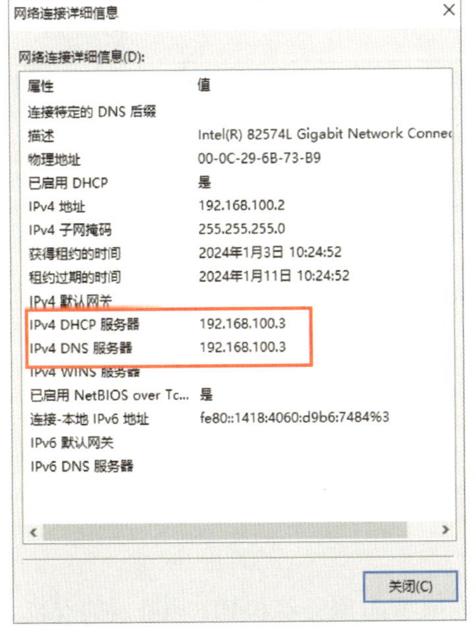

图 12-1-8　获得的网络参数参考图

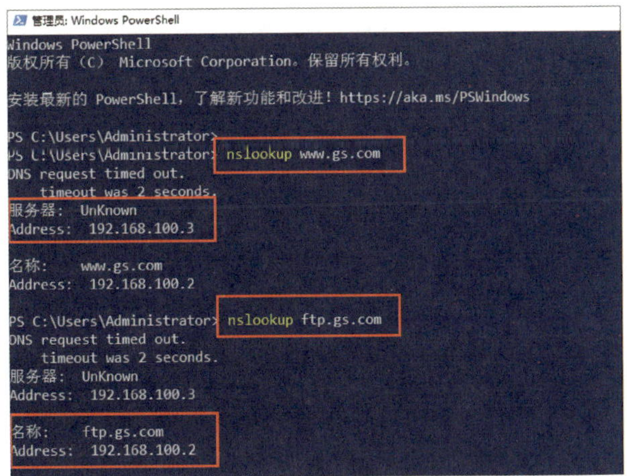

图 12-1-9　测试域名转换参考图

任务 2 Web 服务器和 FTP 服务器的安装与配置

1. 能安装 Web 服务器和 FTP 服务器。
2. 能根据项目需求完成 Web 服务器和 FTP 服务器的配置。

从“项目描述”可知，公司需要提供信息浏览服务和文件服务，根据需求，需安装的服务器见表 12-2-1。两项服务安装在同一台服务器“Server 2”上。

表 12-2-1　服务器需求

序号	客户需求	架设服务器类型
1	实现信息浏览服务	Web 服务器
2	实现文件上传和下载服务	FTP 服务器

一、安装 Web 服务器和 FTP 服务器

在服务器“Server 2”的“添加角色和功能向导”窗口完成 Web 服务器和 FTP 服务器的安装，此处要注意，根据项目需要，在安装 Web 服务器时需要勾选“IP 和域限制”，如图 12-2-1 所示。

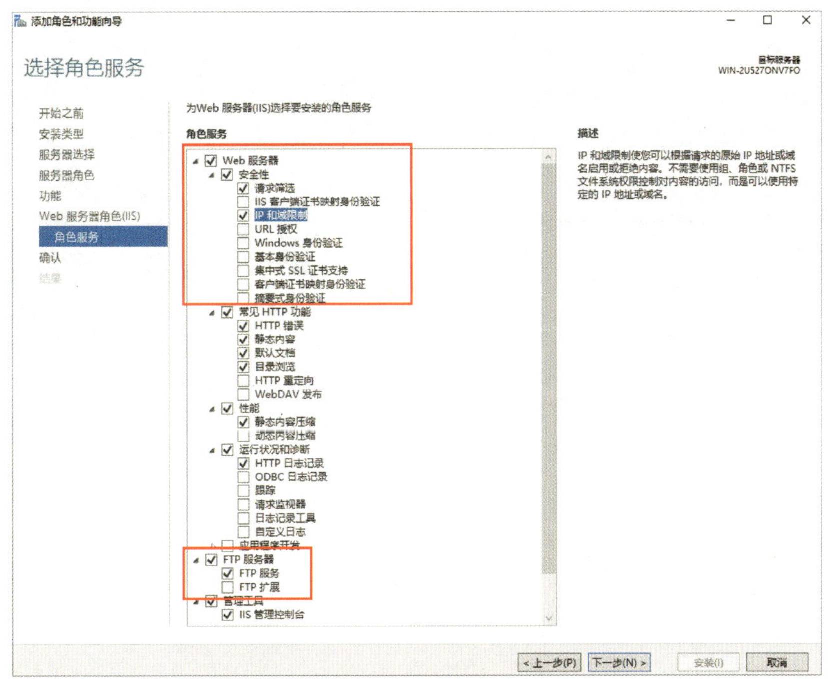

图 12-2-1　安装 Web 服务器和 FTP 服务器

二、配置 Web 服务器和 FTP 服务器

在“Internet Information Services（IIS）管理器”窗口先删除系统默认安装的站点，在磁盘上建立“C:\WEB”和“C:\FTP”文件夹。在“Internet Information Services（IIS）管理器”窗口添加 Web 站点，如图 12-2-2 所示。

在“网站”→“WEB”→“默认文档”窗口将公司网站的首页文件名添加到默认文档名中，如图 12-2-3 所示。

在“Internet Information Services（IIS）管理器”窗口添加 FTP 站点，如图 12-2-4 所示。

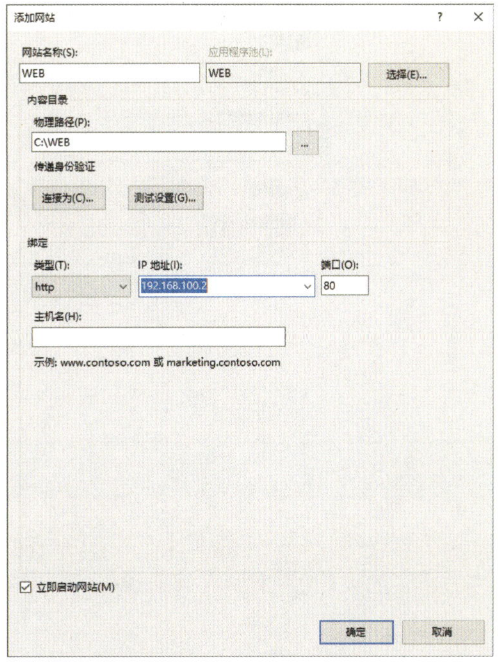

图 12-2-2　添加 Web 站点

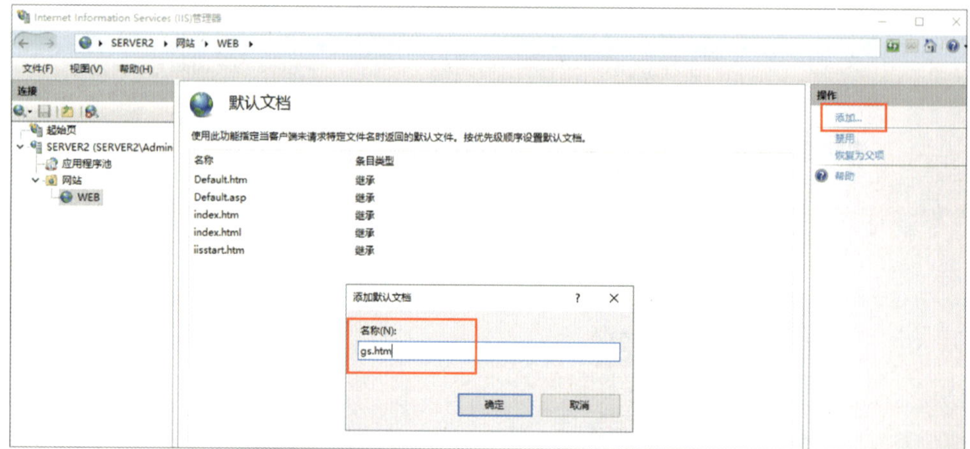

图 12-2-3　添加网站主页

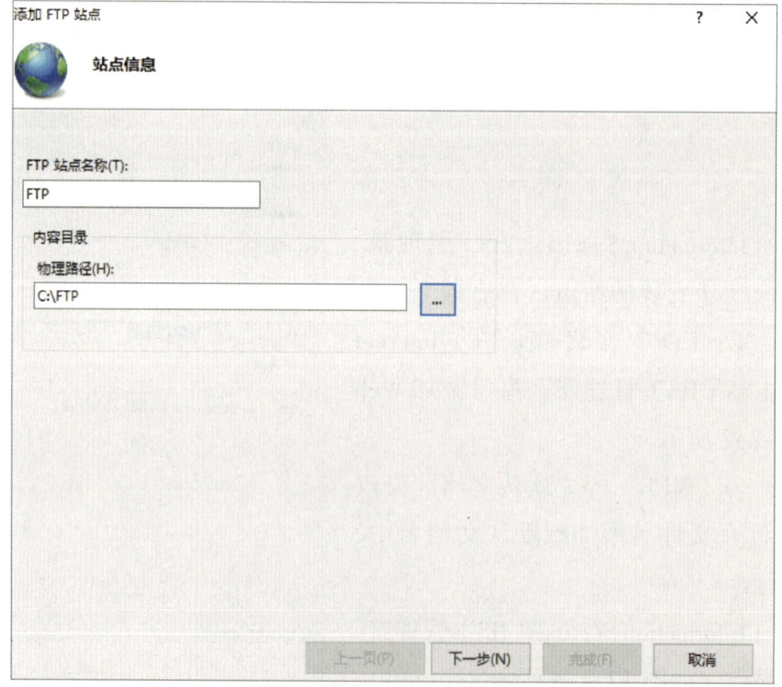

图 12-2-4　添加 FTP 站点

在“身份验证和授权信息”窗口勾选“匿名”和“基本”，如图 12-2-5 所示，授权信息参考项目三进行设置。

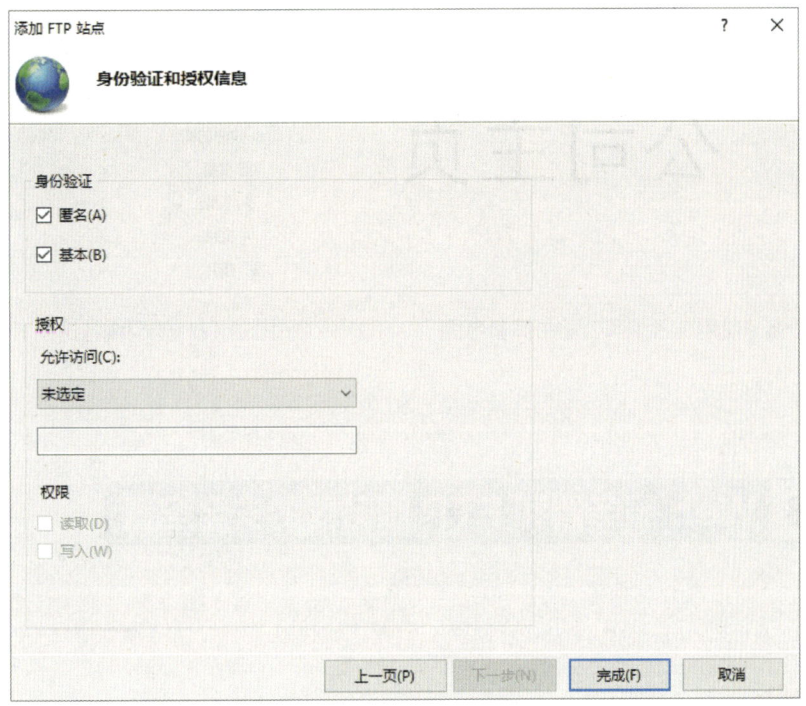

图 12-2-5　设置 FTP 站点的身份验证和授权信息

任务验收可参考表 12-2-2。

表 12-2-2　任务验收表

验收内容	验收方法	验收标准	参考图
Web 服务器	在客户端浏览器的地址栏输入“http://www.gs.com”访问公司主页	打开公司主页	图 12-2-6
FTP 服务器	在客户端资源管理器的地址栏输入“ftp://ftp.gs.com”访问 FTP 站点	打开 FTP 站点	图 12-2-7

图 12-2-6　使用域名访问公司主页参考图

图 12-2-7　使用域名访问 FTP 站点参考图

任务 3　Web 服务器和 FTP 服务器的安全配置

1. 能根据项目需求完成系统账户用户和组的建立和管理。
2. 能根据项目需求完成 FTP 服务器用户隔离。
3. 能根据项目需求完成 Web 服务器的访问限制。

对项目安全需求进行分析获得的具体需求如下。

1. FTP 服务器实现用户隔离，IT 技术部员工能安全实现文件上传和下载服务，其他用户只能下载文件；

2. 公司各部门员工能实现信息浏览服务，服务器“Server 1”不能访问信息浏览站点。

一、设置 FTP 用户隔离

根据项目需求，在服务器“Server 2”上为表 12-0-1 所列公司员工建立用户账户和组。

为隔离用户在文件夹“FTP\Localuser”下以用户账户名建立子文件夹，建立文件夹“public”给匿名用户使用，如图 12-3-1 所示。

图12 3 1 为隔离用广建立文件夹

通过选择“Internet Information Services（IIS）管理器”→FTP 站点名→“FTP 用户隔离”设置隔离用户，选择“用户名物理目录”，并单击“应用”按钮，如图 12-3-2 所示。

在“Internet Information Services（IIS）管理器”→“FTP 授权规则”的窗口中设置规则，单击“添加允许规则”，为所有用户添加“读取”权限，为 IT 部门用户添加“读、写”权限，如图 12-3-3 所示。

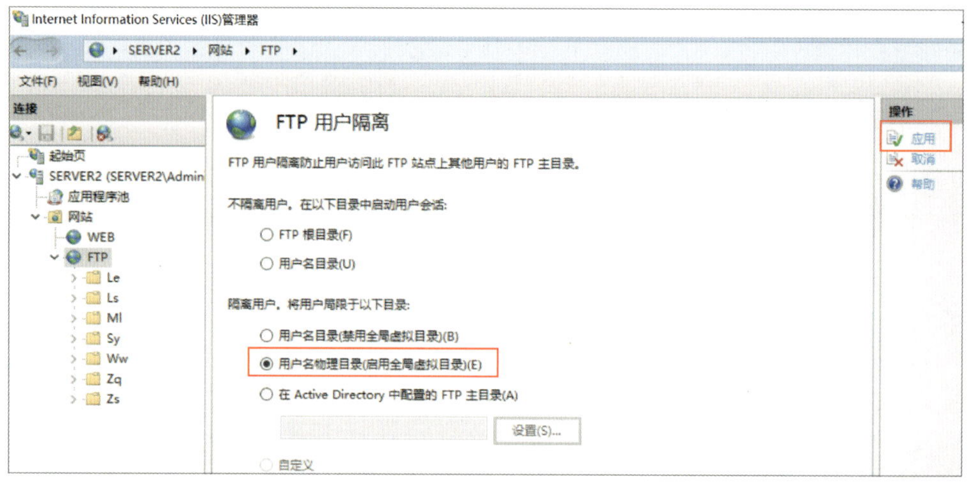

图 12-3-2　设置 FTP 隔离

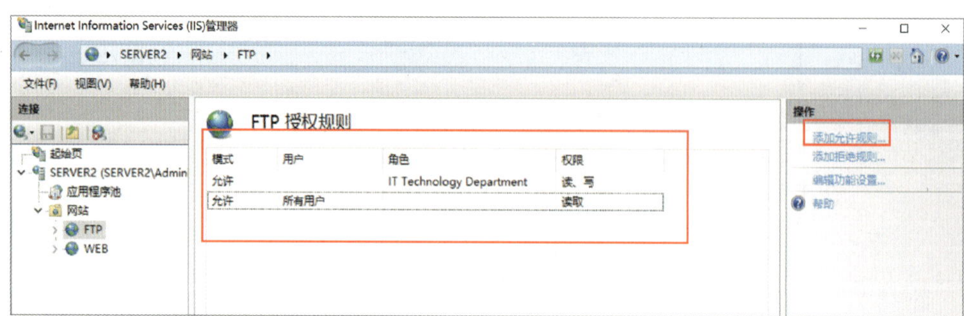

图 12-3-3　设置 FTP 授权规则

二、Web 网站访问限制

通过“Internet Information Services（IIS）管理器”→ WEB 站点名→“IP 地址和域限制”添加拒绝条目，如图 12-3-4 所示，输入拒绝的 IP 地址，并单击“应用”按钮。

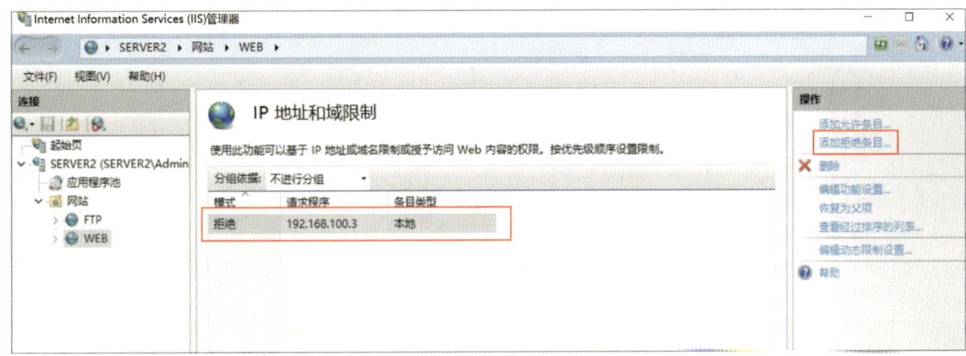

图 12-3-4　设置 IP 地址和域限制

任务验收可参考表 12-3-1。

表 12-3-1　任务验收表

验收内容	验收方法	验收标准	参考图
FTP 用户隔离	使用不同的用户账号登录 FTP 站点	每个账户都能打开自己的目录，IT 技术部员工可以读写文件，其他部门只能读取文件	图 12-3-5 和图 12-3-6
Web 服务器访问限制	在服务器“Server 1”上使用浏览器访问 Web 站点	Web 站点显示拒绝信息	图 12-3-7

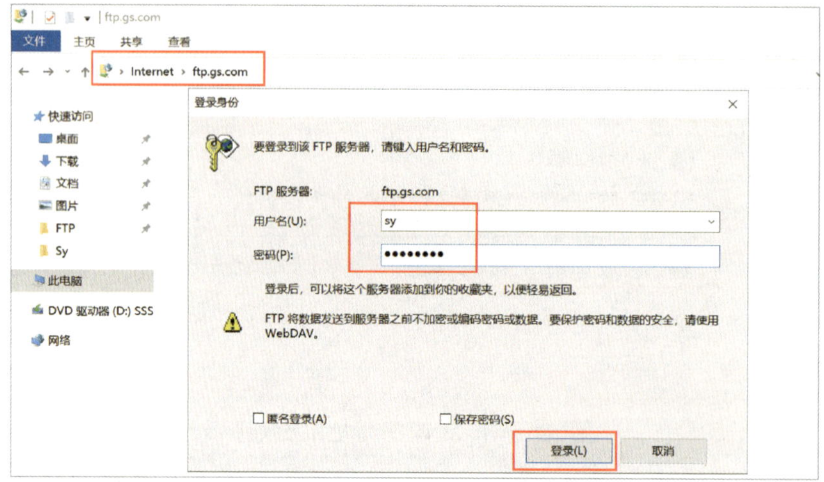

图 12-3-5　登录 FTP 服务器参考图

图 12-3-6　访问 FTP 隔离文件夹参考图

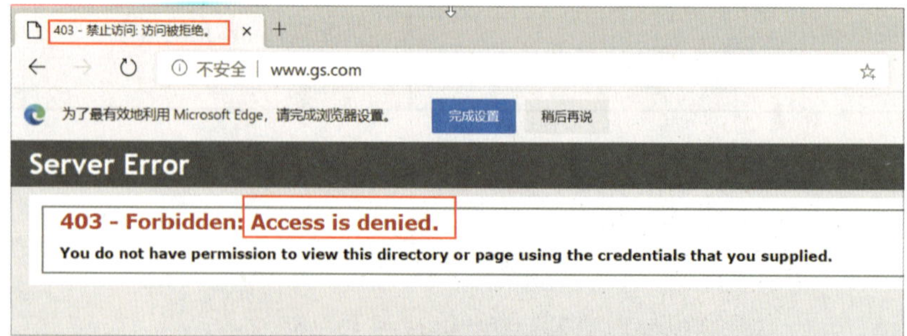

图 12-3-7　限制 Web 站点访问参考图